U0172423

赵立瀛 著

赵立瀛建筑史论文集

中国建筑工业出版社

作者简介

赵立瀛（1934.09—）

福建福州市人

西安建筑科技大学教授，博士生导师

创立西安建筑科技大学建筑历史与理论博士学位授予点

1986 年被授予中华人民共和国人事部“中青年有突出贡献专家”

1991 年起国务院发给“政府特殊津贴”

2017 年中国民族建筑研究会颁发“中国民族建筑事业终身成就奖”

曾任：

中国建筑学会理事

中国文物学会传统建筑园林研究会理事

陕西省科技史学会副理事长、理事长

香港学术评审局（HKCAA）顾问专家

意大利罗马大学、奥地利维也纳大学访问学者

主要著作：

- 《中国古代建筑技术史》（副主编），科学出版社，1985 年
- 《陕西古建筑》（主编），陕西人民出版社，1993 年
- 《古建筑丛书・中国宫殿建筑》（主编），中国建筑工业出版社，1992 年
- 《中国建筑艺术全集·元代前陵墓》（主编），中国建筑工业出版社，1999 年

- 《黄帝陵—— 历史·现在·未来》，中国计划出版社，1999 年
- 《陕西古代科学技术》，中国科学技术出版社，1995 年
- 《古建筑游览指南》，中国建筑工业出版社，1986 年
- 《中国古代建筑史》(合编，刘敦桢主编)，中国建筑工业出版社，1980 年
- 《中国建筑简史(第一册)·中国古代建筑简史》(中国建筑历史编辑委员会、建筑工程部建筑科学研究院、建筑理论及历史研究室合编)，中国工业出版社，1962 年

获奖：

国家建筑工程总局优秀科研成果一等奖(1980 年)

中国科学院科学技术进步二等奖(1988 年)

全国城乡优秀勘察设计一等奖(1998 年)

2004 年中国工程院院士有效候选人

担任　“中华始祖黄帝陵总体规划及工程设计”负责人

序

“事业就是一种坚持、一种执著。要完成一个事业，一定要持之以恒！”这是赵立瀛先生常常用来教育学生的哲言，也是他的治学准则。

作为新中国培养的第一代建筑史学者和教育工作者，赵立瀛先生是我们西安建筑科技大学最早三个博士点之一——“建筑历史与理论博士学位点”的创办者，也是我校建筑历史学科的奠基人。1956 年，毕业于东北工学院建筑系的赵先生分配至时名“西安建筑工程学院”的我校工作，两年之后，原国家建工部建筑科学院主持编写新中国第一部建筑史专著《中国建筑简史》，赵先生未及而立，即已参与编写工作，为该书撰写“绪论”。而次年在以此为基础专门成立的《中国建筑史》编委会中，赵先生亦作为最年轻的委员列名其中。20 世纪 70 年代，赵先生又与张驭寰先生共同倡议，组织编写了巨著《中国古代建筑技术史》。迄今为止这是第一部，也是唯一一部古代建筑技术研究之集大成者，对古代建筑技术传统与经验进行了抢救性的记录和保存，实为建筑史学领域具有里程碑意义的重大成果。

半个世纪以来，赵立瀛先生始终孜孜不倦于民族建筑文化的传承和建筑遗产的保护。他与几位高足合著、出版于 20 世纪 90 年代初的《陕西古建筑》，是以田野调查测绘成果为媒介系统讲述陕西地区古代建筑的首部重要著作。书中所载，皆赵先生三十余年间在三秦大地足履所至，亲测亲绘所得，为立足于第一手资料的陕西地区建筑史实证研究奠定了范式与传统。此外，赵先生亦曾担纲“中华始祖黄帝陵总体规划及工程”的设计负责人，并以此项设计先后荣获1988年中国科学院科学技术进步二等奖、1990年国家建筑工程总局优秀科研成果一等奖、1998年全国城乡优秀勘察设计一等奖等多项国家级奖励。

赵立瀛先生襟怀坦荡，格局宽广，治学严谨，硕果累累。在从教五十余年的历程中，真正体现了新中国老一辈建筑学人的精神与风骨。赵先生今年恰逢85岁寿辰，年近鲐背，人瑞可期。诸弟子既感尊师之情，以忆先生教诲之源远；亦负重道之任，以明学术脉络之流长，故将赵先生各时期著述系统整理并付梓行世，对于弘扬西建大之学术精神、勉励后辈学人，意义甚大！

是为序。

中国工程院院士 西安建筑科技大学建筑学院院长

刘加平

2019年盛夏 于古城西安

自序

我是西安建筑科技大学建筑学院的一名教师。自 1956 年参加工作，历经五十载教师生涯。在校主要担任中国建筑历史课的教学工作，同时也做些有关文物古迹保护与建设的工程规划设计。

现应本校建筑学院建筑历史教研室之约，将历年，除已出版的专著之外，发表的一些文稿，汇编成集，付诸出版。

今日阅之，其中有的篇幅，为建筑史研究之泛论，多半为针对具体对象或事项而发，文稿涉及面不免零散，不成系统。有些篇幅也已是往昔三四十年前的认知，不似现在的深度与广度，只当作“一家之言”。

事关“建筑”话题的讨论，永远是一个具有历史性与广泛性的学术领域。因为，人类社会的一切活动，皆离不开“建筑”。从人类与自然界的抗争中，为求得生存，而造出的原始居室到现代的高楼大厦；从史前氏族聚落到现代的繁华都市，一部建筑史，也是一部社会文明史。

尤其，古代建筑的历史，今天的人们，虽然有着较充足的时间来研究它，然而，由于其年代久远，遗存太少，空白太多，使之研究存在着许多难以认知的领域。古代建筑的历史早已完结，但它作为一种历史文化遗产的价值，当长久地存在。后人自当珍惜，更多地了解它，研究它，保存它，利用它。

古代的建筑，呈现在人们面前的“看得见”的面貌，人们是较为容易识别的，而建筑乃是历史文化的载体，亦即那些“看不见”

的内涵，并不容易为一般的人们所认知，需要给予解读。当人们深入地观察那些自古老年代遗存下来的建筑，走进自古老年代传承、延续、演变、发展而来的城镇、村落，会感到一种在人文历史与地域自然环境之共同作用下产生的独有品格，会有打动人们心灵的深层东西，它不只是物质的用途，或仅是视觉的直感，其饱含的历史与文化意蕴，耐人寻味，思索。

此实为我们研究古老建筑，打开这些历史建筑奥秘之门的钥匙。

有一段时日，建筑史研究曾遭受某种曲解和贬低，可喜的是，现今已恢复其本来的价值和意义。

建筑历史学科发展的“春天”来到了。我期待，在年轻一辈学者、学子们的辛勤耕耘之下，建筑历史的研究领域，将得到不断地深化与拓展，在理论与实践中，以及理论与实践的结合上取得日益丰硕的果实！

谨以此集献给对于建筑历史抱有兴致与热情的人们。

赵立瀛

2019年3月记

年届八十有五

编者序

本书选编的是赵立瀛教授除专著之外，历年发表于期刊杂志的文章，还有研究生教学中的部分讲稿、为弟子的专著所作序言和学术会议的讲演及发言记录。

赵立瀛教授是我国1950年代培养成长的建筑史学的教学和研究工作者。早在1958年，赵老师就作为编写组成员和最年轻的编委会委员，参与了由原国家建工部建筑科学研究院主持的《中国古代建筑史》的编写工作。这是新中国成立后编撰的第一部中国建筑史专著。

几十年来，赵老师一方面继承了梁思成、刘敦桢先生等老一辈建筑历史学家注重实地考察、科学考证的严谨的治学方法和治学精神；一方面又关注和致力于历史建筑的价值和现代意义的理性思考，关注历史研究与现实需要的结合。

赵老师思维深刻，逻辑清晰，观察问题思路宽广。他的文章和言谈，常常见解独到，具有前瞻性。言简意赅，富于哲理。

建筑史学是建筑学这个大学科，包括城市规划、建筑设计、园林设计等各学科共同的基础。我们的知识，一是来自于历史，一是来自于实践。历史乃是知识之门。历史知识对于从事一切专业工作的人们均具有普遍性的意义。何况，建筑领域中，诸多现实的问题关联到历史。

建筑历史学科自1950年代至今，不论是学科本身或是建筑学人的研究状况，都经历了一个发展的过程。这个过程是与学科所处的我国不同年代的社会背景和学科环境分不开的。

我们将赵老师的文章、讲演和发言依时间先后编排，也可以从一个侧面反映出这个学科的发展过程和学者个人的研究状况。

选编出版赵老师的这些文章、讲演和发言，一方面能够使赵老师的建筑思想、理论成果得以保存下来，使我们后辈学人能够常常重温这些成果，从中获得教益；一方面也是我们作为赵老师的弟子献给先生的八十五寿辰的一份贺礼。

本论文集的出版得到了中国建筑工业出版社的大力支持与全力协助。我们和赵老师在此仅表达衷心的敬意和感谢！

西安建筑科技大学建筑学院

建筑遗产保护研究所

2019年7月

目录

谈中国古代建筑的空间艺术

（载《建筑师》第1期（创刊号）·1979年，中国建筑工业出版社）

建筑的艺术，本来是一种寻常的现象，然而人们对它的看法，却一直存在着许多争论。这是因为，在建筑的历史发展过程中，人的认识往往落后于客观变化了的情况，他们看待建筑诸因素的侧重点也就不同。譬如古代建筑，它的功能和结构比较简单，而艺术的成分显得比较浓重，特别是封建统治阶级，往往把建筑当作如同工艺品那样不惜人力、物力去加以装饰。因此，在相当长的时间里，人们对建筑的看法常常因袭这种历史的传统，而强调它的艺术方面。迄至近代，由于实用功能的需要和城市用地的经济要求，大跨的、高层的建筑勃然兴起，它们的结构技术成就使建筑的面貌为之一新，引起了人们的极大重视和强烈的兴趣，并且改变着人们的传统观念。而在现代，建筑的工业化似乎被提到了头等的地位（至少对于住宅之类的大量性建筑是如此），好像其他一切东西都应服从它的要求，反映它的特点，使人们对建筑的看法又引起了新的探讨。如此，对建筑艺术的"存在"及其"表现形式"，历来便有各种各样的主张。

关于这些范围广泛的问题，本文不准备加以讨论。而仅以古代建筑的研究为目标，就其空间艺术的特点和规律，谈一点粗浅的看法，也是献给《建筑师》这个新的园地，虽然，它可能是一株稗草。

笔者认为，在建筑艺术问题上，过去人们较多地注意了触目所及的外表形式和装饰艺术，而对于空间的艺术，因为它较之形式来说，似乎显得抽象，难以捉摸，所以注意得较少。这种状况，同样地反映在古代建筑的研究和现代建筑的创作上。

其实，人们的活动是置身于建筑空间之中的，它包括建筑覆盖的室内空间和建筑围成的室外空间（庭院、环境）以及两者之间的过渡（如外廊)。空间所给予人的影响和感受，是最经常的、最重要的因素。当然，空间的问题，首先是实用的要求，但同时具有艺术的效果。

中国古代建筑，在其长久的发展历史中，空间的艺术得到了充分的运用和发挥，可以说，这正是中国古代建筑的一个重要特点和宝贵遗产。可是，在新建筑的创作中，我们所能看到的吸取这方面传统的好作品却寥寥可数。

一谈到古代建筑的空间，人们很自然地想到院落，想到"四合院"，即由若干建筑四面围成的庭院。其实，四合院仅是传统院落的某种形式而已，不过它是一种比较典型的形式。

中国古代建筑的空间形式，与不同的用途和自然条件相联系（如宫殿的、宗教的、居住的、园林的建筑，以及丘陵的、平原的、炎热的、寒冷的地区）而有着很多创造。建筑的室内空间，在中国古代建筑中，又与特有的装修艺术相联系。由于木构架结构的特点，以梁柱作为承重的构件，墙壁不过是一种填充物，可有可无，可装可卸，这就为创造灵活的室内空间提供了优越的技术条件，产生了许多实用与艺术相结合的杰作。而中国古代的园林建筑，可以说，是这两者（灵活的室内空间和庭院式的室外空间）的结合、变化及其在特殊条件下的发展和最高表现。

中国古代建筑，小至住宅，大至宫殿，都不是集中在一座建筑内来解决。中国古代建筑之大，并不在于单座建筑构成的庞然大物，而是依靠群的组合来解决。这样，单座建筑的规模就不一定要造得很大，可是群的规模往往却相当大。譬如明清时期建筑中，最大的故宫太和殿也不过 59.82 米 ×33.15 米，长陵祾恩殿也不过 66.57 米 ×29.30 米；但庞大的故宫，在世界上有哪个国家的宫殿能与其相匹呢?

这个传统具有源远流长的历史。迄今考古发现的遗址证明，群体的空间布局形式早在商、周时代即有完整的表现。

通常，中国古代建筑，一座住宅、一座宫殿、一座庙宇，都是指的由若干建筑物组成的整个建筑群。即使是小小的住宅，单个建筑也不过是它的一部分，只有单个建筑的集合体才成其为一座住宅。这种布局形式，可以说，是将本来是一座建筑内多种用途的房间，分解为多栋的单体建筑；

这样，在一座建筑内的过道或套间联系，也就相应地变成廊子（通过室外空间——庭院）的连接。单体建筑不过起一个房间或数个房间的作用，它们围成的整个群体（包括庭院）才起一座建筑的作用。如此，由单体建筑围成的室外空间（庭院），便成为人们在建筑中活动所必经的、必不可少的组成部分。譬如宫殿的“朝”和“寝”的分解，而朝、寝本身又再行分解。住宅中主人住房及其他人等住房、杂用房等，都分解为若干建筑，而不是集中在一座建筑内，这是一种特殊的群体概念，它迥然不同于若干独立建筑的配置那种一般的群体概念。

可以说，世界上很少有哪个国家的建筑，其室内空间（房屋）与室外空间（庭院）的关系，有像中国古代建筑这样的密切，这样的重要，空间组织及其艺术有那样高的成就。

从迄今我们所知道的，最早的商代宫殿遗址（河南偃师二里头、湖北黄陂盘龙城），以至汉画像石所表现的庭院、敦煌壁画中的唐代寺院，可以看出，这种空间艺术的发展，是从一栋或二、三栋中心建筑，四周环绕围墙和廊子开始的。然而，像陕西岐山凤雏西周宫室的四合院式布局，表现的却是后期发展的特征。在宋代绘画中（如《文姬归汉图》）看得比较明显，这已成为一种典型的形式。山西芮城元代永乐宫那种中心建筑的纵向排列，四周绕以围墙，似乎仍保留着早期的布局形式。这种形式至明清时期已极少见。早期的建筑似乎也不像后期那样讲求纵深的多进院落的布局，空间显得比较单一而疏朗。可惜，属于明清以前的完整建筑群保存至今的几乎是绝无仅有（图 1）。

中国古代建筑的群体布局，在其历史发展过程中，到后期，除了受地形条件限制以外，逐渐形成了某种普遍的规则性：即在基地的周围，三面或四面修建单个建筑物，中间形成庭院；在对外封闭的条件下，周围的建筑物都面向庭院，并在面向庭院的一面解决日照、通风、排水的要求；基地的四周由围墙环绕，单个建筑物之间常用廊子连接起来，形成一个不可分离的整体。当规模更大时，则以重重院落相套，向纵深发展，成为几进院落，或者同时在其相邻的方向建“跨院”。

显然，在古代技术条件下，这种空间组织形式，对于扩大建筑的使用面积，而又不加大单个建筑的规模，增加材料结构的困难，都是有利的。

园林建筑除外，住宅、宫殿、宗教建筑的布局，似乎都是这种规则性在不同情况下的运用，而以住宅为基本的形式，宫殿不过是住宅的扩大，当然也有不同的要求，如防卫的森严，宗教建筑则又增加了迷信活动的内容。

在住宅建筑中，北京四合院具有典型性（图2）。整座住宅一般分成前、后院两部分，按南北轴线布置。前院有大门，大宅（豪门府第）在正中，一般住宅在东侧，但入口迎面都有影壁遮挡视线，外人不可望穿住宅内部，而使大门内外空间有一个分隔和转折。在院落布置上按照封建、宗教制度的主仆关系和辈分关系。前院较小，作为男仆住处及杂用房等。自前院通过二门（位于中轴线上，也常做小巧的垂花门）进入较大的后院（内院），为主人家及女仆住处，形成空间的划分及主次对比。内院正中的正房是长辈住处，两侧厢房是晚辈住处，耳房和小院作为厨房、厕所、杂屋，四周用廊子相连，院内常常植木莳花，成为住宅内的一块自然的小天地。

其他地区的住宅，则随着气候寒热和用地条件的不同而有变化。如东北住宅建筑间距大，院子大，冬季纳阳;南方住宅建筑间距小，院子小，夏季荫凉。但总的布局规则并没有多大的差别。只有某些少数民族地区的住宅，如西南的“竹楼”，迥然不同。

在宫殿建筑中，北京明清故宫的空间形式是一个卓越的创造，但它也不过是传统布局规则的最大规模的运用（图3）。

整座宫殿也是按一条明确的南北轴线来布置的。在中轴线上排列着最主要的建筑物，在主要建筑物的两侧，对称地配置着附属的建筑物，以廊庑作为它们的联系体，围成一个个的庭院。从内城门（正阳门）到宫殿中心（太和殿），结合一道道防卫和一系列封建仪式的要求，要经过五道门（大清门、天安门、端门、午门、太和门）和六个大小及形式不同的庭院，长达1700米。这一系列的院落，产生不同的空间变化。由南而北，进入比较低小的大清门，两侧是长长的廊子（千步廊），形成一个纵长而低平的空间，重复的廊柱，像是两列仪仗的引导。紧接在这个

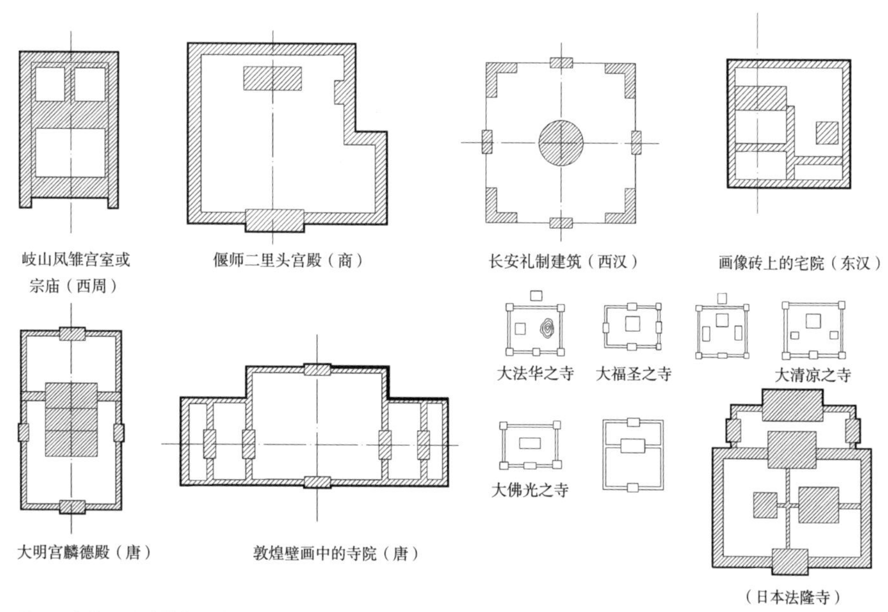

图 1　古代早期建筑空间布局

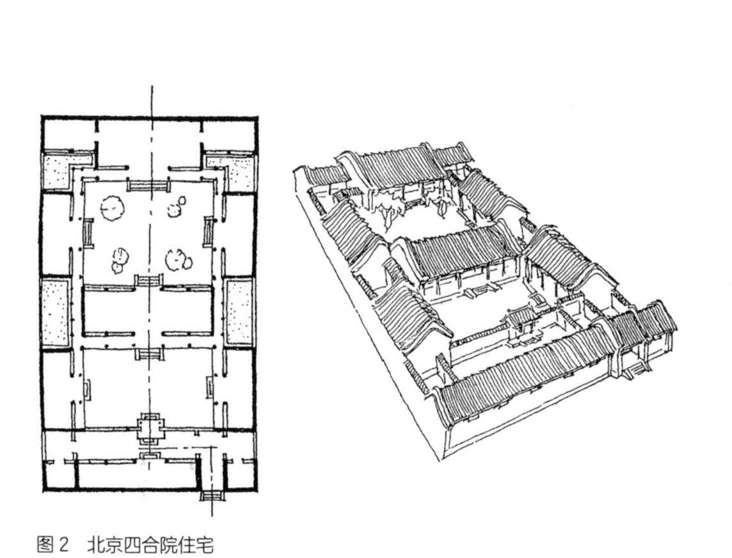

图 2　北京四合院住宅

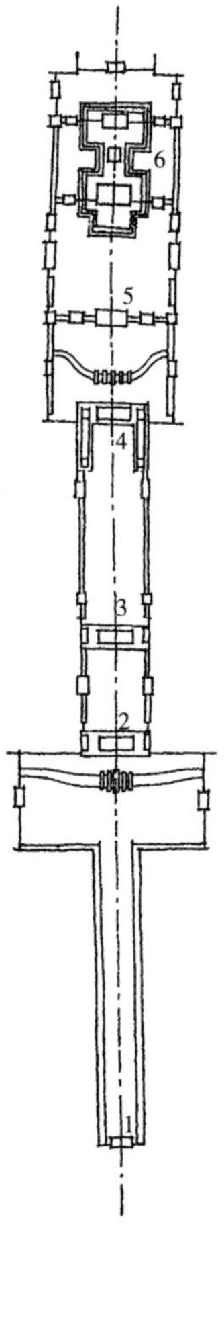

图 3　北京明清紫禁城中心建筑
1—大清门；2—天安门；3—端门；
4—午门；5—太和门；6—三大殿

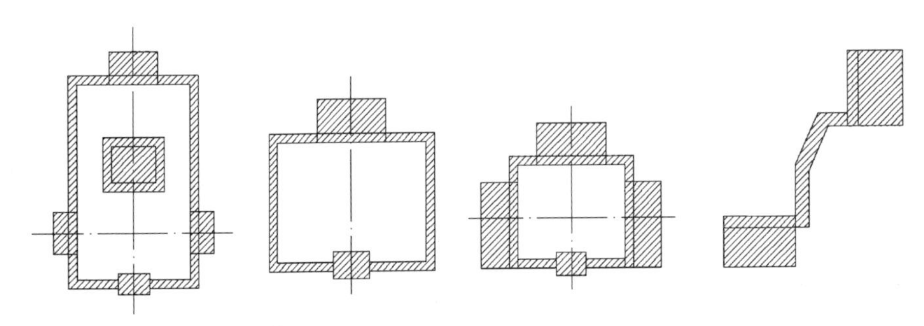

图 4 空间布局的几种构成形式

空间的北面，高大的天安门前，展开一个横向的开阔空间，衬托出它作为宫城大门的重要性。天安门与端门之间，是高墙围绕的单调的较小空间，表现出二门——端门的过渡性质。进入端门，又是一个纵长的大空间，以其纵深感所具有的方向性，把人引向宫殿的外大门（午门）。进入午门就是宫殿的内大门（太和门），又展开一个横向的更为开阔的空间，加上华丽的金水河桥，以及周围建筑形式的丰富变化，烘托出三大殿中心的隆重性质，气势之雄大达到了顶峰。在空间上，有“抑”才能显示“扬”，有“收”才能取得“放”的效果。这种空间变化的对比手法，在中国古代建筑中运用得非常普遍而成熟。

同时，在绿化上，也配合着建筑所创造的气氛，如三大殿周围没有一棵树，加强了宫殿的森严气氛。相反的，太庙、天坛的周围则遍植柏树，增添了祭祀建筑的肃穆色彩。而住宅内的庭院，花红叶绿，却在于怡情观赏。这又是空间艺术和绿化艺术的结合。在中国古代园林建筑中更将这个传统发挥到了淋漓尽致的地步！

如果我们将中国古代建筑的空间艺术加以解剖，在错综复杂的组合中还可以看到一些规律，譬如有几种基本的构成形式（图 4）：一种是由三面或四面建筑及围墙连成的庭院，它的特点是庭院处于建筑的包围之中，以庭院为中心，造成封闭的空间，常见于一般住宅和大组群中的次要庭院；一种是建筑的四周由围墙或回廊环绕，它的特点是建筑处于庭院的包围之中，庭院又处于廊墙（以及建筑）的包围之中，而以建筑为中心，常见于大组群中的主要庭院；一种是以廊子为主，与建筑相连围成庭院，这种廊，或为半廊（一面筑墙），或为空廊，使庭院空间顿觉开朗渗透；一种是建筑之间以廊子相连，或直或曲，但并不围成封闭的庭院，造成空间的流动变化，或者从一个空间引向另一个空间，多见于园林建筑之中。整个建筑按其规模，可以是一种甚至几种形式的运用和组合，加上一些局部的分隔：如实墙和门（既分又通）、漏墙（半分半透）、空廊（似分又透）、影壁（遮掩转折），以及牌坊之类（标志性的引导），造成丰富多彩的空间变化。

中轴线的布置，以纵向序列为主，横向为辅，自前而后组合伸延，也是中国古代建筑布局的一般规律，从而形成空间的“主次”“陪衬”“前导”和“收束”，这是使用性质和艺术效果相统一的体现。譬如北京四合院住宅和明清故宫所表现的这些关系，它们首先是由使用性质的主次和封建等级的尊卑所决定的，结合着加以艺术形式的处理。主要用途的建筑总是在中轴线上，坐北朝南，这是符合使用要求的；附属的建筑总是在两侧相对地配置，也是一种联系简捷明确的形式；大门和前院自然地处于前导的位置，而后门、后院即处于收束的地位并作为辅助的用途。同时，建筑形式的大小、高低、质量的变化（依次如小式：硬山、悬山、卷棚；大式：单檐歇山、单檐庑殿、重檐歇山、重檐庑殿），也是与建筑本身使用性质的主次、等级相统一的，使中国古代建筑的空间变化给人一种强烈的秩序感、层次感和节奏感。

在中国古代建筑的空间艺术中，“廊”发挥着特殊的作用。由于庭院式建筑的特点，廊成为整个建筑中不可缺少的组成部分，它的运用十分广泛，形式也非常多样。不用说园林建筑了，即在一般建筑中，处于庭院中心的、庭院空间包围之中的建筑，总是做成周回廊；处于庭院周围，一面向着庭院空间的建筑，则常做前廊，这是一种建筑本身组成部分的廊，作为室内外空间的过渡，在这里可以稍作停留。还有一种独立的廊，作为单座建筑之间的联系，起着走廊的作用。廊是一种兼有半室内（开敞的）、半室外（覆盖的）的建筑形式。建筑是室内空间，庭院是室外空间，而廊便是两者的过渡形式。它打破了建筑与庭院的截然界限，使两者互相渗透流通；在阳光照射下产生的阴影，又打破了建筑的单调实面，使建筑形式具有开朗变化的效果。

中国古代建筑的空间主要是在平面上展开的，以若干单层或个别低层建筑组成，在分散中求得紧凑的联系，取得建筑与庭院的有机结合。由于露天的庭院可以受到阳光的抚照、雨露的滋润，从而形成了花木生长的条件，可以植树栽花，使在城市密集建筑中被破坏、被隔绝的自然界，仍然得以有限地存在于这块天地之中。特别是这块小小的自然界，不是处在建筑的外围，如现代建筑那样的周围绿地，而是处在建筑的内部，处在建筑的包围之中，庭院本来就是一个活动中心、交通中心，又增添了自然景物，它的作用就更不相同了。加以纵深布局造成的“深院”，这里排除了外界的一切干扰（嘈杂的街道、过往的行人、飞扬的尘土）俨然成为一个独立而清净的环境。

这种绿化的内部庭院式空间，在古代之所以如此发达，当然还有社会的原因，譬如四合院住宅，显然是适合于深居简出、闭户自守的封建生活方式的。但是它也反映了人们生活的一种要求，正如在现代建筑中用公共绿地代替它的一部分作用一样，而新住宅窗口、阳台上的花盆更是这种心情的表露。

在现代，大城市中大自然被极大的破坏，被严重的隔绝了。而在古代建筑中，自然景物被引入建筑的内部，这是一个宝贵的传统。绿化的庭院与建筑的结合，可以说，是中国古代建筑空间艺术的精华部分。

在古代条件下，城市人口比现代要稀少得多，建筑空间在平面上展开，低层建筑（单层和两层）与庭院的结合，不论在使用上和结构上都是适宜的。但在今天看来，它在用地上、建筑上和设施上都是不经济的。那么这个传统还有没有借鉴意义呢？我们认为，这个传统对于新建筑的创作，不但有理论的意义，而且仍然有实践的意义，可以在一定条件下加以吸取和运用。譬如广州的一些新建筑，不是在高低层结合中创造绿化的庭院式空间方面做了某些尝试吗？更不用说那些以低层和群体为主要特征的游息性的、服务性的、展览性的建筑了。当然，古代那种完全封闭式的庭院，在今天的多数情况下，是不必要，也不适用了。

中国古代传统的室内空间艺术，同样有其实际的意义，它的条件则是框架结构。

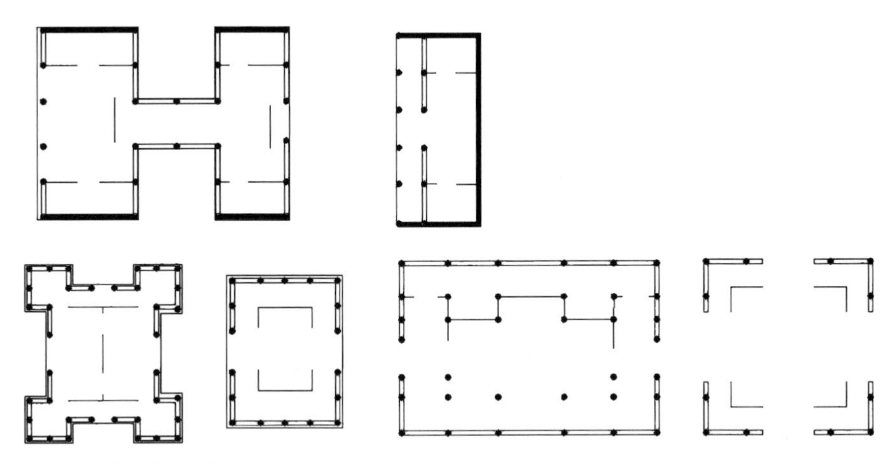

图 5　室内空间的灵活分隔

中国古代建筑的室内空间概念，不是那种源于承重墙结构的空间分隔的概念，而是一种流动的空间概念，这是在木构架（类似框架结构原则）的条件下形成的空间关系（图 5）。

由于这种框架式结构，墙壁不起承重作用，它不过是一种单纯的隔断物、围护体；它的有无、形式及构造做法，完全由实用和艺术的要求来决定，而不是由结构的作用来决定，因此可以作最灵活的处理，除了必要的柱子以外，一切都可以取消，如凉亭、敞厅。

中国古代建筑分隔室内空间的基本构件，是活动的隔断和半隔断。这些隔断常与室内装修和装饰艺术结合起来，进而发展成为一种专门的工艺。可装可卸的，如槅扇，讲究的常用高级木料做成，上嵌木雕或镶玉石、珐琅拼花等，槅心的形式极其多样，可用玻璃或糊纱绫，上常有字画，需要时室内空间可以完全打通；也有做成半隔断式，如“罩”，可使室内空间隔而不断，似分未分，罩的形式尤其丰富，如圆光罩、花罩、落地罩、栏杆罩种种，雕镂玲珑透巧；还有半隔断与家具、陈设的结合物，如博古架、书架，造型极为优美，花格组合多样；门可有圆、方形及各种花式，都表现了巧妙的艺术构思；甚至做成活动式的屏风，随意遮掩而已，几乎完全是一种工艺品。现存北京的宫殿、颐和园和苏州诸园建筑中不乏这方面的好作品。它们都是空间艺术与装修艺术结合的产物，是一种半隔断、半陈设、半建筑、半工艺的东西，中国古代建筑的这种灵活的流动的室内空间，不但在理论概念上，还是在具体形式上，都是极高的成就，都是建筑历史上伟大的艺术创造，至今仍不失其生命力（图 6）。

显然，空间的艺术将成为建筑艺术的一种经济而有效的手段，它不同于形式和装饰，往往都要附加功能和结构以外的东西，而它主要是由建筑的组合构成的，它本来是不需要附加什么东西的。因此，我们提出空间艺术的问题，希望不要又走到形式的模仿的道路上去，通过一些本来并非功能和结构需要的附加物去造出某种“空间”，那就又出现某种形式主义，并且失去空间艺术作为经济而有效的建筑艺术手段的意义。它的创作规律和原则，应该是去寻找那种实用空间和空间艺术的统一和结合，它的创作上的成功之处也就在于此。

中国古代建筑的空间艺术，它所闪耀的灿烂光辉必将引起越来越多的人们的注目和重视，并且在新建筑的创作实践中不断地表现出它的价值和开辟它的道路。

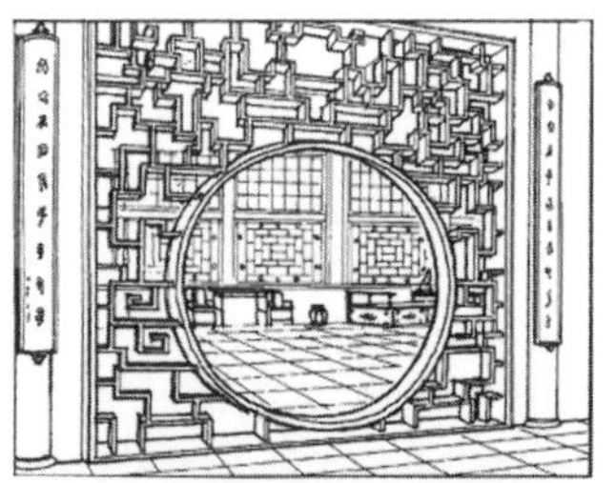

图 6　室内隔断形式举例

（注：原稿中个别图的举例为保证成书效果有所替换）

实用、结构与艺术的结合——谈中国古代建筑的装饰

（载《科技史文集》第七辑 · 1981年，上海科技出版社）

建筑装饰是建筑艺术的一种手段。无论古代建筑，还是现代建筑，都包含着装饰的成分。不过，随着社会的变迁、建筑材料及施工方式的发展，建筑装饰的内容和形式也有变化。譬如，在应用砖、石、木和手工加工条件下，装饰的方法主要是雕刻和绘画，如砖雕、石雕、木雕和油漆彩画等，以花纹线脚为主要形式；而在应用现代合成材料和机械加工条件下，装饰的方法则主要是贴面处理，如金属、塑料、石膏、纤维板等，并以色调质地的美观为主要特征。

古代建筑的功能要求比较简单，相对地艺术的成分显得比较浓重。尤其是那些统治阶级专用的高级建筑，讲究富丽豪华，往往把建筑当作如同工艺品那样雕镂涂绘，不惜劳力和金钱去加以装饰。在长期的历史创造过程中，合理的东西被继承下来，不合理的东西被逐步淘汰，形成了建筑装饰艺术的优良传统。

鉴于在创作现代的重要建筑，特别是纪念性建筑时，仍然常常借助于装饰的手段来加强建筑形式的艺术效果。优美的装饰，不仅本身耐人欣赏，而且大大丰富了整个建筑的艺术表现力。因此，我们研究古代建筑装饰艺术中所体现的某些规律，不但对于创造现代建筑的装饰艺术有一定的借鉴作用，而且由于装饰艺术的民族特点是很强的，因此对于创造具有民族形式的现代建筑，也有着很大的实际意义。

本文的目的，并不是要人们去模仿古代建筑的装饰形式，恰恰相反，是希望通过了解古代建筑装饰的规律，反对那种单纯形式的模仿，而在新建筑的创作中使装饰的处理做到效果显著，又经济合理。

我们可以回顾一下近百年来的建筑历史。人们在创造现代建筑的民

族形式上所走过的道路，早已在实践上否定了那种运用现代的物质技术条件来再现古代建筑“法式”的做法。根据适用和经济的要求,现代建筑，特别是那些大建筑，它的复杂的功能，已经不是套用古代建筑的形式所能解决的，同时对于建筑的艺术，也倾向于简洁明朗的风格。现代建筑也不需要再做高大的台基了,也不一定都做坡顶了,所谓“三段构图”（大台基、屋身和大坡顶），也就不再是客观存在的东西了。

于是，在现代建筑的民族形式创作上曾出现过某种途径：一种是在现代建筑同古代建筑相应的一些部位上，如檐部、窗口、门廊、平台及一些附属小品的处理等，运用一些传统的装饰形式；一种是在采用上述手法的同时，还局部的采用古代殿宇或亭阁式的屋顶。至于室内装饰的运用就更多了。这两种方法，同现代建筑的功能要求并没有多大的矛盾，但两者也还有区别，特别是在经济效果上。

“大屋顶”盖在多层建筑上要比普通的屋顶增加两倍以上的荷重，而且造价高。以 1955 年的资料来说，北京三里河办公大楼在 1954 年建造时,仅两座副楼加的六个重檐大屋顶就耗费了三十二万元,又因施工复杂，工期拖延了四十五天；1953~1954 年建造的西颐宾馆，仅主楼的大屋顶就比用平屋顶要多花十九万元；又如 1956 年扩建的杭州屏风山疗养院，根据估算，该建筑的琉璃瓦屋面和钢筋混凝土屋架便使屋顶的每平方米造价达到五十八元。显然局部保留大屋顶的做法应该是有限制的。古代的宫殿、庙宇等建筑“法式”作为整体的东西来继承已成为过去，而运用民族传统的装饰仍有着广阔的途径。从创作实践的意义上说，它的生命力无疑将是长久的，可以有区别地运用在建筑上。当然，对于某些特殊的建筑，如公园建筑等，也不妨可以模仿一些古代建筑的形式，则另当别论。

中国古代建筑的装饰处理究竟有哪些优良的传统呢？本文试图提出一些初步的看法，以资共同讨论和探求。

从古代大量的建筑中，我们可以看到两种明显不同的装饰风格：一种是民间建筑，以青灰色调为主（青砖灰瓦、白粉墙、暗色油漆），犹如平民的素装；一种是官式建筑，它的最高等级是作为皇权和神权象征的宫殿和宗教建筑，以彩饰为特征（红墙，黄、绿琉璃瓦和彩画），犹如权贵者的华服。它们不单是由经济条件决定，更主要的是由政治地位（封建的等级制）所决定，如宋代有“凡庶人家不得施五色文采为饰”，明代有“庶民居舍不许施彩饰”的禁令。杜甫诗：“朱门酒肉臭，路有冻死骨”，表明在唐代，红漆大门即已成为当时豪门府第的标志。即使是地主、富商，虽然以它们的财力来说可以加之雕镂，但却不能施以彩饰。因此，装饰艺术在官式建筑中比较民间建筑得到更充分的发展。古代官式建筑的装饰是繁多的，因为在封建社会里，它们所要表现的是雍容华贵的富丽效果。

中国古代建筑是在垫高的台基上立起木构架的屋身、加盖大屋顶而成，这就产生了三个明显的组成部分。看起来，从整体到细部几乎是处处都有交代，都经过精心的处理，而赋予一种完美的感觉，这是时间和匠心相结合的成果。

当我们仔细地观察之后，会发现古代匠师对于整个建筑的装饰处理，基本上有两种方式：一种是对整个建筑结构构件中人们看得见的显露部分，对其式样做简单的美化加工，这种加工是普遍的；另一种是在一定的部分施作雕刻或彩画，这则是有选择的、有重点的。

前一种方式，诸如“悬山”式（厦两头）屋顶两山的“博风板”，本是为了遮盖山墙与屋面的接缝，免于透风漏雨，而将板的两头做成好看的线脚。挂在“博风板”上的“悬鱼”（“惹草”），更是为着保护伸出山墙的檩头，因为木料的端头顺木纹是最易吸水而朽坏的。柱顶上的所谓“霸王拳”，不过是枋上的榫头穿过柱上卯口的出头。在大门上看到的横列数枚的菱形或多角形的“门簪”则是将安装门扇上轴用的连楹固定在中槛上的构件。“斗栱”，按其分件，可以把斗（升）视为方木块，栱是长方木块，昂是斜向的长木块，整个斗栱是以方木块为垫托，架起长木块，刻槽层叠而成，支承屋檐的伸出。但是古代匠师将这些分件加以刻削成斗状，曲廓的弹性感，并且作成一朵、一攒的，而富于装饰性。古代建筑以斗栱来表示它的隆重性是不足为怪的。

即使是用以固定各跳斗栱分件位置的小小的撑头木，后尾也做成“麻叶头”。昂尾做“菊花头”。有些结构构件更直接以其前头或后尾的式样作为它的名称，如“挑尖梁”“蚂蚱头”即是。

唐宋建筑中的梭柱和月梁，当然是一种费工的做法，但梭柱的收分可以给人稳定和柔韧的弹性感。月梁是将直梁两端卷杀如弯月形横跨在人们的头顶上，也产生一种轻柔的感觉，而消除了僵硬的直梁可能造成的压抑感。

我们在小门、亭子等建筑中常常会看到悬梁吊柱的结构做法（如垂花门的垂柱及拈尖斗尖顶的“雷公柱”）。古代匠师想到这种吊在半空的柱子会给人一种不安的威胁，便在吊柱的下端刻作含苞欲放的蓓蕾或者盛开的莲花（也可另做了安上）。由于本身的形象，使人们联系到花朵的分量，便觉得很轻盈，仿佛没有什么重量。

在古代建筑中，大门抱框前面有一对“抱鼓石”，把大门衬托得很庄重，这对东西其实只是门枕石的延续，加以雕作而成，并非另外的摆设物，同时它对抱框与门槛的连接处也起着保护作用。

至于格扇上的角叶、看叶，用铜片压出好看的花纹和轮廓，在一片栗色或枣红色漆木的衬托下黄闪闪的，不也就是用以加护边梃和抹头接头的零件吗？

屋顶形式在建筑艺术中所显示的重要作用和所占有的重要位置，是中国古代建筑的一个特出之点。不单是整个屋顶的曲面轮廓，而且包括细部的装饰处理，诸如屋顶上的脊兽、戗兽、走兽和勾头滴水，不只是对于各种瓦件加以简单的美化，而且施加了纹样装饰。

勾头是在半圆筒瓦头前加个圆盖，滴水是在弧形板瓦头前加上向外伸出的舌状东西。我们知道，板瓦是屋顶斜面的排水沟槽，如果到檐口也只用普通板瓦，那么有一部分雨水就会顺着板瓦的底面流向大连檐和方椽，而加上一块舌状的东西，利于滴水，可谓名符其实。勾头和滴水的形状一个圆，一个如半菱形，交替连续像一串珠玉的链条，成为屋顶的边缀，其上常施加模压的纹样，由于做工精致，在阳光照射下，加上阴影的衬托，十分显目，更加强了装饰效果。

垂脊是屋面的分水线。为了封盖相邻不同坡面间的接缝不致漏水，瓦件是相当厚重的。其下部结构构件是由戗来承受，戗则架在脊桁、金桁和檐桁上，而在檐桁正心位以外的挑檐则减轻重量，改做角脊（或岔脊），这不仅适于飞檐轻盈感，在结构上也是完全必要的，因为这部分屋脊是靠断面较小的挑檐桁及挑悬的角梁来承受的。因而使垂脊在檐桁正心位上与角脊（或岔脊）相接处，在构造上必然产生一个接头的构件，古代建筑便把它做成一个特制的头嘴朝前的兽头，称为垂兽。而角脊上的扣脊筒瓦，也改为特制的走兽，把翼角点缀的十分生动。走兽的高度近于兽头的嘴部，略高于垂脊；走兽的行列虚实相间，显得比垂脊轻，实在是极具匠心的处理。脊兽（正吻）的重点处理，同样是正脊的收头和三条脊的交接点的构造需要。

屋檐下屋身上段的梁枋，更是中国古代建筑中重点装饰的部位，主要是加上金碧交辉的彩画。中国古代建筑的梁枋部位，大致像是古希腊建筑中檐部的檐壁，这是屋身部分中最完整的结构面，可以作大面积的装饰，自然地选择它作为重点装饰的部位。

梁枋彩画成一周围带，而在明间常加匾额，则点出了中心。匾的式样、设色，与书法艺术相结合，亦成为显著的装点。当然，匾额的内容往往反映建筑占有者的思想意识。

屋身的梁枋以下部分，是大片的墙面和重复的“格扇”，从整体效果来说，是比较单纯的，它的重点施饰是在局部上，即寓华美于格扇的纹饰。古代格扇中采光的格心部分，不论是糊纸或者考究的夹纱，在构造上都要有棂条，最简单的可以是“豆腐块”的直棂和平棂，也可以做成各式各样的花格，如常见的“灯笼框”，以及刻锯成曲线的毬文、突起的菱花等。这种花格，不仅呈现一种剔透玲珑的感觉，当人们从室内向外看，透亮的纸，白地衬着黯色的花格，还有一种剪影的效果。大概窗花剪纸在民间广为流行，也是同样的道理。过去劳动人民的房屋都很简陋，只能在这些局部地方寄托自己对于美的向往。

在亭、廊这样的小型建筑中，柱间距一般用“楣子”“花牙”或“挂落”来代替原来的小额枋，因为建筑物小，从结构上柱子间的牵拉，有一道额枋已经足够。楣子、花牙主要是装饰性的，它的形式与下部的栏杆花格，互相呼应，使小小的建筑显得更为精巧，这是从结构构件转化而来的装饰构件，仍然保留着本来的结构整体组合关系。

我们可以看到，在一些新建筑中，有将檐口做成如同古代建筑中“雁翅板”（滴珠板）的形式，这种雁翅板是在二层以上的建筑中垂挂在上层屋外栏杆下，围绕一周，用以遮蔽雨水对平座部分斗栱的侵蚀。板常做成雁翅的式样，有的锯出轮廓，或者只在长条板上绘出，成为古代楼阁建筑中段的一条横向饰带，实际上也是由于构造上的需要而产生的一种构件。

“须弥座”用于殿宇的台基，可能在唐代以后。中国古代建筑的台基是夯土的，而用较好的材料，如砖、石来镶砌其边沿、拐角和铺面，是早已通行的做法。这首先是由于加固耐久的要求，当然也改善了观感，而在砖石材料上加以线脚花纹的刻凿雕饰，看来主要是使其同台上华丽的建筑表现出同样的精致效果，以加强整个宫殿、庙宇等建筑的庄重气氛。

从上述可以看出，中国古代建筑，虽然是那样的华丽，但它的所谓装饰构件，无一不是建筑结构构件本身的一种表现形式，而不是任何生硬的附加物。重点的雕绘仍然是在结构构件上进行的，不过使其装饰性更强而已。

然而，在建筑上也还存在脱离建筑结构构件的装饰，例如历史上有些建筑上的装饰是附贴式的，它们仅仅是一种单纯装饰的构件，并不同时起着结构构件的作用，那种以模仿为特征的折中主义作品都有这样的表现；而在一些新建筑中有把古代建筑上某一特定部位的装饰形式搬到新建筑上的任意的部位，使装饰形式与建筑结构组成部分没有内在的联系，造成了一种虚饰的感觉。了解这一点，有助于我们在创作时寻求装饰与其建筑物构成部分的自然结合。

在中国古代建筑上，不只是对于结构构件本身所作的美化加工，而且施加了雕刻绘画的重点装饰。这些重点施饰有三个特点：一是重点施饰于显目的部位；二是对建筑形象作用显著的部位；三是保持点与面的对比。

大屋顶的勾头滴水和椽头居于飞檐的最前沿，就是惹人注目的部位。“硬山”顶山墙正面的墀头总是做成向前斜倾的，常常作精致的雕砖，更为显然。而大屋顶在天空背景下，平直的正脊两端的吻兽和斜向垂脊前端的兽头以及飞檐斜出和翘起的翼角的走兽行列，都是在建筑物轮廓线的转折或收束处加以生动的点缀，对整个建筑的形象产生显著的作用。中国古代建筑的屋身部分主要是格扇，这是人们接触最多和最近的部位，把精致的木雕做在格扇的裙板和绦环板上，不仅使人看得清，欣赏得到，而且使整个屋身显得精美起来。

重点施饰，本身就体现了点与面的对比。古代建筑的装饰是繁多的，但从整个建筑来看，施以雕饰或彩绘的仍只是某些部分。再就各部分来说，如勾头滴水不过是屋顶的边缀，而兽头和走兽也不过是屋顶的点缀，大片的屋面还是单纯的。彩画也没有满布屋身，而只占梁枋的部位，柱间部分的面积比它要大得多。再说彩画本身的构图，也是以大面积的青绿为基调，暖色只是点和描而已，也不是令人眼花缭乱的，如此等等，都是保持面的单纯来衬托点线的施饰。事实上，有了单纯的面才能显出施饰的点线。

就装饰而言，用工少而效果好的，属第一等；费工而效果好的，属第二等；而工既费，效果又差的应属最低等。欲求第一等，除了把握装饰的部位、点与面的关系而外，还有装饰本身纹样的简繁、尺度、色调和加工的粗细等不同的因素。

至于屋顶上的装饰零件，如兽头和走兽，其外形轮廓最为重要。首先看其整体的形象，至于细节，如脚尾、鳞爪，并不求清楚，隐约可辨即可。在尺度上要掌握视距，即实际的效果，譬如太和殿的吻兽高度超过两米，是下面看的人所想象不到的。斗栱各件主要是镶边，有时也在地里加描墨道，很少画花，保持了结构构件的坚实感。梁枋彩画纹样一般都图案化，有一两个母题，主要讲求构图组合和色调的整体效果，不着重于单个花纹的表现。当然，园林建筑中的苏式彩画有所不同，也常常写实逼真，着意引人欣赏画中的山水、花卉、器皿、人物。而格扇上的装饰，如木雕，往往形象入微，加工精细，有时绦环板还作成透雕花纹。雀替作为一小构件，处于柱枋跨间，即形成了开间的上角轮廓，又是建筑立面惹人注目的部位，它的装饰处理也比其他梁枋构件的头尾都要华丽。

中国古代建筑的装饰构件，有用烧制的琉璃件，有用漆料施于木质上及在砖或石材上作得雕刻等。琉璃件是用陶土成坯经人工雕塑或模印花纹，然后焙烧，因此凹凸棱角都不能过大。但琉璃是一种很耐久的防水材料，很适合用于露天部位。使用漆料的彩绘易于风化，则处在避雨的檐下和室内。在一些门屋照壁之类建筑中还常见用砖石造而仿木构形式的，檐下的彩画部位也是用琉璃花板来贴砌，故彩画的色调花纹也作了简化。山花、墀头及墙面则常常用砖雕加以装饰，尤其是照壁及门道两侧的八字墙或隔墙用得最多。这些砖雕花纹有些比较浅，多为连续重复的图案，用于边饰，而重点的中心花纹，往往是用特制的质地细腻的厚砖加以雕作，有的极精致。至于那些用砖仿木构的建筑，较大的如塔、殿之类,则不是雕作,而是预制各种形式的定型砖砌成的。须弥座的花纹，是在石头上刻凿，除一些幢之类的较小的建筑外，一般不作复杂的凹凸度大、变化多的浮雕，多半是减地平钑的平雕或浅浮雕，否则费力不讨好，不仅容易缺损，而且削弱台基的坚实感。

新建筑中有一些还是靠人工来模造古代建筑的装饰纹样，显然是不经济的。我们应该发展古代建筑中预制的装饰花板和定型构件的做法。由于预制的构件，花纹主要靠模制，深度不能大，变化不能复杂，因此还应该注意吸取古代建筑中减地平钑、线刻的平雕手法和模印的方法。

我们常有这样的体会，有时一个建筑的平面和立面体部等花了不长的时间就完成了，可是为了设计好几处细部装饰却费了不短的时间和不少的心思，还远不能令人满意。在一些新建筑中也可以看到，虽是几处花纹，设计得好，对于建筑物犹如锦上添花；如果设计得不好，真所谓是画蛇添足了。

对于古代建筑的花纹线脚，我们也应该研究如何在新建筑中继承与发展。首先要了解古代建筑装饰纹样的传统精神。我们见到的古代建筑的装饰纹样，如彩画上、装修上、台基上的，有图案化的，也有趋于写实的，但主要的是图案化的或者所谓程式化的，当然，其中图案化的程度也有不同，有些还保留着写实的特征。

某些装饰图案的母题有着极其久远的历史。像夔龙、雷纹、云纹、回纹，都是商代青铜器上普遍的纹样，只是在以后，通过匠师的继承和创新，构图不断发展，具体形式也有变化，如回纹，有一个个单元均等排列成连续条带的，也有大大小小的回纹相接或套合。莲荷是随着佛教传入而盛行，“出淤泥而不染”，象征高洁，几千年沿用不衰。飞舞的飘带、精美的璎珞，构图十分灵活自由，一直是装饰中常用的纹样。飘带从敦煌壁画中飞天等，璎珞从隋唐佛像的服装衣饰中习见。作为旋子彩画母题的菱花，见于初唐大明宫的铺地砖，可证其由来也很早。百花草（莲荷花、牡丹花、海石榴花种种）、卷草和挽花结带的母题和构图手法，把花朵、花梗、卷叶、丝带，组织得生动活泼，是古代建筑装饰性雕刻（砖、石、琉璃）中的主要纹样，在宋《营造法式》中已用于彩画，这在宋代以前也必有过一段相当长的历史。我们在汉画像石和唐代碑刻上还可看到一些表现藤蔓之类的连续构图的装饰纹样，同后代都有渊源关系。

古代建筑的装饰纹样是以继承为主，一脉相传。我们可以看到，在它的演变中存在着一种从简单到复杂，再从复杂到简单，以及从图案化到写实，再从写实到图案化的反复过程。历史上最早的装饰纹样是陶器上的彩绘纹饰，多由圆点、圆圈、三角形、条纹、波浪纹、漩涡形等组成。人对大自然的认识和描绘是从简单的几何形开始的，花样均由若干相同的单元构成整体的图案。至青铜器，纹样增多了，如雷纹、蟠螭纹、窃曲纹、夔纹等，但这种模铸的花纹多由若干相同的单元构成，都比较刻板。以后装饰方法从单纯模铸发展到加上雕镂刻划。到了战国时代，铜器和漆器上的纹样，特别是出现了植物纹样之后，遽然变得流畅秀丽起来，它反映了描绘对象的丰富和刀笔工具及制作方法的进步。

历史上建筑装饰纹样的来源大概有三个：一、从工艺品来，转用于建筑上；二、直接从自然写生来，用于建筑上；三、沿用传统的纹样。从工艺品（包括生活用品和锦绣等）的装饰过渡到建筑装饰，如彩画之类，大概是从汉代开始。文献中有关这方面的记述较多，如“屋不呈材，墙不露形，裛以藻绣，络以纶连”（《两都赋》），可能包括壁衣一类的东西。“蒂倒茄于藻井，披红葩之狎猎”（《西京赋》），可能是彩画以莲荷花茎为饰。彩画的图案，据《西京杂记》载，西汉昭阳殿“椽桷皆刻作龙蛇，萦绕其间”，董贤宅“柱壁皆画云气花葯，山灵水怪或衣以绨锦”，这样必然产生一个从工艺品纹样和自然写生纹样（包含想象的成分），转化为建筑装饰纹样的创造过程。这个过程，以彩画和须弥座、栏杆来看，早期的构图比较自由，花纹比较繁密，有的甚至近于写生，像赵州桥的隋代栏板雕刻，还没有划分部位，构图和纹样都很自由。宋代就不同了，已划分为华板、地霞，花纹均匀成连续图案，但花纹本身仍比清式繁密，姿态灵活。南京南唐二陵彩画的花纹，也有活泼多姿的特点。宋《营造法式》彩画开始趋向规格化，但枋心、藻头布局仍较自由，花纹自然繁密，又与设色相结合（用红色衬托），显得华丽。清式如和玺、旋子彩画，枋心、藻头等布局皆有定则，相当规格化，花纹也趋于简单，程式化，设色也以大片青绿为主，显得清雅。宋式划分枋心、藻头用云头，如意头、燕尾种种，也比清式的折线“岔口”要复杂得多。在彩画纹饰上，宋式“栱眼壁板”画牡丹种种花盒，再如格子门腰花板的卷叶，平棊、椽头，以及栏板地霞、华板上的花纹，都比清式繁密自然，有些近于写生花，风格迥然不同。

看来，古代建筑装饰花纹的发展，一般是有一个从繁密到简洁、从自然写生到图案化的过程，这也适合于制作加工简化的经济要求和简洁的艺术风格。但是简洁不是粗陋贫乏，图案化不是生硬呆板，这种素朴应该是耐人玩味的素朴，即从复杂中探求出来的单纯，从绚烂中探求出来的清雅，这才是我们所寻求的。

纹样的形式和构图适合于所处的部位，像栏杆寻杖下的荷叶净瓶，是结合原有的栏杆构件，采取某种形似的装饰花纹，这是建筑装饰已经达到成熟阶段的一般特征。而且纹样还表现出所处构件本身与相邻构件的结构关系和结构作用。我们明显地感到，枋和柱的交接部位彩画上的锦枋线、卡子，就像构造上必须的零件一样，表现一种如同在梁头加圈铁箍的结实感。同样，斗栱的边楞用线，而身面画墨道，很像它的肋骨。

特别是斜昂地上一道墨线，微微向上斜弯，到上端再两三折，如抖动状，生动地表现出一种向上承挑的受力感，极简单的纹样包含了多么深湛的艺术构思！

再看石栏杆，一块整料的栏板，却刻作盆唇、华板、地霞等几个部分构成的样子，很真实地表现了原由分件组成而不是整料的构造关系。这种线脚划分，人们看起来是那样的自然，因为它原来是栏杆制作时构造本身所固有的。

须弥座的线脚形式，宋式比较清式似乎更适合于表现结构作用的特征。它们的最上部分（上枋）总是正方的方涩平砖，因为建筑物的屋身就平稳地坐落在它的上面，而最下部分方素的单混肚砖则使台基平稳地坐落在地面上。清式的圭脚做法，虽显得有削弱感，但基本上仍具此特征。

同时值得注意的是，不论是宋式须弥座的下段，从合莲砖到单混肚砖，还是清式的圭脚，都比方涩平砖、上枋向外扩大，使基座本身具有稳定感。尽管壶门柱子、束腰部分收进，但在中国古代建筑上，屋身的边柱要比台基的外表面的位置退后得多，而且在台基本身的构成形式上，各段不是等同，壶门柱子比例最大，产生了对比，仿佛是台基的座身，使整体显得挺拔有力。清式束腰的形式在这一点上则不如宋式的壶门柱子。壶门柱子部分的柱子，其处理形式又加强了这种挺拔有力的感觉，就像一定间隔有什么东西上下顶住一样。这在中国古代建筑的台基转角处理上很普遍，常见的如用直柱子、竹节形式，也有雕作“大力士”肩扛手托的象征性形象，此段上下其他部分的线脚均采取向上扩大和向下扩大的姿态，都产生了一种层层构件的过渡感，即向上支托，向下传布，均很自然。

至于线脚的形式，除了细窄的皮条线外，较大的线脚都不是方角的叠涩，而是采用枭混曲线，也适合于表现构件受力下饱满的弹性，柱础与柱顶石的柔曲线脚连接也是如此，如果用直面相接，仿佛显得刚脆，以为容易错折。而线脚上的花纹，也是结合了线脚的基本形式施饰，如向上扩大的做仰莲，向下扩大的作覆莲，束腰端角用卡子，其他方正的上下枋部分则用连续的浅平雕的番莲、藤蔓、卷草之类花纹，也觉很适合。

我们认为，古代匠师对于这些线脚和花纹的处理所表现出来的特征，不是一种偶然的结果，而是包含了自觉的构思，是艺术成熟的标志。我国古代建筑的装饰艺术，不仅有丰富的遗产，而且有优良的传统。对于传统进行更多的研究，吸取它的滋养，对于提高新建筑的艺术水平是有补益的。

综上所述，古代建筑装饰有这样一条基本的规律，那就是装饰与建筑构成部分的固有联系。譬如利用建筑本身固有的结构构件加以美化，重点施饰于建筑构成部分中的显著部位，在纹样构图上表现结构构造关系等等，使装饰的处理不损害功能和结构的合理性，并且与功能和结构的需要一致(古代一些以砖石模仿木构形式的建筑另当别论)。这就是说，装饰形式不是一成不变的，而是结合某种建筑而产生和变化，建筑的功能和结构形式变化了，装饰的形式也要相应的变化。装饰是以建筑功能和结构造成的形体为基础，是装饰形式去适应它，而不是它去适应某种装饰形式。

对于传统的研究，我们一方面要了解装饰处理所体现的一些规律，另一方面也了解一些具体的手法和形式，结合新建筑的创作可以引为借鉴和参考。

关于中国古代建筑史研究

（1981年·在西安建筑科技大学建筑历史与理论研究生班的讲演）

什么是“建筑”（Building，Architecture）？建筑的最简单的概念就是房子（House），各种各样的房子。它大概是衣食之外，人的生存和生活中最不可缺少的东西。但这个概念过于狭小。建筑进而可以说是“场所”（Place），人们从事各种活动的场所。“场所”的概念比“房子”要大，它是由房子和房子之外相关联的空间构成。建筑还可以说是某种“环境”（Environment）。“环境”的概念比“场所”更大，它不仅是某种活动的场所，而且是一种人为环境以及与其相关的外围环境（自然的、社会的）的综合体。

所以，建筑研究的对象，不仅是房子的概念，还包括场所的概念和环境的概念。

建筑，不论理解为房子也好，场所也好，环境也好，它不仅具有实用性，还可能承载某种文化意义，或具有观赏性。当建筑达到这种更高的层次，它便具有了实用之外的艺术力量。

人类在自身的发展历史中有许多伟大的创造，建筑就是其中之一。有了建筑，才构成村落，构成城市，构成人生活的世界。

世界的建筑创造史与世界的文明史同步。其中起源较早的是古埃及、古巴比伦、古印度和古代中国，史称“四大文明古国”。稍后的是古希腊、古罗马。当然还应当提及印加文化和玛雅文化，它们的影响都没有走出中美洲山地和丛林。

世界古代建筑的历史成就堪称灿烂、辉煌、伟大。许多遗存至今仍是人类文化的瑰宝，令人叹为观止。它们之中表现出的极高超的技术和艺术，只能用“鬼斧神工”来加以形容。

古代世界的建筑，是在不同的历史背景和不同的地域环境中产生和形成、发展的，所以时代性和地域性的差别十分鲜明。它们不像近现代建筑，由于文化和技术的交流和合作，有一种趋同现象，共同性不断扩大，差异性逐渐缩小。

世界“四大文明古国”，其中古埃及、古巴比伦、古印度的建筑传统，都在古代历史上中断了，衰落了，先后被外来的异族文化所改变。古埃及文化在公元4世纪后就被希腊化，公元7世纪后又被伊斯兰化。古巴比伦文化在公元前6世纪至前4世纪，就受到埃及文化、希腊文化的影响，公元7世纪后也被伊斯兰化。古印度文化在公元12世纪后也被伊斯兰化。唯有中国古代文化几千年一脉相承，绵延至今。

今天，在世界上仍然影响深远的建筑历史传统，一是古希腊、古罗马及而后文艺复兴的欧洲古典建筑传统，其影响遍及欧美；一是源于西亚的伊斯兰建筑传统，其影响主要在阿拉伯地区；再者就是中国古代建[illegible]、除中国本土之外，其影响地域，包括日本和朝鲜半岛。它们可[illegible]具影响力的“三大传统”。

古代建筑史研究，可以包括：

[illegible]、古代建筑遗产的调查、整理、分析、介绍；

二、历史研究，包括“断代”史研究；

三、地域性建筑研究；

四、类型学研究；

五、理论研究：形态、观念、哲理、文化内涵的历史性阐释；

六、“古为今用”研究，现实与历史相关问题研究。

对于中国古代建筑的技术和艺术的发展过程，直至今天，从建筑史学的角度，人们还是很难作出完整、准确的描述。古代建筑已经是凝固的建筑、静态的建筑。如果说它也有变化，那不过是它的周围环境在变，或者它本身由于自然的因素和人为的因素在改变它原来的面貌。虽说人们有充足的时间来面对它、研究它，然而由于它离开今天的年代太远，它的遗存太少，越来越少，使这种研究存在许多难以认知的领域。

诚然，建筑历史的研究，首要的、基础性的工作是掌握“史料”，包括建筑的遗存状况：它的年代、它所处的地点、它的用途、它的技术、它的艺术、它的变迁等。但建筑是“为人而造”，也“由人造”。而“人”，不论是“占有者”“使用者”或者“建造者”，除为自然之人，皆为社会之人、历史之人。一切建筑均受制于历史，受制于社会，受制于环境，受制于人。过去许多探讨建筑历史的著作，还存在着一种局限和不足，那就是“见物不见人”。这就使建筑历史的研究，或者说建筑历史性阐释，变得复杂，变得深刻，也变得生动有趣。

中国古代建筑历史研究的现实意义：

1. 作为物质文化遗产的保存，包括它的考证、它的评价、它的维护，是一项专业性很强的工作。

2. 以古代建筑遗产为依托、为支撑的开发性建设，如历史街区，以至古村、古镇、古城、名胜区的保护。这是我们过去没有想到和遇到的新问题和难题。

3. 特定要求的古建筑“复原”设计、仿古设计，再现某个历史时代建筑的面貌。其实，严格意义上的复原，在大多数情况下并不存在。模仿，要能经得起考问，也不是一件简单的事情。

4. 民族的、地域特色的现代建筑的创作，吸取传统的元素是一个途径。许多现代艺术创作的灵感来自历史的启迪。建筑上许多创作性的想法和做法，源于多方信息的碰撞。

外来建筑的引介是必要的。既从西方建筑中，也从自身传统建筑中学习才是正确的态度。

许多从事建筑设计的人以为多谈传统无用，或有需要时“照葫芦画瓢”，既谈不上继承，也谈不上创造。有的知道一点皮毛，即以为做个有传统品味的作品是件极容易的事。孰不知“失之毫厘，差之千里”，建筑之美尽已失去。

中国传统建筑留给我们的并不仅仅是“大屋顶”。随着对传统建筑更深的理解，传统建筑中有价值的思想和手法、形式将会融入新建筑的创作之中。

我国建筑『民族形式』创作的回顾

（载《建筑师》第9期·1981年，中国建筑工业出版社）

“民族形式”问题是现代建筑创作中的一个很大的问题。

几十年来，我国建筑的“民族形式”的创作，一直处于实践之中，同时也一直处于争论之中。这个实践，是从二十世纪二十年代起始的，而对于它的争论，从二十世纪三十年代也就开始了。

既然历史是前进的，实践是发展的，这个争论也不会终结，它还是要继续下去。因为，每个阶段的实践和争论都有它的不同的内容和不同的形式。

在古代，是不存在，也不会提出“民族形式”的问题的，因为它的形式总是本民族所特有的。

具有几千年历史传统的中国古代建筑，诸如宫殿、寺庙、住宅、园林，它们虽然各有不同，但基本都是低层的建筑，并以单层为主，相互配置成院落来组织人们的活动，并以木结构、木装修和瓦屋顶，及其在技术上和形式上的独特做法而区别于其他民族和地区的建筑。

但是到了近代，建筑的要求和条件都改变了。首先是古代的土木结构的建筑，常常不能解决新功能的适用和坚固的要求，而被新的材料结构所代替；同时，城市的发展，也给以单层为主的院落式建筑带来了用地的困难，它们也逐渐地被排挤出城市的中心区，而为楼房建筑所代替。这就使古代的建筑，虽然创造了辉煌灿烂的成就，而作为普遍的形式和完整的体系存在，终于成为历史的过去。宫殿、庙宇、陵墓建筑让位于公共、居住和工业建筑，土木结构让位于砖和钢筋混凝土结构，单层建筑让位于楼房建筑，这个发展过程在我国大约始于十九世纪末叶到二十世纪初。

古代的形式，虽然代表了历史，代表了传统，但它已经是过去的形式，而不是今天的形式。新的形式还有待于人们去探索，去创造。

开始，人们不免要借用历史上已有的形式，例如欧洲十九世纪下半叶的“折中主义”和二十世纪初的西方“古典主义”，以及二三十年代后风靡世界、没有民族差别的“摩登式”建筑，然而它们并不完全符合人们的需要，不完全为人们所接受，这就提出了“民族形式”的创作问题。因此，所谓“民族形式”，是对于近代的新建筑而言，它乃是近代历史的产物。

任何历史事物的发展过程，实践和认识两者总是相辅相成的。建筑是人们的自觉创造，它也是同样。实践发展到什么程度，也就反映了人们对这个问题的认识达到什么深度。反过来，只有人们的认识发展到新的深度，实践也才能推进到新的高度。而在人们认识的发展过程中，对于历史的回顾，常常可以成为一种思想上的启发。

在我国建筑“民族形式”创作实践和认识的发展过程中，曾经历了几起几落，而有几个时期是带有关键性和转折性的。它们是：①近百年时期的摸索（二十世纪二十年代至三十年代）；② 1955 年批判复古主义以前的“民族形式”；③围绕着十周年国庆工程的创作；④二十世纪六十年代以来的实践；⑤当前的争论。

一、近百年时期的探索（二十世纪二十年代至三十年代）

这个时期，具有代表性的作品有：1920 年北京燕京大学（未名湖畔的水塔便是一个有名的例子）、1925 年北京协和医院、1925~1931 年南京中山陵、1925~1936 年南京金陵大学、1928~1931 年广州中山纪念堂、1929~1935 年原上海市政府、1929~1935 年武汉大学、1930 年南京阵亡将士纪念塔（灵谷寺内）、1932 年北京仁立地毯公司、1932 年上海八仙桥青年会、1933 年北京交通银行、1933 年原南京国民政府外交部、1934 年北京图书馆、1935 年上海博物馆、1935 年南京国民大会堂、

1936年上海中国银行、1936年南京中山陵藏经楼、1936~1937年原南京国民政府“中央博物院”。

这一时期，新建筑的“民族形式”的创作实践，在我国历史上还没有先例。因此，开始人们只能从欧洲文艺复兴运动中找思想，从历史建筑中找形式（包括文艺复兴建筑、西方近代建筑和中国古代建筑的形式）。

它们的探索可以归结为三类：

第一类，从整体造型到细部装饰都仿古形式，基本是用近代的技术再现一座古式的建筑，例如原南京国民政府“中央博物院”、南京中山陵藏经楼。

原南京国民政府“中央博物院”是以辽式殿宇作为摹本，九间四柱式、鸱尾斗栱一式俱全，连柱子都作“生起”（图1）。南京中山陵藏经楼很像北京雍和宫的转轮藏殿，为清式重檐三滴水楼阁式建筑，正脊中央还作喇嘛教的伞盖“十三天”（图2）。

它们多属于一般的展览性建筑，平面简单，旧形式同新功能并无多大的矛盾，而在形式上几无新意。

第二类，是在新建筑上的相应部位，运用古建筑的某些形式（屋顶、柱廊和装修等）。

例如原上海市政府，平面是近代的办公楼，立面是三个体部（中央主要体和两侧次要体）的“三元”构图。所谓“民族形式”，主要是通过“三段式”处理，上作“大屋顶”，下仿高基座、栏杆，中部柱列和门窗则仿古建筑的屋身，内部作红柱和天花彩画。这种三个屋顶的组合，在古建筑中也是常有的，但立面两侧实墙同柱列的虚实对比则是欧洲古典建筑传统的手法。柱间的比例已有变通，并不墨守柱高不大于柱距的程式，细部如斗栱也有简化（图3）。

广州中山纪念堂为八角形平面，作攒尖顶，基本造型处于古式楼阁建筑。为突出入口，三面均为前廊，在古建筑中亦有其例，如承德普宁寺大乘阁。但廊高两层，柱间高宽比亦已不守古制，檐下细部亦予简化，门窗更用近代形式（图4）。

原南京国民政府“中央研究院”也属此类。立面仍作“三元”构图，中部三层加悬山顶，两侧二层用歇山顶，通连作腰檐，两翼一层为平顶。中央入口加抱厦，这在古建筑中甚为常见，典型的例子如正定隆兴寺摩尼殿的四处抱厦（图 5）。

此类建筑，仿古的成分仍然较为浓重。它不过是古建筑中多种形式的变通和组合应用。同第一类单一形式的模仿有所不同，笔者把它叫做“折衷式”的手法，而把第一类叫做“模拟式”的手法。

第三类，可以叫做“点缀式”手法。它是传统的细部形式在新建筑上的局部应用，不用“大屋顶”，也不作大片彩绘，例如北京交通银行、仁立地毯公司、原南京国民政府外交部、上海江湾体育馆（图 6、图 7）。

北京交通银行，仅在女儿墙作瓦檐剪边，窗下加花纹装饰，大门上作垂莲吊柱等。北京仁立地毯公司店面建筑，也是一种局部的装点处理。如中部三间橱窗作八角柱，一斗三升，人字栱，仿南北朝石窟檐。底层门洞上角作雀替，二层窗头作阑额，三层窗下作宋式万字栏板。平顶女儿墙作琉璃瓦压边，两端作兽吻收头。室内底层作磨砖台度，二层顶棚绘宋式彩画等，犹如古式建筑零件的集锦（图 8）。

此类建筑，主要着意于局部和细部装饰的处理，因而较为灵活，但所取形式仍拘泥于抄袭老样。

三者在时间上并没有绝对的先后界限。它们之中很多例子是同时建成的，代表着不同的实践和不同的认识。但越到后期第一类的作品越少，而以第二、三类形式为主，也可反映出它们的发展倾向。

近百年时期的探索（二十世纪二十年代至三十年代），基本是处于形式的模仿阶段，它们或忠实于原样，或略加简化；或整体的模仿，或局部的模仿，都是以古建筑的“法式”作为楷模。

当时“中国营造学社”的活动，它所出版的《营造学社汇刊》和《清式营造则例》帮了他们的大忙，为这种形式的模仿提供了蓝本。

这种模仿古代形式的实践，在二十世纪三十年代已经引起近代建筑界的争论。如二十世纪三十年代“中国建筑师学会”的《中国建筑》（月刊）和“上海市建筑协会”的《建筑月刊》，都指出“中国旧式房屋之不合时用，又不经济”，“今日建筑界中之提倡中国建筑者徒以事于皮毛，

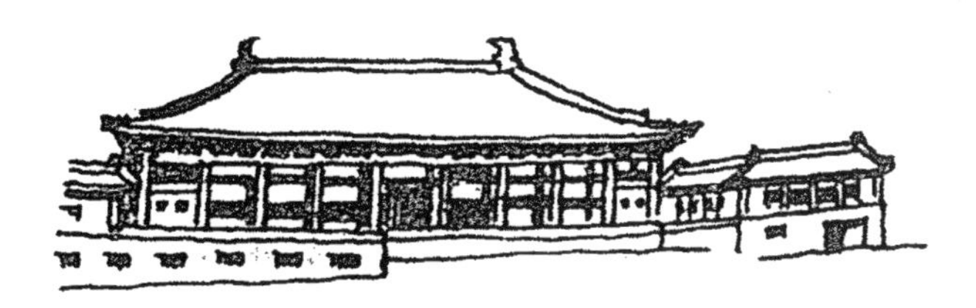

图 1　南京“中央博物院”（笔者手绘）

图 2　南京中山陵藏经楼（笔者手绘）

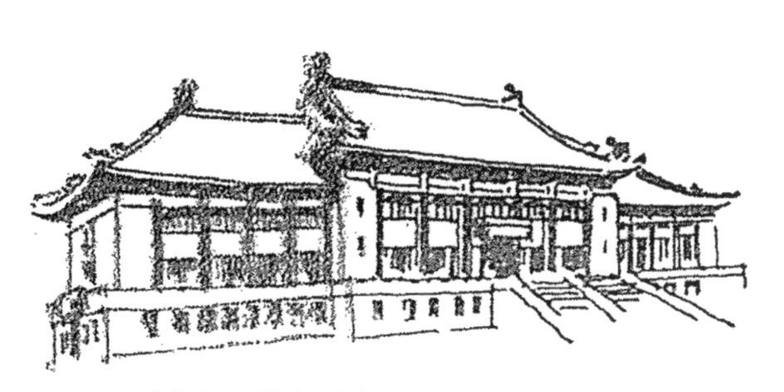

图 3　原上海市政府（笔者手绘）

图 4　广州中山纪念堂（笔者手绘）

图 5　原南京国民政府“中央研究院”（笔者手绘）

图 6　原南京国民政府外交部（笔者手绘）

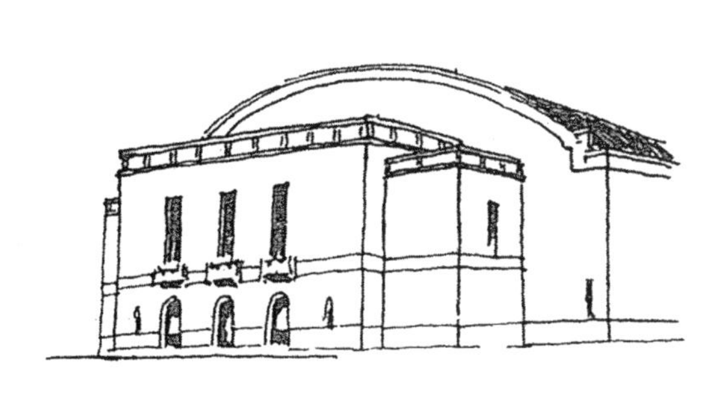

图 7　上海江湾体育馆（笔者手绘）

图 8　北京仁立地毯公司（笔者手绘）

将宫殿庙宇之式样移诸公司、商店、公寓，将古旧庙宇变为住宅，将佛塔改成水塔（如燕京大学），而是否合宜未加考虑，使社会人士对建筑之观念更迷惑不清”（见《建筑月刊》1933 年 6 月号），认为“中国宫殿式因为经济上的损失和时间上的耗费，犹如古典派之不适用于近代（所谓古典派指西方“古典主义”——笔者），用于政府建筑亦成过渡”（见《中国建筑》1934 年 5 月号），对于“民族形式”创作的发展表示了很大的怀疑。这是实践中的矛盾在人们认识上的反映。

当然，我们并不能一笔抹杀这个模仿阶段在历史发展中的地位；因为一种创造，往往是从一定程度的模仿起步的。模仿常常是走上创造的一个台阶。

二、1955 年批判复古主义以前的“民族形式”

在中华人民共和国成立初期，结构和施工的革命还没有提到重要的地位。建筑创作中反映的主要倾向仍是形式的问题。“民族形式”的创作实践，经历了二十世纪四十年代的一段冷落之后，在建筑界又呈现出空前未有的活力。这是因为在这个时期，它获得了一种理论的支持，也是一种政治上的支持，即在文化艺术上提倡的“社会主义的内容，民族的形式”。“民族形式”的建筑同样地被认为是社会主义的、爱国主义的。但在实践上，它还是中华人民共和国成立以前，二十世纪二三十年代培养的老一辈建筑师的作品；在形式上，基本上还是沿袭二十世纪二三十年代的手法。

一种类似近百年时期的“折中式”，即以局部应用“大屋顶”为主要特征，例如北京四部一会、西颐宾馆、亚澳学生疗养院、地安门宿舍，重庆大学堂，兰州西北民族学院、南京农学院、杭州屏风山疗养院，等等（图 9~ 图 12）。

一种类似近百年时期的“点缀式”，即以局部应用中国古典的细部为主要特征，例如北京政协礼堂、建筑工程部大楼、北京饭店、北京体育馆，天津体育馆、武汉长江大桥桥头堡，等等（图 13~ 图 15）。

图 9　北京四部一会办公楼（笔者手绘）

图 10　北京西颐宾馆（笔者手绘）

图 11　重庆大会堂（笔者手绘）

图 12　杭州屏风山疗养院（笔者手绘）

图 13　建筑工程部办公楼（笔者手绘）

图 14　北京饭店（笔者手绘）

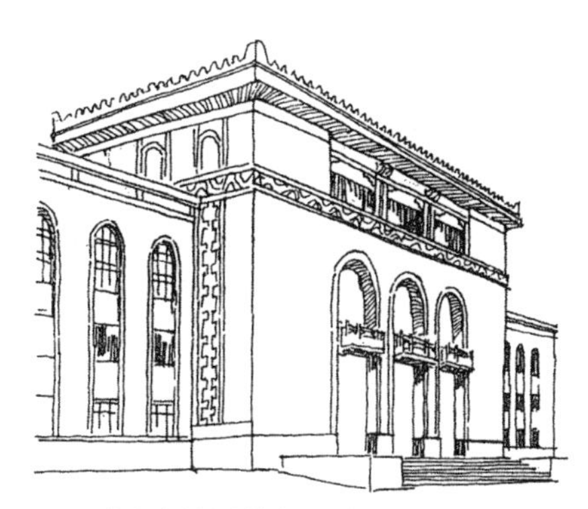
图 15　北京体育馆（笔者手绘）

不论是哪一种类型，它们都掌握一条共同的规则：即古今建筑各部位的对应关系（檐口对檐口、门头对门头、窗下对窗下……），而不能“张冠李戴”，用错了位置。

它们的基本形式，也不外乎两种。一种是五个体部（中央主体、两侧联系体和两翼次体）或三个体部（中央主体和两侧次体）组成对称式的“三元”构图，而在主体和次体上加“大屋顶”，在联系体上作柱廊相连。

它们较之二十世纪二三十年代的变化，只是在细节上。如檐下斗栱更为简化，或仿“小式”作法，只作阑额，不作斗栱。兽头、走兽被认为含有“封建性”的内容，而改为和平鸽、回纹、云卷图案，但仍保留本来的轮廓象征。沥粉贴金被琉璃面砖所代替，或用水泥来塑造。

另一种，在造型上仍是五体部或三体部的“三元”构图，但不作“大屋顶”和彩画，只是在建筑构成的相应部位，运用中国古典建筑的细部形式，不过，“三段式”构图仍是不可少的。如在女儿墙头作瓦檐剪边或栏杆，挑檐则仿古建筑中平座腰檐的雁翅板，檐下作阑额，入口作门廊或垂莲吊柱（“垂花门”）。窗下常加花纹装饰，意作古式槅扇的裙板。阳台多仿清式或宋式栏杆。底层一概作基座式线脚。其最为典型的作品是建筑工程部大楼。此外，还有局部应用简化了的亭廊形式，如北京饭店、武汉长江大桥桥头堡，也可归入此类。

在这类形式中，曾产生了少数处理较为简洁而效果较好的设计。

三、围绕着十周年国庆工程的创作

1955 年 3 月 28 日《人民日报》发表了“反对建筑中的浪费现象”的社论，6 月 19 日又发表了“坚决降低非生产性建筑的标准”的社论，提出了建筑的原则：“适用、经济、并在可能条件下注意美观”；指出当时建筑中的主要错误倾向是不重视建筑的经济原则，它的一个来源就是形式主义和复古主义的建筑思想；批判了古代的“宫殿”“庙宇”“牌坊”当作蓝本，在建筑中采用造价昂贵的亭台楼阁、雕梁画栋、沥粉贴金、“大屋顶”的形式,以及用大量的人工描绘古老的彩画,制作各种虚夸的装饰。

当时批判的矛头所向，主要是对着建筑中的浪费现象和仿古倾向。而关于“民族形式”的创作问题，并没有在理论上深入地展开讨论。

批判形式主义和复古主义的运动，扫掉了一般建筑中的“大屋顶”和古典的装饰。但是重要的建筑仍然要求具有“民族形式”，这就是从1958年开始的，围绕着十周年国庆工程的创作。

例如人民大会堂、中国历史博物馆、北京火车站、北京民族文化宫、农展馆、北京民族饭店、军事博物馆等，它们比较集中地反映了中华人民共和国成立十年来建筑创作所达到的水平，也表现出十年间在民族形式创作上的发展。

它们的功能和平面是现代的,而它们的立面和艺术构思仍然是“三元”构图加上“三段”式，是欧洲文艺复兴建筑的手法与中国古典建筑形式的结合，但是经过了改造。

人民大会堂是典型的五体部组合，北京民族饭店是典型的三体部。北京火车站、中国历史博物馆也是五体部、农展馆综合馆也是三体部。而以农展馆、民族宫、北京火车站为一种类型，保留了琉璃的“大屋顶”（图16~图18）；以中国历史博物馆、人民大会堂、军事博物馆为另一种类型,保留了琉璃的檐口（图19、图20）。然而人民大会堂的琉璃檐，几乎已找不到传统形式的直接模仿的痕迹，只有一种象征的表现。北京工人体育场、北京民族饭店是又一种类型，不过以基座、挑檐和壁柱作为“民族形式”的表现要素和手段（图21）。

它们较之二十世纪五十年代上半期要清新的多。“继承与革新的结合”，就是这个阶段的创作思想在理论上的表述。然而，这种理论还是反映一种过渡阶段的思想，它并不是走在历史的前面，强调建筑的时代性，要求创造出崭新形式的理论，而是一种使新建筑与古建筑相协调的思想。

这样说也许是错误的。笔者认为，我国近代建筑“民族形式”的创作方法，在很长时间里，还是十四世纪末到十六世纪末欧洲文艺复兴建筑所创造的经验和方法：即古典构图原则和形式的运用与改造。

图16　北京农业展览馆综合馆（笔者手绘）

图17　北京民族文化宫（笔者手绘）

图18　北京火车站（笔者手绘）

图19　中国历史博物馆（笔者手绘）

图20　人民大会堂（笔者手绘）

图 21　北京民族饭店（笔者手绘）

图 22　北京美术馆（笔者手绘）

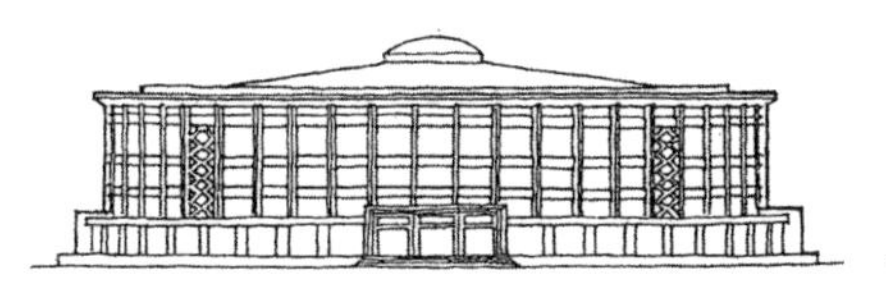

图 23　北京工人体育馆（笔者手绘）

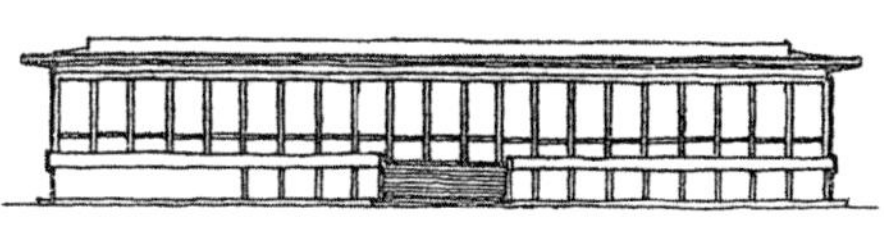

图 24　杭州机场航站楼（笔者手绘）

四、二十世纪六十年代以来的实践

二十世纪六十年代以来，具有代表性的作品有：北京国际俱乐部、外交公寓、广州白云宾馆、广州东方宾馆、新北京饭店、新北京图书馆（未建）、北京美术馆（它的创作时间是属于二十世纪五十年代末）、毛主席纪念堂、杭州机场航站楼、南京长江大桥桥头堡、北京工人体育馆、首都体育馆、上海体育馆、首都国际机场航站楼，等等。

可以看出，这个时期建筑创作的路子比过去宽了，形式也多样了，开始跳出西方古典和中国古典的狭小圈子，并且引入了西方近现代建筑的创作手法。

除了个别的例子，如北京美术馆、毛主席纪念堂、新北京图书馆之外，琉璃的“大屋顶”、檐口已被排除出大量的建筑形式之列（图 22）。

它们除了保留挑檐（以区别于“摩登”建筑）和在材料的质地、色调及线脚上表现出檐口、基座和屋身的“三段”式划分，门廊、入口等局部的柱子、花格处理之外，也就很少能够寻找出传统形式的直接表现。

在一般建筑中，壁柱的应用几乎成为风行的手法（图 23~ 图 26）。

例如北京外交公寓那样的十六层的高楼，按照比例伸出达二三米的大挑檐，它的必要性和合理性也已引起人们的怀疑。1978 年首都国际机

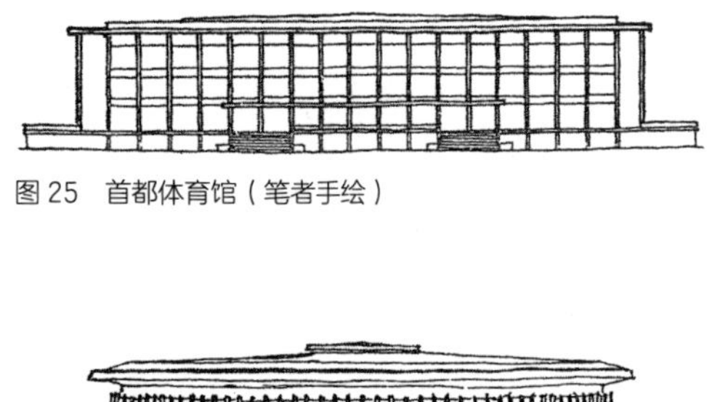

图 25　首都体育馆（笔者手绘）

图 26　上海体育馆（笔者手绘）

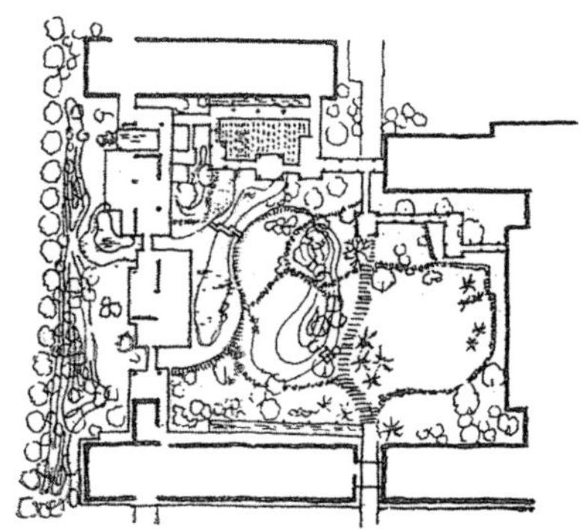

图 27　广州东方宾馆建筑与庭院（笔者手绘）

场航站楼是北京第一座不做挑檐的大建筑，其实仍有檐口，只是并不显露，人们即引为一个突破。

广州白云宾馆、东方宾馆，在主体建筑上已看不出什么传统的构图规则，而它在吸取中国古代宅旁园林的组织形式和古典庭园建筑的传统上却别开生面地走出了一条新路，开辟了建筑与庭院结合的一个新的创作领域，引起了人们的很大的兴趣（图 27）。

五、当前的争论

有人认为，多年来我国建筑“民族形式”创作之路是越走越窄，已经走到了尽头。

还有人认为，随着建筑的工业化、现代化，古代历史上产生各民族独特形式的土壤已经不存在（自然地理环境的影响已显得不重要，地方材料结构的差别也已消失），现在建筑形式的界限是越来越小，终究要走上“世界大同”的道路。

这就提出了“民族形式”的要求是不是过时了的问题，“民族形式”的创作还能不能继续发展的问题。

笔者认为，几十年来，我国建筑“民族形式”的创作实践，基本上是走过了形式的模仿和在模仿中求得革新的道路，这是历史发展的一个过程和阶段。

这种形式的模仿（整体也好，局部也好，细部也好），似乎是走到了头。但从“民族形式”的创作这个广阔的意义上，它不是走到了尽头，也不会走到尽头。应该说，它在实践上和理论上还没有充分的展开，现在正是一个新的创作阶段的开头，别开生面地展开多方面的探索和创造。

多年来我国建筑的“民族形式”的创作实践带有很大的局限性。这种局限性是由于多方面的条件造成的：①经济上的限制；②材料结构的限制；③创作思想的限制。

现在有一种思想表现，似乎要完全抛弃传统，放弃“民族形式”的探讨。相反，许多西方建筑师却非常赞赏我国建筑的传统，正在很有兴趣地向它学习，吸取借鉴。

西方现代建筑从二十世纪二三十年代到现在，经过半个世纪的发展之后也在走回头路。从抛弃一切传统，走到回复传统。二十世纪六十年代开始的所谓“新古典主义”，讲求地方性、民族性的倾向，包括近年来所谓西方第三代建筑师的“后期现代主义”正是这种思潮的反映。

西方建筑从二十世纪二三十年代开始，由于建筑工业化的进程，在形式上突破传统的古典派，而产生了“现代建筑”的新原则：如强调建筑的时代性，应用新技术，讲求空间设计，反对装饰，等等。这无疑是建筑学的一场历史性的变革。

它们的特征，如白粉墙、平屋顶、水平向的大玻璃窗和方盒子形式，曾在大量的建筑中创造了许多平面空间适用舒适、造型简洁悦目、适于工业化施工的建筑。

到二十世纪四十年代和五十年代，随着各种新型玻璃制品的应用，空调技术的完备，在现代建筑中更出现了全部用钢和玻璃造成的、玻璃盒子式的建筑。形式的简洁、纯净似乎达到了不能再简洁、再纯净的程度。

然而，现在人们又不满足于它的简洁、纯净，而感到单调乏味，要求在简洁中增添华美，在新奇中加点庄严，出现了吸取古典建筑的一些形式，如柱廊、拱券、漏窗、装饰的作品。特别是在那些具有民族传统文化的国家，人们更欣赏那种既现代化，而又有乡土风味的建筑形式，它唤起人们对于大自然、对于乡土、对于历史文化的情感。

西方现代建筑这个“否定的否定”的发展过程,难得不可以引为启发,我们反而要抛弃我国建筑的灿烂的传统，去追随在别人看来已经过时的东西?

翻开古代建筑的历史，人们常常可以不必借助文字的说明，仅仅凭着一张照片、一幅图样，便可以辨认出这是哪个民族、哪个地区、哪个国家的建筑。因为它们同当地的自然环境和社会环境是那样的和谐，而成为民族历史和文化的象征。

它们即使同是宫殿、庙宇、住宅，即使应用相同的材料（土、木、砖、石），却创造出独特的结构和独特的形式。埃及和希腊同是石结构，巴比伦和中国同是土木结构,而形式迥然而异。它们之间也有交流,也有影响,但这种交流和影响，往往已经融合于它们的主体之中，只有观察入微才能找出其中的痕迹。

可见,“民族的形式”并不完全取决于自然地理环境和地方材料的因素，它还取决于工艺技术的传统和文化艺术的特色。

我国的古代建筑是堪与世界上任何民族的古代建筑媲美的。古代留下的宫殿、庙宇、寺塔、一角城楼、几处院落、一条街市、数间铺面，时至今日，虽然早已成为历史的遗迹，然而，我们不应仅仅把它们看作古迹，还应该看作是文化遗产，因为它是同我国的历史联系在一起的。在它们之中体现着文化的传统、艺术的传统、建筑的传统。

但是，时代改变了，条件改变了，要求也改变了。几十年的实践和争论就在于在这个改变了时代、条件和要求之下，又如何认识这个传统，如何对待这个传统。

什么是我国建筑的民族传统，至今是一个大题目。

鉴于 1955 年以前形式主义、复古主义的教训，有人主张只是从原则上去总结，如：建筑与自然环境的结合，因地制宜、因材致用，实用、结构与艺术的统一，等等，而排斥具体的形式。

这些原则固然都是正确的，但是，那几乎是一切民族优秀的古代建筑所共有的，而同样的原则在各个民族建筑中所表现的形式却是不同的。民族的风格、民族的特色，就是通过具体的不同的形式表现出来的。

正如建筑的功能和艺术效果不是空洞的东西，它是通过一定的结构、设备和形式（平面的、空间的）来实现的。建筑的民族风格也不是抽象的观念，它也是要通过某种形式的特点而体现的。只是说，同样的一个原则，不同的时代有不同的表现形式。今天所体现的形式和古代的形式应当，也必然有所不同。历史上好的东西总是不应抛弃的，而是要在新条件下发展它，赋予新的表现形式，到将来也还会有将来的表现形式。譬如：

1. 园林与建筑的结合：宅旁园林（如北京恭王府花园、半亩园，江南园林多是）、庙旁园林、宫内园林（如北京故宫乾隆花园、御花园）；

2. 绿化的内部庭院；

3. 群体的布局（有宫殿、庙宇、住宅的对称式配置，也有园林中厅堂斋馆亭榭廊阁的不对称式配置）；

4. 轻巧玲珑的外观（无论是大殿、高阁都不沉重呆板）；

5. 灵活分隔的空间（室内、室外及其联系）；

6. 丰富鲜明的色调。特别是对比色的运用（有官式建筑的“红白黄绿”：红墙、白石台基、红色木漆、黄绿瓦和青绿彩画；也有民间建筑的“白青赭”：白粉墙、青砖青石青瓦和栗色木漆），造成或者富丽，或者清雅的不同效果；

7. 精丽的装修和装饰。

这些传统的特色，至今为人们所欣赏。

所谓宅旁园林、庙旁园林、宫内园林的“旁”，并非单指左、右，也可在后，即“后花园”。这是一种附属于宅、庙、宫的小园林。它同宅、庙、宫的建筑互为补充，造成两种环境、两种功用、两种气氛，供人们在这里散步游息或读书。它同主体建筑（宅、庙、宫）的联系是如此的紧密，而区别于那种独立的大园林。我们再看现代的建筑，它的环境又是怎样的单调而枯燥。古代建筑的这一构成思想，对于新建筑的创作难道不可以从中得到一点启示吗？

中国古代建筑都是由若干主要建筑和附属建筑及院门、围墙围绕联结而成的群体，因而创造了丰富变化的空间、环境和建筑艺术。

特别是以内部的庭院与周围建筑的结合来组织整个建筑的活动，这是中国古代建筑布局的基本设计意图。它可以是对称式的严整布局（例如四合院、三合院、廊院式、院心式），也可以是不对称式的活泼布局（例如园林中的建筑）。

本来是建筑周围的一片空旷场地，加了廊庑或墙垣的环绕，这个空间便属于你的，便组织到建筑之中了。

庭院内则常常植木莳花叠石，成为绿化的庭园。但它的主要的功能不在于“园”，而在于“院”。

这种绿化的内部庭院，不仅提供了人们更多的活动空间，丰富了建筑的环境，增加了建筑的功能，而且改善了周围建筑的小气候。它适应了人们对于阳光、空气、花木的自然要求。在今天的新建筑中吸取这一设计构思，往往可以在复杂的建筑中解决自然通风、采光、日照及户外活动等方面的问题，收到意想不到的实用和艺术的效果，给人们带来许多的快活！

一座庞大的单体建筑物，无论如何的周廊复室，建筑物的内和外总是隔绝的。这就使人们的活动受到很多的限制。直到二十世纪初，西方近代建筑师才注意到这一点，才强调内外空间的联系，而它却是中国建筑几千年来的传统，因为人们早已习以为常，反而认识不到它的价值了。

中国古代建筑的主要结构体系是木梁柱。这种木建筑的梁柱构架，下面需要垫高以防潮，上面需要有瓦屋面并做陡坡以排水，这就造成了中国古代建筑的三个明显的组成部分：基座、屋身和屋顶。

在世界古代建筑中，屋顶的形式即有平顶、坡顶、穹顶和尖顶之别。平顶一般是不显露的，只有坡顶、穹顶、尖顶，因其引人注目而特别加以艺术处理。中国式的坡顶和尖顶给予中国建筑以独特的姿态。

中国古代建筑是由构架承重的。因而梁柱之间按日照、风向和建筑功能的需要，可装门窗、可砌墙壁，也可完全空敞，极为自由。这种结构法类似现代的钢或钢筋混凝土的结构。它的屋身，也就不具有承重墙体系那种厚重封闭的特征，而具有一种以柱子和落地的格扇、长窗构成的开朗轻巧的特征，这也是同其轻盈的屋顶形式相协调的。它们也就造成了玲珑的外观。

由于群体布局的特点，中国古代的单座建筑并不是孤立存在的，而总是作为群体建筑的一个组成部分出现。中心的建筑就像是它的主要体部，两厢的建筑就像是它的次要体部，相连的廊庑就像是它的联系体部。而它们之间在体量上和形式上的对比，则是以其在群体中所处的地位来确定的，从而造成一个和谐统一的整体，又呈现出生动的体型和轮廓的变化。

它显示了中国古代建筑艺术的这样一个特点和精华：即它的庄严雄伟主要不是靠单座建筑的庞大体量，它的生动活泼也不仅仅靠单座建筑的复杂变化，而是靠单座建筑的组合来表现的。这远比将全部体量集中于一座建筑内，更能造成雄伟的效果，更能表现形象的丰富，在艺术构思上更胜一筹。而且它还可以用若干结构简单，以至定型的单体，来组合成形式复杂的整体建筑，这在技术原则上也是优越的。

所有这些特征，都是我们在“民族形式”的创作中应该予以研究，加以探讨的。

在三十年来的实践中，直到近些年，才在创造绿化的内部庭院、园林与建筑的结合上作了一些尝试，例如广州白云宾馆、东方宾馆等。

北京美术馆可以说是在大型建筑上创造轻巧玲珑的外观取得了效果的一个例子，然而它是一个特殊的例子。

在大规模的群体布局上创造丰富的空间环境，本来是很有条件的，例如北京农展馆，可惜却没有着意于这方面的探索。

而对于大片的对比色的运用，还没有一个建筑进行过大胆的实践。

新建筑可不可以用一点传统的装饰?

有人认为，古代建筑合理的传统，是它的一切装饰都是依附于结构的，只是为着保护结构或者是构件的美化加工而已，因此他们主张排斥结构构件以外的任何装饰构件。认为既然传统的材料结构改变了，再保留这些装饰形式，那就是虚假的装饰。

历史上的建筑有没有纯装饰的构件？今天新建筑可不可以有纯装饰的构件和装饰处理？这是个理论问题。

在古代，从早期木结构发展为后来的砖石建筑过程中，就保留了一些木结构时的形式。古希腊的石建筑、中国古代的砖石建筑，都保留了来源于木建筑的形式特征。

那么，现代钢和水泥的建筑，是否也可以保留砖石建筑，以至木建筑的某些形式特征呢？这是争论了几十年的问题。它不是指施工上、经济上存在的问题，那是易于理解的，也是可以通过材料和施工技术的改进加以解决的；而是指形式上、艺术上的争论，即建筑学观点的争论。可以说，这个问题并没有深入地探讨过。

总之，如果我们仅仅把建筑设计当作完成“平方米”数的任务，而不是把它作为一个创作，那是不会有什么创造的。

盲目的模仿使艺术走上衰落的道路，只有创造出新的作品，才能使艺术的生命长久而活泼地存在下去。

今天我们仍然应当提倡学点历史，学点传统。

有人说，不学历史也可以做设计，学习传统倒导致了“复古主义”。其实复古主义的问题，并不是历史知识太多的缘故，相反的，它往往是因为历史知识的局限，或者“食而不化”，或者思想方法的局限造成的。当然，学习并不能代替创造。可是，有没有这个学习而有粗细之分、高低之别，这也是不可否认的。

我们希望在二十世纪八十年代，伴随着创作思想的解放，我国建筑“民族形式”的创作能够开拓一个新的阶段，多方面探索的阶段，从形式的模仿走上真正的创造，使我国的建筑出现更多的既现代化而又具有民族特点的新作品。

关于中国古代建筑『形制』问题的探讨

（1982年·在西安建筑科技大学建筑历史与理论研究生班的讲演）

形式问题是建筑研究的基本问题。由形式入手，由此及彼，由表及里，也有我们认识某种事物的基本途径。

在中国古代建筑史的表述中，对于某些类型建筑的形式，更多的使用“形制”这个名词来代替“形式”这个普通的名词。因为这些类型建筑的形式，在中国古代特定的历史背景下，它们不是个体创作的结果，而是国家最高层面的礼制文化的产物，具有规范化、制度化的特征。

探讨中国古代建筑“形制”的起源和衍化，能够使我们更深入、更详细地理解中国古代建筑的某种特性。“形制”问题的探讨也是我们进行古建筑复原研究的参照和依据。

一、宫室

建筑之始，源于居住。在中国古代文献中，“宫室”并非专指帝王的宫殿。“宫室”一词乃泛指房屋，是对房屋的通称。《礼记·礼运》：“昔者先王未有宫室，冬则居营窟，夏则居橧巢。”《周易·系辞》：“上古穴居而野处，后世圣人易之以宫室，上栋下宇，以待风雨。”《释名》：“宫，穹也，屋见于垣上，穹窿然也。”“宫室”是一种有墙有顶的房屋，而区别于原始的掘地成穴的穴居、半穴居和构木为巢的巢居。

夏代宫室称“世室”。《周礼·考工记》：“夏后氏世室，堂修二七，广四修一（长方形平面，长宽比为 4 ∶ 1）。五室，三四步，四三尺。九阶，四旁两夹，窗……”“世室”为一座单体建筑，堂在前，室在后。“室”“旁”“夹”各一阶，共九阶。

商代宫室称“重屋”。《周礼·考工记》：“殷人重屋，堂修七寻（八尺为一寻），堂崇三尺，四阿重屋”。对于“四阿重屋”，历来多解释为四注式重檐屋顶。重檐的房屋显得雄伟壮观，它的产生可能是由于在高大屋顶下加一周披檐以防斜风雨淋的目的所致。

但也有人认为，据汉以前的资料，如东周青铜器上的礼制建筑图像，并无重檐之例。迄今发现的汉画像砖（石）建筑图像及明器陶屋，主体屋顶虽多为四注式，但也未见有重檐。汉魏以后，四注式屋顶已作为一种高等级形式为宫、庙所常用。后世仍沿用“四阿”的称谓。

我国新石器时代晚期的穴居、半穴居，平面多为近于方形或圆形，以攒尖顶最为合适。至夏商，宫室演变为有土台基的长方形平面，其屋顶复原当以四注式最具合理性。

周代宫室称“明堂”。《周礼·考工记》：“周人明堂，度九尺之筵（席），东西九筵，南北七筵；堂崇一筵；五室，凡室二筵。”

夏、商、周三代宫室，以《周礼·考工记》所说，“夏后氏世室”“殷人重屋”“周人明堂”，均应指的是在庭院中的主殿堂而言。平面是长方形，按前堂后室布置。

迄今考古发现的早期宫室建筑遗址，有河南偃师二里头村商代早期遗址、湖北黄陂盘龙城商代中期遗址、河南安阳小屯村商代晚期遗址。

偃师二里头村遗址提供了中国古代早期宫室建筑的一种形制。其整组建筑的基址是一个经垫土筑成的土台，东西 108 米，南 101 米。在这个基址周边有廊庑围成一个封闭型的大院子（“庭”）。在庭的中部偏北又有一个高起的土台基，东西 36 米，南北 25 米，从柱洞排列来看，是一座面阔八间、进深三间的殿堂。

在中国古代建筑史上，由廊庑和墙垣围成的“庭”具有重要的意义。这种面阔取双数开间的做法，在黄陂盘龙城、安阳小屯村遗址都有发现。奴隶制时代崇尚中央的观念，反映在建筑上即崇尚中轴对称的形式。

双数开间是古代早期建筑强调中轴对称的一种形式，即立柱居中，两侧分设开间和东西阶。但殿堂中央立柱对于居中设座是有碍的，这或许是后来面阔开间数由双数改为单数的原因。在这座殿堂的台基上大柱洞外还有小柱洞，可能是支持披檐的撑檐柱的遗址。从外观上看，恰如《周礼·考工记》所说的“四阿重屋”（四注式重檐）的形制。

《周礼·考工记》:“匠人营国（王城），方九里，旁三门，国中九经九纬，经涂九轨，左祖右社，面朝后市。”《荀子》:“王者必居天下之中，礼也。”《吕氏春秋》:“古之王者，择天下之中而立国，则国之中而立宫。”“国中立宫”的规划原则，体现的是“王者居中”的礼法秩序。

随着朝会内容和典礼的繁复、规模的扩大，宫室建筑也由早期在一座建筑内“前堂后室”布置，演变为朝、寝分立，在南北中轴线上按“前朝后寝”排列。

以《周礼》所说，“朝”有“外朝、治朝、燕朝”之分;“寝”有“王寝、后寝”之分。“王寝”又分“路寝”（正寝）、“燕寝”（小寝）。可知“朝”与“寝”均已是一个建筑组群，由若干院落组成。

王宫之门，有“天子五门，诸侯三门”之说。天子之宫五门：自外而内，名：“皋门、库门、雉门、应门、路门（毕门）”。库门之内为“外朝”，雉门之内为“治朝”（正朝），路门之内为“燕朝”。诸侯之宫三门：库门（外门）、雉门（中门）、路门（寝门）。

“外朝”，为举行新君登基、凯旋献俘等重大典礼，断狱决讼及询非常之处，君不常视。殿前有大庭。

“治朝”“燕朝”，也称“日朝”“常朝”，为举行册命、礼宾、喜庆典礼及日常听政、君臣日见之处。

“燕朝”之后为宫寝，有“三寝”“六寝”之说。“路寝”（正寝），“君日出而视之，退适路寝听政”，为朝礼毕，退朝后处理政务及生活起居之所。

周礼所尊定的“三朝五门”及宫寝制度，成为后世宫殿的基本蓝图。依照礼制，以中轴对称形式布置单体建筑，造成了中国古代宫殿建筑群体的强烈秩序感。

二、坛

自然崇拜是一种古老的信仰，早在新石器时代就已经产生。当以农耕为食物主要来源时，人们的崇拜对象是主宰一切的上天和主管土地、粮食的地神和谷神。“坛”起源于对天、地自然神祇的祭祀。

原始祭天地之法：

《礼记》:“以天之高，故燔柴于坛（架柴燔火，上达于天）;以地之深，故瘗埋于坎（将收获物祭品埋于土中）。”

《风俗通义·祀典》:“社者，土地之主。土地广博，不可遍敬，故封土为社而祭之，报功也。”

中国史前祭坛遗迹，如：

红山文化祭坛（辽宁喀左县东山咀），位于大凌河西岸一处山梁上，是一座南北长60米、东西宽40米的石砌遗址，有圆形和方形祭坛各一。方形祭坛边长10米，由立石筑成。圆形祭坛径2.5米，由石块堆筑而成。

齐家文化祭坛（甘肃临夏大何庄），是石圆圈形遗址。石圆圈由砾石排列而成，径4米。

仰韶文化祭坛（江苏连云港将军崖），是以山顶上径约30~40米的平坦地面为天然祭坛，中央立巨石三块，在巨石周围平地岩石面上刻有三组与祭祀有关的岩画。

良渚文化祭坛（浙江余姚瑶山），遗址平面呈方形，由里外三重组成，里重是一座红土台，呈方形，边长约6~7米；二重为灰色土，外重为黄褐色土筑成的土台，外围边长约20米。

原始的地神崇拜，主要是崇拜氏族群体居住的土地。

商代遗址，如江苏铜山丘湾遗址，四块大石紧靠一起，竖立在土中，中间一块最大，呈方柱形。

商代亦有以树木为“社主”之形。大石和大树均为神之凭依。《战国策·秦策》:“盖木之茂者神所凭，故古之社稷恒依树木。”后世民间也多以大树为鬼神之所凭依，不敢妄动，而任其生长，以至枝叶繁茂，嵯峨参天，恰成为目标明显的持久性地域标志。

祭天，原属于自然崇拜，至殷商时，“天”已由字体属性的“天”，演化为社会属性的至上“神”。殷墟卜辞对天专称“帝”或“上帝”。周因殷礼，隆重祭天，以表王权“受命于天”，显示其存在的合法性。从此，祭天成为了帝王的特权。诸侯只能祭地，而且仅祭其封国山川地祇。西周以后，历代帝王都将祭天视为最隆重的祀典。

周代已将“社”，土地之主（土神）；“稷”，五谷之主（谷神），合为“社稷”一并祭祀。西周至春秋，是社祭等级化的形成时期，所谓天子“太社”，诸侯“王社”，民间“野社”。“社稷”观念的泛化，最终成为国家与政权的同义词。天子“太社”代表着东西南北四方广大疆域。营国制度：“左祖右社”，说明“社”的重要性。

西周时，祭祀天地已形成一定的仪式。《礼记》：“郊之绩也，……兆于南郊（在国都南郊举行），就阳位也（“阴阳”说，南处阳）；扫地而祭（露天不建宫室房舍），于其质也（自然之质）；器用陶匏（陶器），以象天地之性也（自然之性）。”祭天的场所不能在毫无限定的天地间举行，故行之于凸起于地面的高处，这是祭祀礼仪的需要。行郊礼必于南郊，祭天必建“坛”，是汉平帝时确立的制度。汉武帝祀“太一”，“太一”（泰一）即天神。《史记・封禅书》：“立其祠长安东南郊”。《后汉书・郊祀志》：太一坛“坛有八陛，通道以为门。”从八角形的形制来看，属于道家学说。《易》：“易有太极，是生两仪。”“泰一”便是“太极”。至高无上谓之“泰”，绝对不二谓之“一”。

社坛的“五色土”之制形成于春秋末期。五方色的观念，显然是从东、木、青，南、火、红，西、金、白，北、水、黑，中央、土、黄的“五行”说演绎而来。《白虎通义・社稷》：“天子有太社焉，东方青色，南方赤色，西方白色，北方黑色，上冒以黄。”

西汉所谓“四祀”（四方之祀），南郊祀昊天上帝，北郊祀地皇地祇，东郊祀日，西郊祀月，也是原始自然崇拜的“阴阳五行”化。汉武帝的洛阳南郊坛祀天帝，形制为重屋圆坛，三重垣墙，四向辟门；北郊坛祀地祇，为方坛四陛，重垣四门。

古代帝王的天地之祀，在先秦至西汉尚处于创立阶段，至东汉初奠定了郊祀制度及郊坛形制的基本格局。

三、明堂、辟雍、灵台

“明堂”“辟雍”“灵台”，是先秦三项国家级重要的礼制建筑。

“明堂”：

史载，西汉元封元年（公元前110年），汉武帝为举行泰山封禅（祭天地）欲在奉高（今山东泰安）建“明堂”，诏令大臣们议明堂形制，有济南人公玉带献“黄帝明堂图”。

《史记》：黄帝明堂图“中有一殿，四面无壁，以茅盖。通水，圜宫垣。为复道，上有楼，从西南入，命曰昆仑。天子从之入，以拜祠（祀）上帝焉。”

又《淮南子》：神农氏明堂“明堂之制，有盖而无四方。”

“明堂”大概是架高起来的四面开敞的茅草顶方亭形式。上有楼，有带顶的楼梯（复道），入口位于西南方，有围墙（宫垣），垣外环绕水沟。“明堂”称“昆仑”，为天子拜祀天帝之所。“昆仑”意指昆仑神山，高远而神秘。宫垣圜水含有神圣的意义。

“辟雍”：

《白虎通义》：“天子立辟雍何？辟雍所以行礼乐宣德化也。辟者璧也，象圆以法天也。雍者壅之以水，象教化流行也。”

东汉长安城南郊安门外大道东，考古发掘出一处建筑遗址，中央为一座中心建筑，方42米，平面呈“亚”字形，建于圆形夯土台上，径62米。四面围墙，方235米，围墙内四隅有曲尺形配房。围墙外环绕圆形水沟，径350米。环水沟正对围墙四门又有长方形小环水沟。考古认为，它应是汉平帝元始四年修建的“辟雍”，它的形制仍延续了先秦辟雍的文化意义。“亚”字形平面，像圆天覆盖方地而露出四角，像四维，包含了天地之象，也是四极宇宙的图式。辟雍乃是沟通天地之门户。

"灵台":

在先秦神话传说中，极具神秘色彩的莫过于遥远渺茫的昆仑山。《山海经》《尚书》《庄子》《淮南子》《史记》《汉书》均有记述。昆仑"位于极西，孤高万仞，直插青云，巅有琼台玉宇，悬圃异木，神兽仙人出没其间。"西王母即居于昆仑。

人仰望天，神秘莫测。对天的向往是人类的永恒追求。沟通天地乃是上古文化的一种核心观念。

《太平御览》:"昆仑山为主，气上通天。昆仑者地之中也。"宇宙神话中，有以高山、巨树为通天之阶梯。在建筑中，高山、巨树演化为"灵台""建木""天枢""天柱"。

《淮南子》:"建木在都广，众帝所自上下，日中无景，呼而无响，盖天地之中也。"太阳正午时处于"建木"之上，故立而无影;"建木"独立中天，故呼而无响，言其高耸也，是天地之中心，天帝凭此往来于天地之间。"建木"薄天庭而交通天地。

《水经注》:"昆仑有铜柱马，其高入天，所谓天柱也。上有大鸟，名曰希有。""希有"(张开翅膀的大鸟)还是东王公与西王母阴阳交会之媒介。

四、宗庙

在新石器时代的仰韶文化中，公元前五千年的西安半坡文化类型里，村民们生时聚族而居，死后聚族而葬，显示出强烈的血缘关系，这是亲族意识的表征，也是祖先崇拜的根源。

辽宁牛河梁红山文化遗址中，有成群的积石冢遗迹，在这里还发现一座由多室和一个单室构成的建筑遗址。遗址位于辽西凌源县牛河梁山上南面一片松林中。在主室内出土的遗物，有彩绘泥塑人像，复原为朱唇园眼，眼睛嵌以绿色玉石，嘴角微张，有凸起的乳房，考古者称其为"女神"，当是当地氏族的女性祖先。其房屋为木骨泥墙，彩绘赭红相间、黄白交错的三角几何纹图案，应是用作祭祀的女神庙，即原始的宗庙建筑。

女神崇拜现象在红山文化的其他遗址中亦有发现。在父系社会里，女性祖先崇拜逐渐为男性祖先崇拜所代替。

宗庙是供奉神主，祭祀祖先的场所，也在此举行各种重大的礼仪。商周卜辞中数量最多的告祭之礼，即向祖先、神灵报告重要大事，如敌方来侵、王巡狩、征伐、祈年、册命、问疾等多于庙内行之。

周代庙制，按《礼记·王制》所说，“天子七庙，三昭（父辈）三穆（子辈），与太祖（始祖）之庙而七；诸侯五庙，二昭二穆与太祖之庙，而五；大夫三庙，一昭一穆与太祖之庙而三；士一庙，庶人祭于寝。”昭穆制在宗庙布局中，是按太祖庙居中，昭庙、穆庙分列左右设计。宗庙等级制度乃是宗法制的物化形态。

建筑类型的发展，首先是从居住建筑开始，上古宗庙与居室同源是可以肯定的。其实宫、庙都是从生人的寝演化而来。

考古发现的陕西岐山凤雏村西周早期宗庙遗址，平面布置是一座严整的四合院式建筑，由两进院落组成，包括“屏”（遮挡大门外视线和防止大风直吹门内，西周时已作为一种礼制，只有邦君以上才可设置），门、塾（门旁房间称塾），庭（庭院），堂、厢（厢在堂的东西），室（后庭正房）、旁（室东、西房）、夹（转角房）、闱（东北角门，妇人出入之门）。

陕西凤翔马家庄春秋中晚期秦国宗庙遗址，正中为大门，有门道、东西塾；中间有空地为中庭，有三座面积、形制相同的建筑，呈“品”字形布置，为堂东、西厢；堂之北有一亭式建筑，外围以墙垣。中庭内发现祭祀坑 181 个，判断其为宗庙。

宗庙在王城中的位置关系，《周礼 · 考工记》：“匠人营国，……左祖右社。”《周礼 · 春官》：“右社稷，左宗庙。”帝王宗庙位于王宫之左（东面）。

汉代帝王奉行陵旁立庙祭祖之礼。诸侯以下则采用墓祠的形式。“祠堂”的名称，见于《汉书》：“吏民为立祠堂，岁时祭祀不绝。”《水经注》

中记载的东汉墓上石祠有十余例。十祠一般皆立于冢前，其前有神道，道侧列石碑、阙、兽、柱、桓等。

晋代曾废止家庙制度，官吏、士大夫多以宅舍“厅事”“客堂”为祭祖之场所。至南北朝时恢复。唐代家庙制度：“一品、二品四庙，三品三庙，嫡士一庙，庶人祭于寝。”

明嘉靖时废除了庶民不准建祠的限制，建祠再无贵贱等级之别，一村、一镇、一个族姓的宗祠、族祠、家庙追祭祖先有上溯至十数代、数十代，于是祠堂遍及天下。

中国古代建筑史中这种制度化的形式和形式的制度化现象，由于“事死如事生”的观念，还扩及到帝王陵墓建筑的形制。“制度”是一种区别社会人等的身份、地位、权利的手段和标志。这种历史现象，也是一种文化现象，对于中国古代建筑史的研究来说，它可以作为一把钥匙打开中国古代建筑历史之门，解开中国古代建筑历史之谜。

试论《园冶》的造园思想、意境和手法

（载《建筑师》第 13 期 · 1982 年，中国建筑工业出版社）

人们无不爱山，爱水，爱树木花草，爱大自然之美。而大自然的景物却不是随处可得，特别是城市的发展，往往把人们隔绝于大自然的环境之外，这就需要人工去创造它。造园艺术也就应运而生。造园是中国建筑的传统，中国人是乐于此而精于此的。

中国造园始于商周苑囿，而后经历汉、唐时期的发展，其实践和理论的成熟，至宋代已达到炉火纯青的境地，明清之世更普及于民间。

可是，多年来由于“左”的思想干扰，对中国造园艺术这一灿烂的遗产却很少重视加以整理、总结。仅有刘敦桢先生的《苏州古典园林》一书是一个重大的成果。《园冶注释》的出版，也是完成了一件很有价值的工作。

中国造园具有悠久的历史和极其丰富的实践，古代有关文献记载不一而足，但从理论上作出系统的阐述的却难得见到。《园冶》乃是流传至今关于中国古代造园理论的一本最重要的著作。多年前笔者初读此书时即爱不释手，然而苦于难以完全读懂。今欣得陈植老先生的《园冶注释》一书，始使许多不解之处得以明白。

《园冶》所达到的理论高度，主要是基于作者个人造园实践和思想的水平。尤其在古代，理论工作极不开展的情况下，它只能是中国造园实践的一定程度的反映。这种理论的总结，显然大大落后于实践的成就。因此，在今天，从现存的古代造园实物遗产中去发掘、总结、概括中国造园的理论，仍然有许多工作可做。而对于《园冶》的剖析，也就是这种工作的一个方面。笔者将个人在研读此书时的点滴所得，整理成本文，以期共同探讨。

《园冶》的园说和兴造论，是全书的立论所在，即造园的思想、原则。笔者以为，它的精髓在于三句话：

一句是："世之兴造，专主鸠匠，独不闻三分匠、七分主人之谚乎？非主人也，能主之人也"（兴造论）。

这句话历来受到人们的批判。但是，如果我们摒除其所包含的鄙视工匠劳动者的含义，认为造园乃是一种创作，而非单纯的操作所能成就。它是一门专门的学问，一种设计、规划的专门学问。正是掌握这种学问的人，在造园中起着主导的作用。工匠对造园设计也有一定的作用，但他们的知识一般是偏于施工操作的。这难道不是正确的道理吗？

中国造园的设计、规划，它的创作意图是要造成一种"天然之趣"。它体现在下面一句话："虽由人作，宛自天开"（园说）。

而"巧于因借，精在体宜"，则是对于它的创作原则的精辟概括（兴造论）。

《园冶》即以这些创作思想、原则为出发点，展开造园设计上多方面专门问题的论述。

造园设计是要创造一种意境。《园冶》主要反映了私家园林的实践和理论。而私家园林所要创造的意境是一种什么样的意境呢？这是以往古代造园遗产的研究中所争论的问题。一种观点认为，它是封建士大夫阶级的闲情逸趣，因而取批判的态度；一种观点则认为，它不过是表现一种天然之趣，并不存在什么阶级的性质。在相当长的时间里，前一种观点似乎成为定论的看法。

笔者以为，在历史的条件下，作为私家园林的所有者和设计者，在他们身上，封建士大夫的"闲情逸趣"和人们向往"天然之趣"的感情，二者是错综地交织在一起的，是并存的。这就是我们不能采取简单的肯定或否定态度的缘故。

我们研究遗产的目的，首先在于整理它，发掘它的精华，而汲取它，借鉴它，使之古为今用。如果仅仅为了批判它，否定它，那么这种研究又有多大的实际意义呢？

《园冶》全书，自始至终处处贯彻一个"幽"字（幽静、幽深）、一个“雅”字（雅朴、雅致、清雅）、一个“闲”字（闲适、闲逸）。幽、雅、闲，就是它所要创造的意境，或者说情调、风格。

例如：自然雅称（兴造论）；凡尘顿远襟怀（园说）；选胜落村（相地）；闲闲即景，寂寂探春（山林地）；闹处寻幽（城市地）；似多幽趣，更入深情（郊野地）；足矣乐闲（傍宅地）；寻闲是福（江湖地）；递香幽室，寻幽移竹（立基）；自然幽雅（书房基）；时尊雅朴（屋宇）；式征清赏（装折）；减便为雅（栏杆）；林园遵雅（门窗）；从雅遵时（墙垣）；阶除脱俗（铺地）；闲逸，闲居，顿开尘外想（借景）……，都说的是：幽、静、闲。

无疑，《园冶》中，属于封建士大夫阶级闲情逸趣的内容是有的。例如，安闲莫管稻粱谋，沽酒不辞风雪路（安闲莫管衣食之计，买酒不辞风雪之路）（村庄地）；轻身尚寄玄黄，具眼胡分青白（身轻寄于天地之间，人眼何必去分青白）（傍宅地）；寻闲是福，知享即仙（寻得安闲便是福，能知享受就是仙）（江湖地）；莫言世上无仙，斯住世之瀛壶（莫说世上无仙，居此就是人间的仙境）（池山）；乐圣称贤，足并山中宰相（乐圣称贤，足比山中宰相）。幽人即韵于松寮，逸士弹琴于篁里（幽人在松寮中吟诗，逸士在竹林里弹琴）（借景）……。但主要的还是对于天然之趣的意境的描述。而情趣问题，所谓“物情所逗，目寄心期”（借景），还在于欣赏者本身的思想感情。

当然，古代的私家园林是私人所有的。它的面积都不大，只供园主及其亲朋好友游玩观赏，因而不可能具有今天为广大群众所用的现代公园的功能。这是不同时代、不同性质的问题。我们只能把它作为古代的事物给予历史的评价，并不能以今天的要求而去否定它。

为着创造这种“幽”（深）、“雅”（致）、“闲”（适）的意境，造成一种“天然之趣”，《园冶》把园址的选择（“相地”）作为造园的第一件事，因为它是造园设计的基础和根据。

园址有山林地、村庄地、郊野地、江湖地、城市地、傍宅地，依其天然的条件，当以山林地为最胜。它“有高有凹，有曲有深，有峻而悬，有平而坦”；“自成天然之趣，不烦人事之工”；不必远游而有跋涉之趣乐

(“欲借陶舆，何缘谢屐”)。村庄地，“团团篱落，处处桑麻，蓄水为濠，挑堤种柳”，一派田园风光，怡然“归林得志，老圃有余”。郊野地，“平冈曲坞，叠陇乔林，水浚通源，桥横跨水”，也“似多幽趣，更入深情”。江湖地，“悠悠烟水，澹澹云山，泛泛渔舟，闲闲鸥鸟”，以水景取胜。这些都是造园的好地方。

城市地本不宜造园，而“闹处寻幽”，也有“得闲即诣，随兴携游”之便。宅傍葺园更有双重功能：它可供散步（“偕小玉以同游”），家宴（“家庭侍酒”），会客（“客集征诗”），读书弄琴（“常余半榻琴书”）……，而“足矣乐闲，悠然护宅”。

各种园址都有其自身的条件，问题就在于设计者如何“因借”筹划。

造园设计者的技巧和修养，在于胸有丘壑，以诗情画意写入园林（“深意画图，余情丘壑”)。因而园林中再现的大自然，是一种经过艺术剪裁的大自然，它应该比大自然更集中，更精炼，更具有典型性。如此，它既不同于中国的风景名胜园林，也区别于西方那种完全模仿大自然的园林。

造园的目的是创造自然的景观。而“因借”的目的和最终结果，正是为着创造尽可能丰富的自然景观，所谓“江南之胜，唯我独收”（自序）。“因”者是讲园内，即如何利用园址的条件；“借”者则是对园内与园外的联系而言，即如何利用图外的环境条件。

造园设计就是要巧于利用园址地势的高低形状及风景资源来造景（“利用自然，施以人巧”），譬如：“高方欲就亭台，低凹可开池沼”，若有泉流则引注石上（“清泉石上流”）；来安排建筑（“宜亭斯亭，宜榭斯榭”）；来布置游览路（“不妨偏径，顿置蜿转”）……。同时，造景并不囿于园垣之内，园外之景也要纳入设计之中。它的原则是“极目所至，俗则屏之，嘉则收之”（兴造论）；方法是布置适宜的眺望点，使视线越出园垣，使园外之景尽收眼底，这就是借来之景。如此，园林景观不就更觉丰富得多?

《园冶》特别强调“借景”，“为园林之最者”。这是因为一般造园者的目光，常常局限于园垣之内，而对于园外环境的利用则往往忽视。

借景更不拘“远、邻、仰、俯”，不分“春、夏、秋、冬”，要把自己的视野展开，并加上自己的听觉、嗅觉，去尽情地享受耳目所及的大自然中一切美好的东西：草木、花香、鸟语、虫鸣、湖光山色、田畴绿野、晴峰塔影、梵宇钟声……及四季景物的变化。这些都可以使人触景生情，引起遐想遥思！

除了春夏秋冬四季之景，还有四时之景：如杭州西湖谚语说的：晴、雨、雪、月（夜），所谓“晴湖不如雨湖，雨湖不如月湖，月湖不如雪湖”。这是《园冶》所未提到的。

因为园址的面积不大，为着造成一种幽（深）、雅（致）、闲（适）的意境，造园就很讲求含蓄、深邃、变幻的效果，即所谓“步移景易”“多方胜景，咫尺山林”。

然而，那种处于山林地、郊野地、江湖地、村庄地的真山真水的园林，其地形、景物往往是开阔的、敞露的。这就会造成入园而一览无余的毛病，而同中国造园艺术的含蓄、深邃、变幻无尽的传统相矛盾。除了掩映、曲折的布置之外，处理这个矛盾的手法，那就是“园中有园”，“园中有院”。从总体讲，真山真水的空间是开阔的，而从一个一个的景区讲，空间则是含蓄、深邃、变幻的，处处出现别有洞天、别有天地之感。现存的大园林，如颐和园、承德避暑山庄，都是运用了这一手法。

建筑在《园冶》中占着最大的篇幅。但是过去许多研究园林的人往往不大注意建筑，或者没有特别地注意到中国园林建筑的特色。

如果说，西方园林中的建筑与园林的关系，常常不过是如同于一般的建筑与绿化的关系，那么，中国造园中的建筑才是真正的园林的建筑。

本来，中国古代建筑的艺术构思，就与西方体系走着不同的道路。其独特的形式即来自独特的构思，卓越的成就即来自卓越的构思，而从构思中可以看出它的理论。这种独特的形式并不是偶然产生的，不是无源之水、无本之木，它有自己的理论、自己的构思、自己的手法。

而中国园林的建筑，更把这种传统的特色发挥得淋漓尽致。它不像西方体系那样，是集中的建筑加上集中的园林，广大的园林包围着庞大的建筑，园林中不过是一些小品建筑或建筑小品，二者界限分明。而中国的建筑却是散布于园林之中，厅、堂、房、室、斋、馆、楼、阁、亭、榭、轩、廊、桥……，处处、角角、落落，各有用途，各得其所。园景可以入室，进院、临窗、靠墙……，可以就在厅前、房后、楼侧、亭下……，建筑与园林相互穿插、交融，你中有我，我中有你，而不可分离。高明的造园者就是要在它们的结合上作出文章。它们相依成景。如果人们摄取一个角度、一个画面，那么，它们都是“风景建筑”，也都是“建筑风景”。

园林建筑本身的形式和结构，就如《园冶》讲的，“野筑惟因”，“常套俱裁”，“按时景为精”。“长廊一带回旋，妙于变幻”；“小屋数椽委曲，理及精微”；“奇亭巧榭，层阁重楼”……，这样的园林结构就含有无穷的景观。

这些门、堂、斋、房、室、斋、馆、楼、阁、亭、榭、轩、廊、桥……，它们都是一座座独立的建筑，都有自己多样的形式，甚至本身即是一组组建筑构成的庭院。这种园林的建筑创造了丰富变化的空间环境和建筑艺术。

例如，门——“门掩无哗”，“涉门成趣”。堂——“当正向阳”，“堂堂高显”。斋——“藏修密处”。房——“就寝之所”。“房室两三间。曲尽春藏，一二处堪为暑避”。馆——“择偏僻处，随便通园，令游人莫知有此”。楼、阁——半山半水之间，“窗牖虚开”。亭——竹里、山巅、山洼、山麓、水流之上、沧浪之中……；三角、四角、五角、梅花、六角、横圭（上圆下方）、八角、十字……。“安亭得景”，“造式无定”。榭——“或水边，或花畔，制亦随态”。轩——“轩虚高爽”。廊——“或蟠山腰，或穷水际，通花渡壑，蜿蜒无尽”；“培山接以房廊”，“余屋之前后，渐通林许”；“随形而弯，依势而曲”。桥——“飞岩假其栈，绝涧安其梁”；“柴荆横引长虹”；“桥横跨水”……。

这种建筑的艺术，不可能仅仅从立面去观赏，而只有身历其空间环境之中才能体验，从“鸟瞰”之中才能领略它的概貌。

园林建筑中的装折（装修）、墙垣、铺地，也都是附属于建筑，与建筑相配合的，并且服从于园林的环境和意境。

装折，即内檐装修，如屏门、仰尘（天花）、槅扇、风窗……，是中国建筑分隔空间及内外的活动构件。由于园林建筑讲求空间的虚敞、变幻、流动，因而它在建筑艺术中发挥着更为巧妙的作用。它可以间隔；可以“处处邻虚，方方侧景”；也可以板壁空窗，隐见别院风光。

墙垣，或石，或砖，也可编篱，更多野致。但都应“从雅遵时”，合于园林环境，不必雕镂磨琢，以为巧制，反而不美。

如白粉墙，明亮鉴人，在江南用之极广。磨砖墙仅用于讲究处，如隐门照壁、厅堂面墙。漏砖墙，可避内隐外，花式甚多。乱石墙亦具野致。

门窗、栏杆，也立意于简、雅二字。同样，设计得好，不仅使屋宇翻新，园林也更觉素朴。

即使是铺地，虽属平常之工，也应脱尘俗之气。乱石路，从山摄壑，坚固而雅致。鹅子石、砖瓦地，用于不常走处。乱石板，宜于山坡、水边、台前、亭际。诸砖地，铺于屋内庭下。

《园冶》惟没有讲到建筑的色调。中国私家园林的建筑，不着红、黄、绿的装饰色，而用一式青砖、青瓦、青石、白墙及赭色木作。但它的效果，并不是一种灰调子的调和统一；而是一种明调子的对比统一；是在一片安静的绿色（树木）背景下，衬托出素雅的青、白、赭色相间的建筑，点缀以花木的艳丽的暖色；以静为主，静中有动。这一切都符合于中国园林的幽（静）、雅（致）、闲（适）的情调和风格。它同西方砖石建筑单一的灰调子是不同的。

绿化是造园的极重要的方面，是园林的生命所在。可以说，没有树木花草，也就没有园林。而《园冶》对此却论述甚少，这反映了作者实践的局限性。但在书中零散地仍可见到一些有益的见解。

例如：“多年树木，碍筑檐垣，让一步可以立根，斫数桠不妨封顶”，“雕栋飞楹构易，荫槐挺玉成难”（相地），在造园中力求保存园址原有的经年树木。

书中对于树木的栽植及成景，也间有描述。如：柳——“挑堤种柳”“插柳沿堤”“堤弯宜柳”。桃、李——“桃李成蹊”“溪湾柳间栽桃”。梅、竹——“屋绕梅余种竹”“栽梅绕屋”“锄岭栽梅”“移竹当窗”“竹里通幽”“寻幽移竹，对景莳花”。梨——“分梨为院”。梧、槐——“梧荫匝地”“槐荫当庭”“院广堪梧”。萝、蔓——“围墙隐约于萝间”“引蔓通津”。菊——“编篱种菊”。荷——“红衣出水”。蕉——“夜雨芭蕉”。“芍药宜栏，蔷薇未架”……

花木树种提及的有十四种：柳、桃、李、梨、梅、竹、梧、槐、荷、菊、芭蕉、萝蔓、芍药、蔷薇。独未提及松柏。因为《园冶》反映的是江南私家园林的地理气候条件，并不像北方园林，特别是皇家大园林，总以常青的松柏为绿化的重要树种。况且松柏生长缓慢，终需多年才能成荫。

掇山是中国造园的独特传统。其形象构思是取材于大自然中真山的峰、岩、峦、洞、穴、涧、壑、坡、矶……，然而它是造园家再造的“假山”。如《园冶》所讲：“小仿云林，大宗子久”，造园家只有“深意画图，余情丘壑”才能“有真为假，做假成真”。

《园冶》列举的掇山之法，竟然可以造出十七种山景之多！如园山（园中掇山，体积较大）；厅山（厅前掇山）；楼山（楼面掇山）；阁山（山在阁侧，自外掇石而上，不必内楼梯，更觉饶有兴致）；书房山（书房前槛窗下，以山石为池，俯于窗下，似得濠濮涧想）；池山（池上理石，尤以布石之意趣，胜于筑桥）；内室山；峭壁山（窗外临墙，收之园窗。仿古人笔意，以粉墙为纸，以石为绘，就如透过园窗欣赏一幅立塑的画）；山石池（山石理池）；金鱼缸（山石理金鱼缸，是一种园林小品）；峰（立石为劈峰，立之可观）；峦（掇山成峻峦，不可作笔架式，而应疏落有致，切忌呆板）；岩（掇山成巉岩）；洞（掇山成山洞）；涧（掇山成涧壑）；曲水（掇石作曲槽流水，计氏以龙头吐水视为庸俗之作，而以石泉出水具有天然之趣）；瀑布（掇石作泉流瀑布）。

掇山之法，重要的在于掌握石形：形态、色泽、纹理、质地，而作不同的用处。

石性有坚、润、粗、嫩……，形有漏、透、皴、顽……，体有大小……，色有黄、白、灰、青、黑、绿……。依其性，或宜于治假山，或宜于点盆景，或宜于做峰石，或宜于置几案，或宜于掇小景；或插立可观，或铺地如锦，或点涧壑流水处，或立轩堂前，或植乔松奇卉下，或列园林广榭中，或点竹树下……。其态，或伟观，或奇巧，或深邃……。“片山多致，寸石生情”，应用得当，均可得佳景。

石块处处有，问题不在于石，而在于人的构思和技巧。

从造园学的全面内容来说，《园冶》是有局限性的，特别是没有讲到“理水”：源流、进口、出口、水面、驳岸……及各种水景的处理，而这也是造园的极重要的方面。水，同样地是园林的生命所系。没有水，同样地不能成其为园林。此外，书中对于全园的布局、景区的划分、游览路线的组织等，也没有详加论述。

但它仍不失为一本很有价值的关于中国造园学的教科书。

现在，真正懂得传统建筑的人是太少了，而真正懂得传统造园的人那就更少！

笔者以为，如今一些地方的新园林建设，在汲取中国造园传统上是过于注重局部手法和形式的模仿，而不大注意理论和风格的探讨，因而常常出现一些生搬硬套的现象。为着提高造园艺术的水平，还是应当学一点历史，研究一点理论，使中国造园的优秀传统真正得到发扬，抹去由于多年的埋没而蒙上的尘土，使之放出本来的灿烂光彩，并且在新园林的创作中获得新的生命。

（载《建筑师》第14期·1983年，中国建筑工业出版社）

高山仰止，构祠以祀

——记陕西韩城司马迁祠的建筑

司马迁，祖籍陕西韩城，生于汉景帝中元五年（公元前145年），卒年不详，是我国历史上伟大的史学家和文学家，后人尊为“史圣”。他的不朽的历史巨著《史记》，鲁迅称之为：“史家之绝唱，无韵之《离骚》”。

司马迁的名字，是垂于青史，人所共知的。可是司马迁祠因在陕西韩城，地处偏远，交通不便，以往知道的人并不多。该祠是陕西迄今保存较为完整的一组古建筑群，无论在选址、布局和建筑上都具有相当的历史价值和艺术价值，加之在祠内建筑中仍可看到某些宋代营造法式的遗制，尤为难能可贵。国务院最近已公布为第二批全国重点文物保护单位。

1981年春，笔者曾对韩城司马迁祠的建筑作了短暂的考察。现将此行所得介绍于读者，题为“高山仰止，构祠以祀”。这个标题原是祠内所藏古人碑记中的一句题辞，而笔者认为，它恰恰表达了整个司马迁祠的选地、布局和建筑设计的主题。

在司马迁祠内，千百年来留下了历代碑记和许多古人的纪游题诗。

生在龙门境，葬临韩奕坡。

荒祠邻后土[①]，孤冢压黄河。

瀵水愁声远，梁山惨色多。

一言遗显戮，将奈汉君何！

这是嵌在司马迁祠庙壁上，宋治平元年（1064年）镌刻的一首题诗。它叙说了司马迁生于龙门之境，葬在韩城奕坡之上。荒寂的祠院背倚

---

① 注：指黄河对岸的后土祠。

着高岗，墓冢孤独地坐落在黄河的近旁。远去的濠水仿佛传来声声愁怨，梁山呈现着一片凄惨的景色。“一言遭显戮，将奈汉君何”，说的是司马迁在汉武帝时曾任太史令，因李陵案直言不讳而受腐刑下狱的遭遇。题诗触景感怀，表达了对司马迁所寄予的同情及对汉朝当权者的愤懑。

1958年春，郭沫若曾游龙门，途径韩城，为司马迁祠题有一首五言律诗。诗说：“龙门有灵秀，钟毓人中龙。学殖空前富，文章旷代雄。怜才膺斧钺,吐气作霓虹。功业追尼父,千秋太史公！”更对司马迁的一生：他的品格、学问和事业，作了全面的评价（图1）。

司马迁的祖籍和出生地，据《史记·太史公自序》说：“迁生龙门，耕牧河山之阳。”龙门古时属夏阳境内。夏阳故城遗址即位于今韩城城南一、二里处。司马迁的先祖，也据《自序》说：“昌（高祖）生无泽，无泽（曾祖）为汉市长。无泽生喜（祖），喜为五大夫。卒皆葬高门。”高门村就在现韩城县嵬东公社。他们的墓地至今犹在村旁，村头并立有记述其生世的碑石。

韩城为古韩国之地。这里是黄河之畔一座古老的县城。

黄河经内蒙古高原，自陕西河曲折而南下，穿过秦晋之间峡谷。这一带,山崖峭立,河面宽不及百米,急流滚滚而下。至龙门,两岸巉岩夹峙,形成天然隘口。此处，水石相搏，激起波涛汹涌，结成旋涡连环，河水奔腾咆哮,声如雷鸣。它就是传说的“鲤鱼跃龙门”和大禹治水“凿以通流”的地方，古来即为天下绝胜。此地临水原建有规模宏大的山、陕大禹庙（图2），惜在抗日战争中毁于炮火。出龙门口，山势顿开，河面豁然宽阔，蔓延可达数十里，两岸积成大片河滩。这里，云山飘渺，烟水迷茫，别有一番大自然的风姿。

司马迁祠即依山傍水，建于龙门迤南这个山川形胜的梁山之岗，距韩城县城约二十里（图3）。

人们出县城往南，下韩塬，便见茫茫的黄河滩。不过，现今已是万顷田畴。梁山沿黄河成南北走势，而有一道山梁，自西向东伸入河滩，突兀在平川之上，这道山梁，古称“奕坡”，即是司马迁祠的所在。

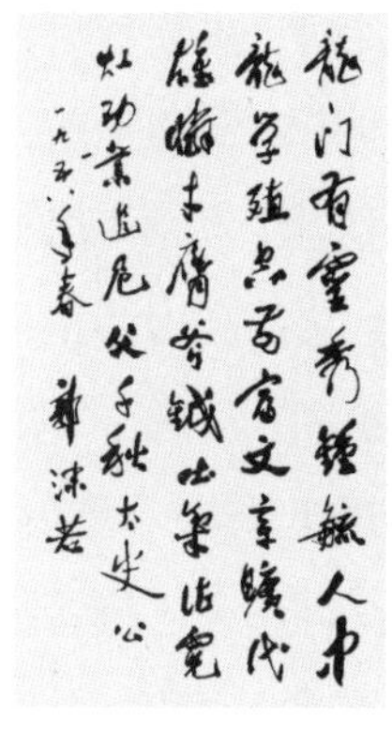

图 1　郭沫若题诗手迹

图 2　毁前的山、陕大禹庙

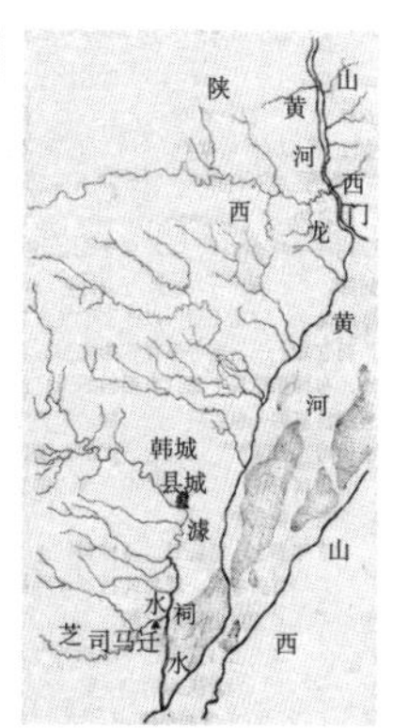

图 3　司马迁祠的地理位置

图 4　遥望司马迁祠山门及祠院

图 5　高山仰止牌坊

山梁虽不高，垂直高差不过一百余米。但其狭窄陡立的地形，犹如一条隆起的鱼背龙脊，仅有西面倚着梁山；北为峭壁，芝水傍流而过；南临沟壑，沟谷间为古车马道。自东面望去，山势迥然耸立，宛若一座孤峰，而祠院就矗立在峰巅。仰望峰巅建筑，在墙堞之上露出几片屋宇和数丛古柏，它们的背景是广漠的云天，不禁使人联想到国画山水中所描绘的山廓村寨的意境（图 4、图 5）。

爬上山梁，回头远眺。这里同山西仅一水之隔，脚下是河滩，前面不远便是黄河。芝水绕过山脚，与濼水汇流注入黄河。河对岸，中条山绵延起伏。清晨，红日从山后冉冉升起，黄河像一条丝带粼粼泛光，岸边显出疏落的几排树影，一派苍茫的大自然，蔚为奇观胜景。傍晚时分，夕阳慢慢地落到梁山的背阴，峰巅祠院的轮廓显得格外分明。

司马迁祠所处的自然环境和地势,正如古人碑记所写:祠“东临黄河,西枕高岗,凭高俯下”;“白云飞于陇头,碧水周于峰下”;“洪河泊流漾乎前,中条崛起峙乎东”;“河岳深崇,气象雄浑!”人们来到这里,无不叹服古人选地的神妙!《康熙十三年汉太史公司马祠墓碑记》说:“高山仰止,构祠以祀”;《咸丰八年重修太史庙南垵墙并文星阁及羊城序》又说:“以名人而棲胜地,庙祀名人允相称也。”“高山仰止”,最早出自《诗·小雅》:“高山仰止,景行行之”,是说:有德高如山者,慕而仰之;有远大之行者,法而行之。司马迁祠凭借天然的陡峻地势和雄伟的河山景色,意图创造一种引人崇敬的肃穆气氛,以体现司马迁的高风亮节,这大概恰是古人选地的主导思想吧(图6)!

司马迁祠之有据可考的历史,见于韩城县志引《水经注》记载:“子长墓前有庙,庙前有碑。永嘉四年(310年),夏阳太守殷济,瞻仰遗文,大其功德,遂建石室,立碑树柏。”说明它至迟创建于西晋,迄今已有一千六七百年。即使照现藏宋治平元年(1064年)、元丰三年(1080年)、元祐五年(1090年)的碑石题记来说,司马迁祠在十一世纪时也已吸引了众多慕名而来的游人和瞻仰者。

司马迁祠的现存建筑,自坡脚至峰顶,依山就势,迢递而上,仍有碑坊三座、山门一座、祠院一组建筑及祠后墓冢。祠内现藏古代碑石,计有宋代四块、金代三块、元代一块、明代二十四块、清代二十九块。寝殿内并有彩塑司马迁全身坐像,但不知立于何时。

司马迁祠之建筑年代及其历史的变迁,仍以《水经注》所记,西晋永嘉四年(310年)的一次修建为最早的纪录,而在此以前究始于何时已不可考。其后最早的一次增修扩建,据现藏碑记,乃在北宋宣和七年(1125年),时隔815年。此后又经金、元、明三代。数百年间,金代渺无重修记载。元代有一次小修(年代不详)。明代虽曾三次修葺(1438、1536、1606年),但规模都不大。清代则记有三次大修:第一次是康熙六十一年(1722年);第二次是乾隆十四年(1749年),相去27年;第三次是光绪十二年(1886年),相去132年。

今以历代碑记及祠内所藏嘉庆二十三年(1818年)汉太史庙图碑、

图 6　自庙门俯瞰黄河滩（左上）
图 7　康熙版司马迁祠图（左中）
图 8　乾隆版司马迁祠图（左下）
图 9　汉太史庙图碑（右）

康熙四十二年（1703 年）和乾隆四十九年（1784 年）编撰的《韩城县志》所刊司马迁祠图，与现存实物互相印证，使我们对司马迁祠的布局和建筑，得以获得一个脉络的认识（图 7~ 图 9）。

今日，自县城而来，越过一片河滩，仍可见有一水逶于梁山脚下，即为芝水。跨水建有一座石砌拱桥，名芝秀桥。此桥，按康熙、乾隆年间刻图所示，乃是木构便桥。而嘉庆年间图碑已为三孔石拱桥，不过，古桥早毁，现存五孔石拱桥为 1934 年近世重修之物。桥两头原各立有一座牌坊，据说 1920 年时尚且存在，今已痕迹无存（图 10）。

过桥即为“司马坡”。司马坡乃是韩城通往长安的古车马道，因祠而得名。其路面纯为大石铺砌，修筑年代不得而知。迄今经历漫长岁月，人行马踏，车轮辗压，加以风化剥蚀，已是坎坷不平，然而正因如此，却保留了古道的特有风貌。

在司马坡脚，向东立有一座木牌坊，额书：“汉太史司马祠”，是光绪十二年的题字。这座小小的建筑，既标志着司马坡的起始，又点明了司马迁祠的所在，使人感到，自此即进入司马迁祠的建筑环境之中。

穿过牌坊，随着坡势缓缓上升，至半腰处分出一条歧道，在歧道口又立有一座木牌坊，坐北朝南，题为：“高山仰止”。过此，地势骤然陡峻，便转入司马迁祠主体建筑所在的山梁。这座牌坊，既是山梁的起点，又是主体建筑群的第一道标志，“高山仰止”四个字更表明了建祠的主题（图 11）。

由此，沿蹬道拾级而上，又过山门及“河山之阳”砖牌坊门，再上才到达峰顶的司马迁祠主体建筑——祠院。

人们自坡底至祠院，始终处于不停的上升之中。古人有诗题道：“司马坡下如奔澜，回首坡上若飞峦。到门蹭蹬几百级，两手抠衣鸣惊惴。徐入庙庭稍平息，置身已在青云端。夹道柏林怪目秃，但闻风吹□凄然”就是描写祠院地势的陡峻。它使“高山仰止，构祠以祀”的思想，在选地和布局上得到了充分的体现（图 12）。

这三座牌坊及山门建筑，在较早的记载中，均未见提及。山门一般当与祠院同时修建。至于牌坊建筑，迟至明嘉靖十五年（1536 年）重修碑记中才见有“其最下北向之坊，危而当道，行者患之”的片断记述。所谓“北向之坊”，按其方位，大概是指“高山仰止”牌坊。其始建年代应在明代以前。

祠院为司马迁祠的主体。现存建筑由庙门、献殿及寝殿组成，呈前后序列布置，另有侧院为斋厨之所及看庙人住处。

关于祠院建筑，历来记载较多，最早的仍是前引《水经注》所记。不过，晋永嘉四年时见到的庙碑及所建石室和树立的碑石，均早已湮没。

图 10　芝秀桥及司马迁祠远景

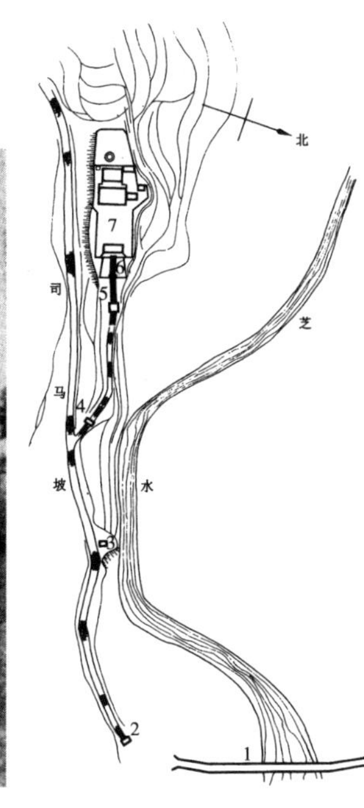

图 11　高山仰止牌坊（左）

图 12　司马迁祠总体现状（右）

1—芝秀桥；2—司马迁祠牌坊；3—周公祠；4—高山仰止牌坊；5—山门；6—河山之阳牌坊；7—祠院

再是宋靖康改元碑所记宣和七年（1125 年）时之面貌，其时“栋宇甚倾颓，阶圮甚卑坏，埏隧甚荒□”。经重修后，“公之庙为五架四楹之室，又为复屋。”此规模及形制竟与现存献殿相符。康熙、乾隆和嘉庆年间的图上，献殿和寝殿亦均为“复屋”，不过，乾隆年间在祠院内更有南北配殿，寝殿且为重檐建筑。献殿现存为敞厅，亦与刻图所示相同。

庙门，据明正统三年（1438 年）重修记；“翼翼斯庙，有门有廊”。今见的庙门为三间廊式建筑，与嘉庆年间图碑所示完全一致，而与康熙、乾隆年间图上单间带耳屋的形制有所不同。故此，现存庙门可能经过乾隆至嘉庆年间改建，而恢复了本来的形式。

殿旁侧院，亦见于明嘉靖十五年（1536 年）碑记：“祠在墓前，左厨屋，右碑亭，周以垣墉”，为最早的记述。“左厨屋”，在康熙、乾隆年间图上均有表示。唯“右碑亭”，在三图上均未见及，不知何指，是否另建有亭，内置碑石。

综上所说，现存司马迁祠祠院一组建筑，其布局在北宋时即已形成，其他牌坊之列，在明代大概亦已具备。但其建筑，经历代修葺，尤在清代多有变化，不过其总体位置大致仍相沿未动。司马迁祠建筑的形成过程，是自北宋以迄至清中叶千余年间不断增修扩建的历史。

司马迁祠的基本布局手法，是随着山梁地势的升高、转折，在人们所经的路径上作几处“点”的处理。从奕坡脚下上至祠院，不是一望到底，无所标志，而是布置几道碑坊、山门，使之既有分隔，又有引导，创造了多层次的序列空间。在建筑学上说，似乎有一条无形的线贯穿着总体的始终。通过若干“点”而形成“线”。不过是几座标志性的小建筑，却起着控制周围空间，组织建筑环境的作用，把人一步一步地从坡脚引向山顶的主要建筑——祠院。这也是中国古代建筑中处理广阔而深远的大空间的贯用手法。在中国古代，祠庙、陵墓一类建筑，尤其重视选地和大布局。例如北京昌平的明十三陵，从石牌坊—大红门—碑亭—石象生—长陵，长达七公里的神道，就是这方面的一个范例。

祠院建筑，利用山顶咫尺平地，将庙门紧靠前沿，从而争取了用地。当人们由蹬道拾级而上，仰望祠院，迎面便见庙门，使小小的建筑却显得十分高崇。献殿和寝殿则稍居后，留出前庭，周以垣墙，围成一座完整院落。院内左右两株参天古柏，更增添了肃穆的气氛。献殿与寝殿为“复屋”，前后檐只隔一线天沟。献殿为敞厅，不仅本身豁亮，适于陈立碑石，而且似为寝殿的前轩，它既加强了寝殿的重要性，也解决了院内地段的所限。这些处理，我们认为都是合宜的。试想，如献殿亦为封闭殿屋，则使主要建筑——寝殿，既阴暗、局促，且不显露，其效果将大不相同（图 13）。

司马迁的墓冢位于祠院之后。司马迁卒后之葬地，古来未见于记载，此墓为后人之建墓。其地平高出一台，冢头古柏虬蟠，杈桠垂曲，即见于康熙年间刻图。但现存墓碑为乾隆年间所立，冢壁亦已经过重修（图 14）。

司马迁著史“驰骋古今不虚美隐恶”，他的思想和著作，是不受封建统治者欢迎的。故此，自西汉以迄的一千几百年封建社会里，历代帝王没有任何一个曾给予什么“封谥”。所以，他的祠墓建筑，也就没有受到“敕建”之类的恩赐。它是完全靠地方人士资助，由群众修建起来的。不过，这倒成为一件幸事，使司马迁祠得以保持一种淳朴的风格。其建筑形式，也不拘于官式建筑的程式，而表现了民间建筑的活泼的创造力。

司马迁，又是一个文化史上的名人而不具备任何宗教色彩。他的祠墓建筑甚为简朴，规模、体量也不大，且山梁不高，地段有限，这些处理都是适当的。然其气势之雄浑，固不在于建筑本身，而在于周围的自然环境；在于所处的地势；也在于建筑与自然环境和地势的结合。

三座牌坊和山门都仅一间，体量既小，形式又简朴，没有什么纤细繁缛的装饰处理，而迥然不同于城市中那些大寺庙的牌楼和山门。它们处于广袤的大自然的怀抱之中，要让大自然去衬托它，而不是去突出建筑本身。当然它们又如“万绿丛中一点红”那样，起着装点河山的作用。试想，要让小小的建筑，去同黄土高原大河之畔粗犷的大自然竞比大小、高低，那是愚蠢而徒劳的。（图 15、图 16）

峰顶祠院垣墙并不退后，而是就在陡立的山崖护壁墙顶向上延伸，这使整个祠院像是从峰顶生长起来那样，显得格外的高耸险峻（图 17）。

庙门，其实只是一座两柱四檩的廊式建筑，不过在中缝位加砌了一道隔墙，而分成里外两个半廊。中门仅一间，唯带两侧半廊及八字墙，加宽了门面，组成三个小体部，卷棚悬山顶高低错落，形式显得轻巧、活泼、开朗，毫无一般寺庙大门那种令人望而生畏的神秘严酷之感，它迎着蹭蹬而上的人们，十分引人注目。

献殿为着陈列历代碑石，而做成敞厅形式。其通面阔虽较主要建筑寝殿为宽，且为“复屋”，却作为五间。如此，其建筑及结构的比例和尺度便相对地缩小，做法也相对地简化（不用斗栱），属于“小式”建筑，表现出作为寝殿之前的“轩”或“厅”的效果。它并不去追求自身的雄伟，

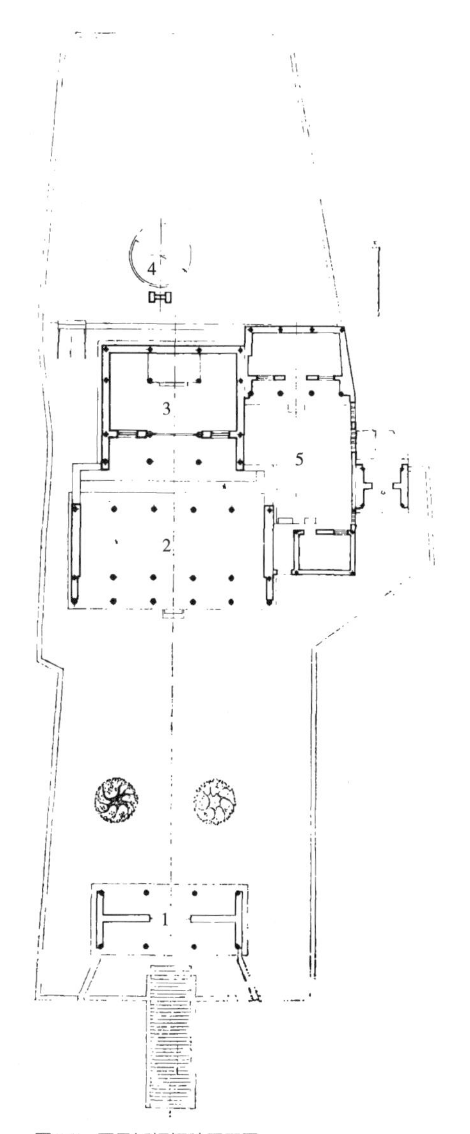

图 13　司马迁祠祠院平面图
1—庙门；2—献殿；3—寝殿；4—墓冢；5—侧院

依次从上而下：
图 14　司马迁墓冢
图 15　山门
图 16　“河山之阳”牌坊
图 17　祠院南临的沟壑

从而使三间的寝殿（带斗栱的“大式”结构），则显得较为庄重。这些基于各个建筑本身的性质及在总体中的地位，而在建筑形式上所采取的不同处理，以达到相互配合及对比的效果，都表现了匠师们的精心的设计构思。

司马迁祠的各座建筑：牌坊、山门、庙门、寝殿，都有题额，笔体潇洒、苍劲有力。这种书法艺术，无疑地也增添了司马迁祠的文秀之气。书法艺术在中国古代建筑的装饰艺术中，常常起着画龙点睛的作用。“高山仰止”牌坊便是其中的一例。

祠内所有建筑，均为一式悬山顶，两山博风作悬鱼、惹草，屋面布灰陶瓦。仅庙门作悬山卷棚顶，与献殿、寝殿略有变化。木作遍刷土朱，不施彩绘。这些都保持了司马迁祠的简朴风格。

在结构上，“汉太史司马祠”牌坊完全是民间做法，两柱一顶，只用挑梁，不作斗栱。“高山仰止”牌坊为挑梁与斗栱并用，但仅挑梁起支撑屋檐的结构作用，斗栱不过是装饰构件。这种挑梁做法，源于民间的穿斗式结构，它往往保留着古老的传统手法。但这两座牌坊已为清末大修后之物（图 18、图 19）。庙门亦为小式做法。在明正统三年、嘉靖十五年、万历三十四年重修碑记中均已有记载。但现存结构显然业经清末折换过（图 20）。献殿应是北宋靖康改元碑所谓“复屋”之一。而其梁架结构则因清末及近世重修改变了面貌，不过它的规模和大体样式似仍为原来的形制。

司马迁祠现存建筑中，以我们的观察，当以山门和寝殿两座建筑较为古老，其大木结构显然保留着某些宋代的做法、制度。如果我们的判断是成立的，无疑地，它将是陕西一处很有价值的古建筑实物。因为在陕西关中地区，虽说古代建筑遗迹甚多，历史久远，但现存的木构建筑均早不过明代，即使元代以前的做法、制度，都已难得见到。

对于古建筑的研究，除了一般的建筑学手法的分析以外，还有必要对其结构和形式的特征作出历史断代的分析。这是研究时代的风格和仿古设计、复原设计所必需的。而这样，也才能使古建筑的研究，从一般的建筑学研究，进入专门的建筑历史研究的深度。

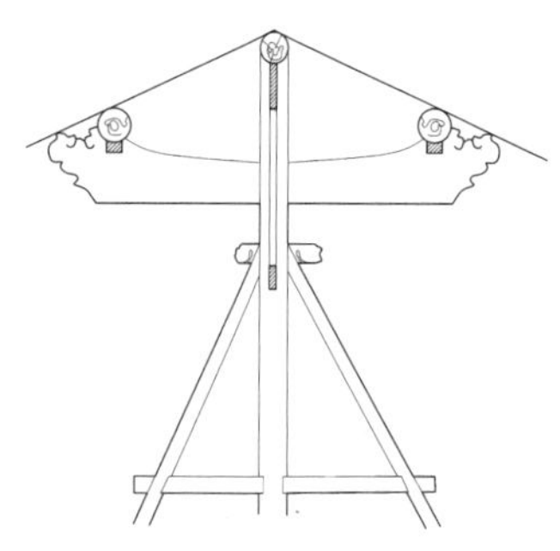

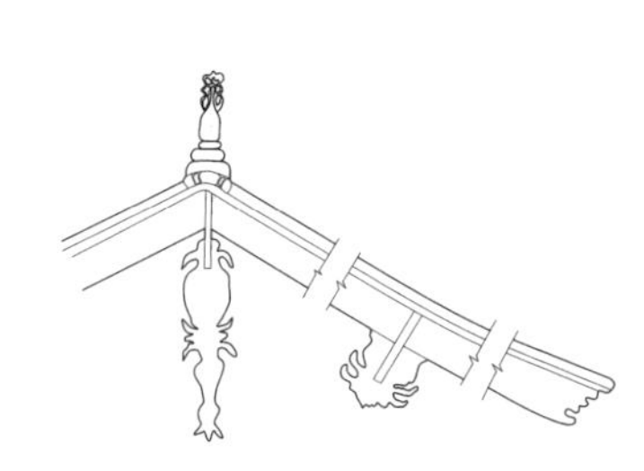

图 18　司马迁祠牌坊结构及博风

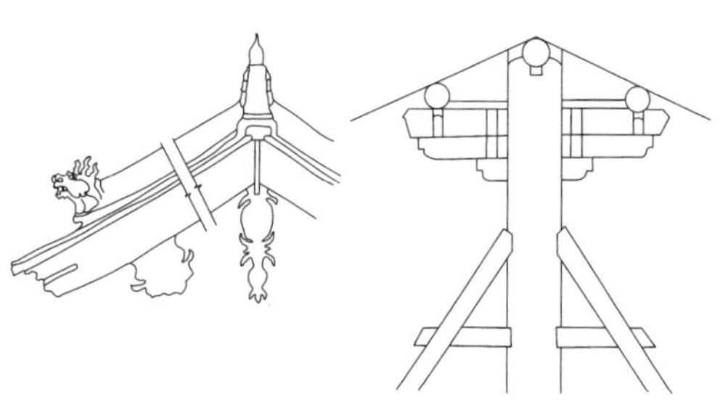

图 19　高山仰止牌坊结构及博风

图 20　庙门结构及博风

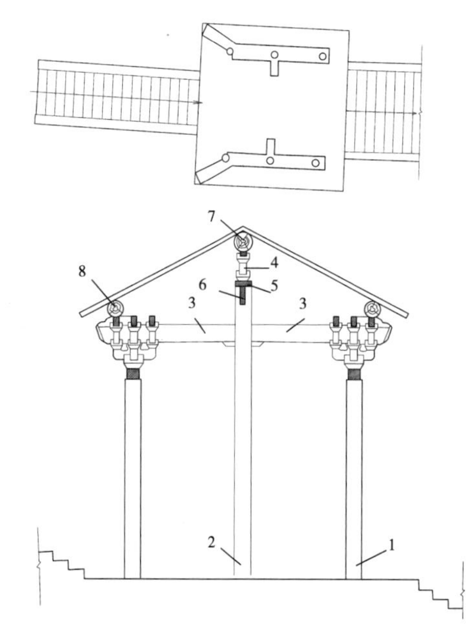

图 21　山门平面、剖面图
1—檐柱；2—中柱；3—劄牵；4—单材襻间；5—襻间方；6—顺脊串；7—脊槫；8—撩檐槫

图 22　山门外檐斗栱

故此，笔者特将山门和寝殿的大木结构作如下的介绍，以资共同探讨，并就正于读者。

山门：

平面方形，面阔一间，进深两椽，广 3.73 米，深 3.81 米。其梁架结构为前后劄牵分心用三柱。檐柱高约三米，径 28 厘米。前后撩檐方间距 4.30 米，举高 1.07 米，两者约为四与一之比，屋面甚为平缓（图 21）。

前后檐各用斗栱三朵。除柱头外，补间铺作也仅一朵，分布疏朗。斗栱为四铺作出单杪，形制古朴。材高 18、栔高 6.5、材广 12 厘米，也接近宋《营造法式》的材栔比例，约合六等材。斗栱总高 67 厘米，约为柱高的四分之一（图 22）。

门在脊槫下正中缝位。于顺脊串上施襻间方，方上置栌斗，令栱和替木以承脊槫。此种做法也与《营造法式》的单材襻间制度相同。

山门虽是一座单间的小建筑，往往不引起人们的注意。但它的大木结构和细部做法却甚为古朴，似属于宋代的遗制。不过其两山柱头斗栱内侧均被截割，显然原来屋顶是悬山式，不知何时被改筑成硬山。

寝殿：

平面长方形，面阔三间，进深五架。当心间面阔 3.60 米，次间面阔 3.50 米，通面阔 10.60 米，通进深约 8 米，两者近于五与四之比。金柱前为廊步，廊深 1.78 米（图 23）。

其大木结构为四架椽屋劄牵用三柱。平梁上正中立蜀柱，蜀柱之上安斗，两边用叉手，又于叉手上角内安丁华抹颏栱，支扶脊槫。襻间作为联系构件，均在柱头缝施替木、令栱（单材襻间）。

外檐角柱作生起。平柱高 3.18 米，角柱高 3.24 米，与《法式》三间角柱生起二寸的规定基本相符。檐柱并有侧脚，又作梭柱，下径 37 厘米，上径 31 厘米，柱顶卷杀如覆盆状。

斗栱与山门相同，为四铺作出单杪。材高 18、栔高 6.5、材广 12 厘米，也与山门一致。总高为 76 厘米，同样约合柱高的四分之一。由此可见，山门与寝段当为同时期之物。补间铺作仍用一朵，则分布尤感疏朗。

寝殿当心间补间铺作形制特异，为四铺作外插昂（近世因悬挂横幅标语，昂头已被截割），华头子自栌斗口刻作两卷瓣。昂自斗底心取直，昂面留为鹊台，随势内頔，跳长 35 厘米。耍头下也自交互斗心出华头子刻作两卷瓣。在令栱左右栱头又各出一琴面昂，跳长 24 厘米。昂面頔势也似人们所知宋式昂的手法。

内檐斗栱也出单杪，跳长 38 厘米。于华栱头上置交互斗，使耍头与翼形栱相交其上；又于耍头上用鞾楔刻作三卷瓣，更上为挑斡，其后尾交于平槫下，做法亦甚古拙（图 24、图 25）。

次间补间铺作，除外檐所施令栱不似当心间补间铺作之于令栱左右栱头出琴面昂，其他做法均基本相同。

当心间柱头铺作，其内檐部分因承担劄牵，故只出单杪。外檐部分也与次间补间铺作完全一致（图 26）。

至于后檐做法，则比较简单，为露檐墙，不作斗栱。

此殿自前撩檐方心至后檐槫心，间距为 8.42 米，举高 2.48 米，两者不及三与一之比，屋顶亦相当平缓。

屋顶单檐悬山，于两山出槫头，外安博风板。修长的悬鱼施于搏风板合尖之下，又于平槫下施惹草（图 27）。

这些古老的手法、形式，在我们所习见的明清建筑中均已难得看到。特别是棱柱、角柱生起、檐柱侧脚及襻间做法等，再如补间铺作用一朵，斗栱上作华头子、翼形栱、鞾楔和挑斡等，都是宋《营造法式》中所记的特征。至于斗栱之在令栱左右栱头各出琴面昂的例子，在现存各个时期古建筑中更属罕见。迄今我们仅知广州光孝寺大殿的斗栱，有在泥道栱左右栱头各出一斜昂的做法。该寺创建于东晋，后经宋政和、绍兴、淳祐年间多次重修。韩城司马迁祠则创始于西晋，曾经宋宣和年间重建，故此，它可能保存了某些早期的做法，或者地方工匠中历代相承的手法。而它却为我们了解和研究中国古代建筑的历史沿革，提供了又一处可贵的实物例证。

在这座寝殿建筑中，也有一些构件和做法，如当心间左缝梁架、前金柱间的装修（格扇、槛窗）等，则显然属于清末以至近世维修中所改换的。

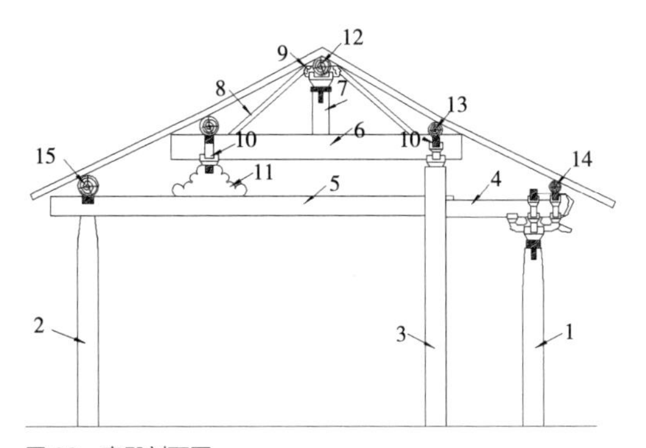

图 23　寝殿剖面图
1—前檐柱；2—后檐柱；3—内柱；4—劄牵；5—三椽栿；6—平梁；7—蜀柱；8—叉手；9—丁华抹颏栱；10—单材襻间；11—驼峰；12—脊槫；13—平槫；14—撩檐槫；15—檐槫

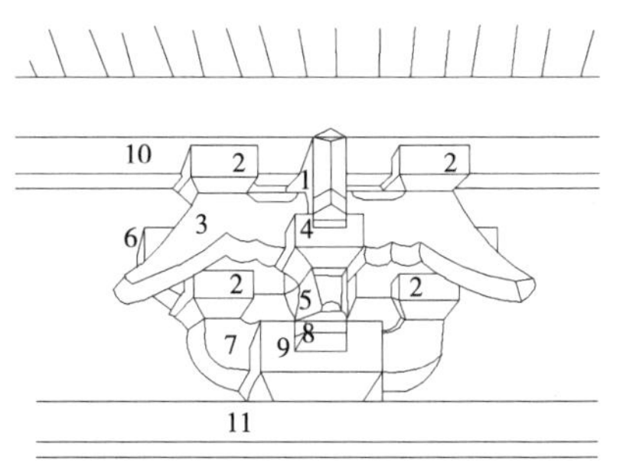

图 24　寝殿当心间补间铺作
1—耍头；2—散斗；3—令栱头出琴面昂；4—交互斗；5—华栱外插昂；6—慢栱（散斗及柱斗方脱落）；7—泥道栱；8—华头子；9—栌斗；10—撩檐方；11—普柏方

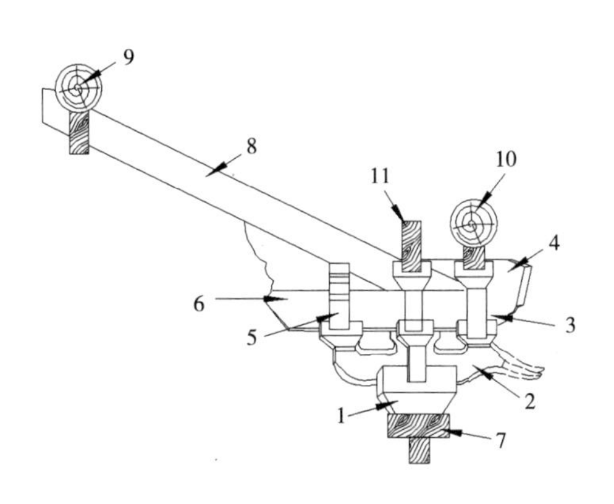

图 25　当心间补间铺作（侧面）
1—栌斗；2—华栱外插昂；3—令栱出琴面昂；4—耍头；5—翼形栱；6—耍头（后尾）；7—普柏方；8—挑斡；9—平槫；10—撩檐槫；11—柱头方

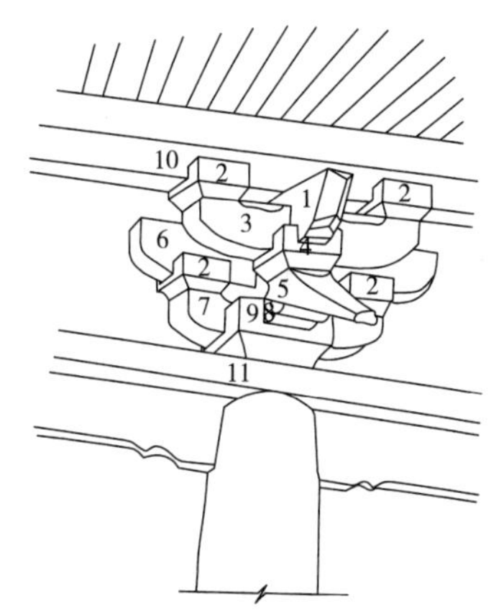

图 26　寝殿当心间柱头铺作
1—耍头；2—散斗；3—令栱；4—交互斗；5—华栱外插昂；6—慢栱（散斗、柱头枋脱落）；7—泥道栱；8—华头子；9—栌斗；10—撩檐方；11—普柏方

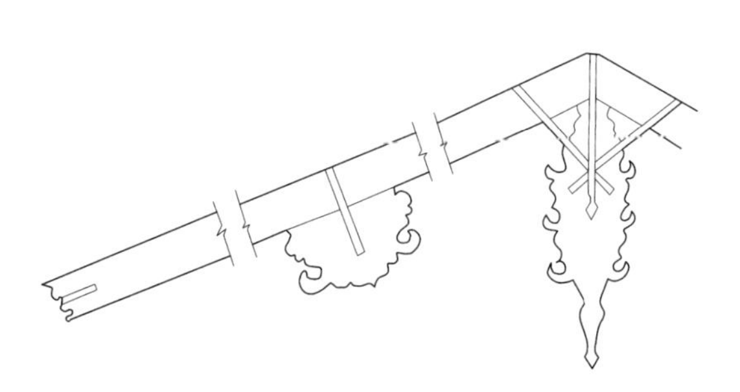

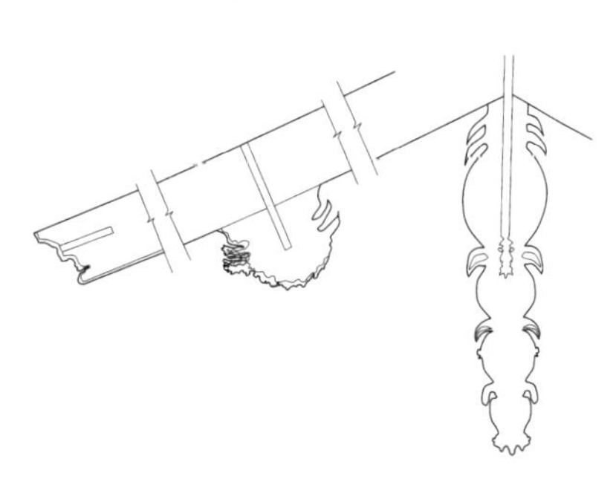

图 27　献殿（左），寝殿（右）的博风；悬鱼、惹草

中国古代的木构建筑，历经沧桑，因其易于遭受种种自然灾害及人为的破坏，除非历代常加维护，则难以长久地保存完好。而既经修葺，往往又不免改变其本来的面貌。因此，现存建筑中，能大体地保存一个时代的结构和风格，即属难得。

我国现存的古代早期木构建筑，最古为唐代中期，完整的仅有两座。辽代遗物尚有十余座，宋代建筑亦已寥寥可数。其重要者，仅如太原晋祠圣母殿、正定龙兴寺摩尼殿和转轮藏殿、登封少林寺初祖庵、苏州玄妙观三清殿、宁波保国寺大殿、福州华林寺大殿等。

韩城司马迁祠山门和寝殿，虽规模较小，宋代结构做法亦已不完整，但宋式制度犹存，加以在选地、布局和建筑艺术上的成就，不失为一处对于建筑历史和传统的研究具有价值的实物。本文介绍于此，以期引起有关方面的珍视和同行们的兴趣。

我们在司马迁祠建筑考察之余，还顺道浏览了韩城境内现存的古建筑，它们散布于城内外仍有二十四处、共约七十多座。按其大木结构做法，似为元代之建筑者，亦不下三十余座，真可以说是陕西古建筑的荟萃之地！

当地的古老民居保存犹多，而大都相当讲究。以笔者所见，甚至关中富庶之区，如三原、富平一带，也有所不及（图 28、图 29）。

研究其原因，韩城虽偏离古来以长安为中心的关中繁华之区，但它东濒黄河渡口，此地同山西的交往却十分繁盛，古来经济文化即相当发达，山西的工匠技艺也随之流传而来，尤以精美的琉璃可作为证明。故此，韩城的古建筑同山西的传统是一脉相承的。同时，历代关中地区多战事，而对韩城的波及和破坏却较少，再以传统建筑所用的材料：如砖、瓦、木、石等，在韩城均不缺乏。此地煤层蕴藏丰富，自古即有开采，便于烧制砖瓦石灰。木材则来源于西部邻近黄龙山区一带，而县境的梁山山系亦多产石材。

可见，建筑的发展在这里有着优越的物质技术条件。

韩城的古建筑，以现存实物及《县志》所记，除佛道寺观外，民间祠庙也相当之多，此亦是一个特点。它们的建筑大都不拘于官式做法，

图 28　韩城古老街巷

图 29　韩城古老民居

而带有某种地方的、民间的风格。

引为遗憾的是，我们此行的时间短促，仅能对司马迁祠的建筑作些考察，而对于韩城如此丰富的古建筑遗产，只得留待往后继续加以发掘。

笔者在考察过程中，得到韩城县文教局和省文管会何修龄先生的热情帮助，并参考了何先生所写《韩城发现的宋代建筑》一文，特在此表示衷心的感谢。

关于文物古建筑保护（提纲）

（1986年11月12日陕西省城建市（县）长讲习班讲稿）

一、文物古建筑的保护已摆到各级政府部门的议事日程，也摆在城建工作者和建筑工作者的面前。

二、文物古建筑的保护，是一个新问题，也是一个老问题。

三、问题在于科学的保护和合理的利用。

（一）文物古建筑的评价

（二）文物古建筑的保护

（三）文物古建筑的利用

四、关于文物古建筑的评价。

（一）我们所要研究的对象，不是那些小型的文物：一幅画、一册书、一份文稿、一件器物、一件雕刻品，而是那些构成城市环境组成部分，具体固定地址的大型文物：如古遗址、古建筑、古街坊、古村镇及历史纪念地等。

（二）不是所有的文物，都以同等的重视程度、都以同样的处理方法来保护它，而应经过鉴别和选择。

在没有经过鉴别之前，一般来说，应先加以保护，否则就有可能将有价值的文物损坏了。而要鉴别，就要经过评价。评价是保护和利用的基础。

（三）《文物保护法》提出三个价值（历史价值、艺术价值、科学价值），是仅对于文物本身而言。

这里提出五个价值：①历史价值；②艺术价值；③科学价值；④环境价值；⑤开发价值，这是文物的新“价值观”。

这五个“价值”的观点，可以转化为另一个概念，叫做“资源”（文化资源、环境资源），资源经过开发可以产生效益（社会效益、经济效益），这就包括了保护和利用的两个方面。

（四）关于历史价值

文物之最大价值存在于真实地反映历史，作为历史的见证物而存在。

历史价值的评价因子：

1. 历史年代

如半坡遗址，如果不是六千年前的村落遗址，那就谈不上什么价值了。

2. 同重大历史事件的关系

3. 同重要历史人物的关系

伴随着历史事件的发生、历史人物的活动而存在。如历史旧址、名人故居，还有陵墓，其主人的历史地位决定着它的历史价值。

反映中外关系、民族关系的史实文物，也是历史价值的评价因子。

（五）关于艺术价值

反映当时艺术风格和艺术水平的典型性、代表性——布局美、造型美、装饰美、环境美。

（六）关于科学价值

反映当时科学技术的高水平、高成就，或者具有科技史的研究价值。如高塔、大殿。

此外，共性的评价因子：

1. 完整性：一般来说，保存完整的文物价值高于残缺的文物。

2. 稀珍性：“物以稀为贵”。

3. 附属文物价值：如蓝田水陆庵的五代彩塑，由于附属文物的价值提高了整体文物古建筑的价值。

（七）关于环境价值

对于城建工作，应着重考虑的是文物古建筑的环境价值和作为文化资源、环境资源的开发价值。

环境价值的评价因子：

1. 在城市环境中的地位

如：处于城区，如钟鼓楼。

处于近郊，如大雁塔。

处于远郊，如兴教寺。

属于景点，如钟楼、鼓楼。

属于景区，如城墙及城河。

属于胜地，如楼观台。

2. 本身的环境质量

· 环境因素包括地貌、植被、水、空气、噪声、有无污染源、交通道路、周围建筑。

· 所谓“环境”，是相对于一定的中心事物而言，是指影响某事物存在和发展相关的外部条件。

· 城市环境具有自然环境和社会环境交融的综合性。

· 城市规划与建设的目的，即为城市人民创造良好的生活环境和工作环境。

· 文物古建筑本身是人文景观（建筑、园林），它既处于自然环境中，又处于社会环境中。自然环境有山、水、树木花草，社会环境有道路、建筑，而构成总体环境，正是城市环境的组成要素。

（八）开发价值

· 将文物古建筑作为一种“资源”。

· 利用于发展历史文化教育事业、旅游事业、国际交往和科学研究事业，而发挥其社会效益和经济效益，也就是它的开发价值。

· 开发价值的高低，决定于前四个价值和外部的条件（如交通、商业服务）。

· 作为文化资源的作用，主要是社会效益，其经济效益具有潜在性的特点，它主要不是通过直接的收入，而是通过旅游业和第三产业而发挥作用，使国民经济收入和就业人数增加。它本身的价值越高，开发的状况越好，它的社会效益和经济效益也越大。开发价值属于前景预测评价。

· 通过评价，对文物古建筑进行分类分级的保护。

· 在城建中有一些未列入文物古建筑范围，未受到重视的内容，如典型的城市民宅、农村院落、传统店铺，以至商业街道，富有地方风土特色，它们可能仅是百年的建筑，现在还算不上“文物古建”，但也是一个城市和村镇历史和民俗的反映，随着历史的演进，以后可能成为“文物”。在国外很受重视。

五、文物古建筑的保护

文物古建筑遭受破坏的原因：

（一）人为的破坏：1. 战争；2. 乱改乱修；3. 与新建筑的矛盾。

（二）自然的破坏：受风雨侵蚀，材料的老化、风化，结构的坍塌。这个过程比较缓慢。

文物古建筑的破坏，包括本身的破坏和环境的恶化。

保护内容：

（一）本身的保护

（二）环境的保护

保护方法：

技术保护——主要解决本身保护

材料封护、更新；

结构加固；

地基处理；

防火装置；

防震措施，等等。

涉及自然科学和工程技术。

保护方式：

古遗址的保护：

露天保护，如西安唐大明宫麟德殿方式；

覆盖保护，如西安半坡遗址、秦始皇陵兵马俑坑方式；

复原保护，如讨论中的陕西临潼唐华清池方式；

古建筑的保护：保持现状或恢复原貌。

规划保护——主要解决环境保护

如果说，技术保护、本身保护，主要是文物部门的工作，那么，规划保护、环境保护，就主要是城建部门的工作。

文物古建筑，原则上应当在原址保护，不可迁移。当遇到极特殊的情况，文物古建与国家重大工程建设的矛盾，如文物处于水电站水库的淹没区。

新建设工程重要，古建筑价值也重大，但属于可迁移的，可将它整体搬迁他处重建保护，如山西芮城永乐宫因处于三门峡水库淹没区而迁建至永济。

新建设工程重要，古建筑也价值重大，又不能迁移，就要尽可能采取“两全”的办法，在原址保护，如北京北海团城与内环路、北京古天文台与地铁线路、甘肃永靖炳灵寺石窟与刘家峡水库的例子。

在城市的新建设中，关键在于能否将文物古建筑作为新建设的有机组成部分，纳入规划。如果将文物古建筑当作新建设的障碍，不问价值大小都以拆除这一种方式处理，那么，文物古建筑就难以保护。

当前主要问题，是文物古建筑环境的保护，一、安全环境；二、卫生环境；三、景观环境。

在某种意义上，文物本身的价值具有不变性，但其环境却具有可变性。而环境质量也会影响文物本身的价值，特别是景观价值。

在理论上，应将文物古建筑及其周围环境作为一个小区域来看待，根据它的特性，经过规划建设，创作一个适宜的环境，包括地貌、植被、道路、建筑、商业服务设施。

要点包括：

1. 周围建筑高度的控制。

2. 周围建筑体量的控制。体量对视觉的影响，如西安钟楼广场，因新建筑体量过大，站在广场内觉得钟楼比新建筑低。

3. 周围新建筑的形式，有三种做法：谐调式、对比式、镜面反射式，主张谐调的居多。

4. 古建筑周围的步行环境。这一点往往被忽略。

5. 高耸古建筑的视野。人们从制高点俯视眺望城市普遍感到一种愉快。

6. 周围的活动空间，观赏距离。

7. 所处的自然环境。树木是有生命的景观，水是环境中最优美的素材。

8. 环境的乡土特性。强调自然特性的保护。

9. 防止污染是环境规划的重要因素。

10. 环境容量的控制。

现实中，美好的古建筑随处可见，而美好的环境却不易看到。

保护现有环境价值和创造新价值。

文物古建筑环境的保护，扩及一个城市，就提出了历史古城的保护问题。

国外的情况，大致有以下方式：

· 局部街区保持历史原貌的城市，这种方式最为普遍；

· 保持历史传统特色的城市，如意大利威尼斯。这种城市较少；

· 重点保护历史古迹的城市，如希腊的雅典；

· 保护旧区建设新区的城市，如法国巴黎、意大利罗马；

· 完整保持历史原貌的城市，如美国的威廉斯堡。这种例子比较特殊。

上述第一、三、四种方式在我国都有采用。

管理保护

作为一种辅助的技术保护和规划保护的手段，管理保护包括本体的保护和环境的保护。

最为重要的是划出必要的保护范围，这也是城市规划工作的内容。

1. 绝对保护范围（重点保护），以本体保护为目的。

2. 影响保护范围（一般保护），以环境保护为目的。

保护范围的划定（历史范围、现状范围、规划范围），依文物古建筑的具体情况而定。

因保护范围不明确，造成文物古建筑本身完整性及环境风貌破坏的例子很多。

文物古建筑周围属于“敏感地区”。

外围建筑的距离、形式、高度、体量。

道路，不仅为交通，还应符合古建筑本身的布局序列，体现最佳的游览效果和环境气氛。

六、文物古建筑的利用

从现实看，有利用才有人管，有人保护。关键在于合理利用。在保护的前提下利用。

利用不当必将带来破坏，如向古建筑要地皮，随意改建、扩建。

文物古建筑应当主要用于文化的目的，开发作为旅游、历史文化教育的场所。

旅游污染、旅游破坏，是在旅游开发中伴生的新问题。

在开发中同时有建设,如完善交通和服务设施。建设应当有利于保护。

原则是长远规划，逐步实施。

对于文物古建筑的开发和建设，要用动态的观点、发展的观点去看，当前看不准、做不了的事，应采取“保下来，传下去”的方针，可以留给后人继续去做，而要把做好的每一步工作建立在科学的基础上，经过论证，不要盲目草率从事，多一点研究，少一点蛮干。

关于扶风法门寺规划设计原则的思考

（载《西安冶金建筑学院学报》1987年第4期）

最近，在陕西扶风县境一座有一千数百年历史的佛教古刹——法门寺塔的地宫（塔室）内发现了深藏千年的佛门圣物——佛骨舍利及唐朝皇室奉献的法器、供养器等稀世珍宝。消息传出，轰动了世界文化界和佛教界。

为及早向国内外各界人士展示这批佛门和皇室的文物瑰宝，陕西省政府拟定修缮原法门寺，并新建出土文物博物馆。对于这样一项具有宗教和文物双重意义的重要工程，它的规划设计原则，无疑地绝不类同于一般的旅游点建设。它对于建筑设计人员来说，是一个还缺乏经验的课题。

我们认为，为使某项重要工程能达到符合其性质要求的较佳效果，对其规划原则和基本构思预先作些切实的探讨，以供制定具体设计计划的参考是必要而有益的。本文之目的，正是试图涉及这个目前已在不少地方进行着的文物古迹点的建设在规划设计上的特性问题。

法门寺为唐代名刹。该寺的历史可追溯至北魏以前，称“阿育王寺”，唐高祖武德八年（625年）改名“法门寺”。“法门”，在佛教意为达到解脱之路。据载原寺建有一座“四级木塔”，塔内藏释迦牟尼佛指骨一节，故为“护国真身塔”。塔，梵语作塔婆或窣堵坡，为巴利文 thūpa 和梵文 stūpa 的音译。明隆庆年间木塔倒毁，万历七年（1579年）重修为八角十三层砖塔，高47米，名“真身宝塔”。1981年8月24日砖塔塔身半壁崩塌，1987年4月在拆除残壁、清除塔基时发现了塔基下地宫。地宫分通道、平台、甬道、前室、中室和后室，深7.5米，总长21.2米，面积31.48平方米,仅容两人出入。地宫自唐懿宗咸通十四年（873年）后封闭，幸然未遭扰动，内珍藏佛门圣物——四枚“舍利”（一枚佛中指骨、三枚影骨）及唐朝皇室为迎送舍利而奉献的金银供养器、法器和丝织品等。

"舍利"为梵文 Sarira 的音译，原意为身体。相传佛祖释迦牟尼遗体火化后未化者称作"舍利"。释迦牟尼灭度两百年后，古天竺（印度）阿育王发愿广布佛法，"一日一夜役鬼神造八万四千塔"，将佛骨分为八万四千份，遍布世界各地。法门寺塔即为其中一座。唐高宗、武后、中宗、肃宗、德宗、宪宗、懿宗诸朝曾七次将舍利迎入宫中供养。法门寺旧址约百亩，盛唐时拥有二十四院，僧尼五百余人。寺内原有建筑多毁于明末农民起义和清末回民起义之战火。

法门寺塔地宫出土文物中，三支"锡杖"尤为引人注目。一支铜锡杖，一支金锡杖，一支金花银锡杖，堪称佛门法器之奇宝。"锡杖"，梵文作 Khakkhara，原为比丘（僧人）化缘时所持之杖，后成为佛门"大智无畏，功德无量"的象征。地宫内大批金银器均属唐朝皇室之珍品。不少器皿形制乃举世罕见。古代名瓷精品——"秘瓷"为考古首次发现。还有精美的丝织品：锦、绫、罗、纱、绢、绮、绣等，其中唐代织金锦也属前所未见。

显然，陕西法门寺名胜古迹的规划建设，不论在宗教意义或是文物价值上都具有头等重要的地位。

法门寺现状占地约 16 亩，仅存一座五间单檐歇山顶铜佛殿，三间后殿及左右朵殿各一间均为硬山顶，两厢为五间歇山顶配殿，另有近年增建的重檐钟鼓亭。后殿之北为一组简易平房，最后有一栋二层平顶砖混结构新建筑，为法门寺文管所宿舍、办公用房（图 1）。

法门寺地处扶风县城北法门镇，四周无高大建筑，与其他文物古迹，如扶风召陈和岐山凤雏西周遗址、岐山武侯祠、周公庙等距离也较远，在总体规划上并无直接的联系。但是，以后法门镇的总体规划看来就要服从于法门寺区的建设。

整个法门寺区的建设，将包括三个部分：一、现存法门寺及明代砖塔的修复；二、佛骨舍利的保存和展示；三、新建出土文物博物馆。而在总体上如何处理三者的关系，便是我们首先需要明确的问题。

过去，许多宗教性名胜点的建设，往往只注意到人们参观游览的要

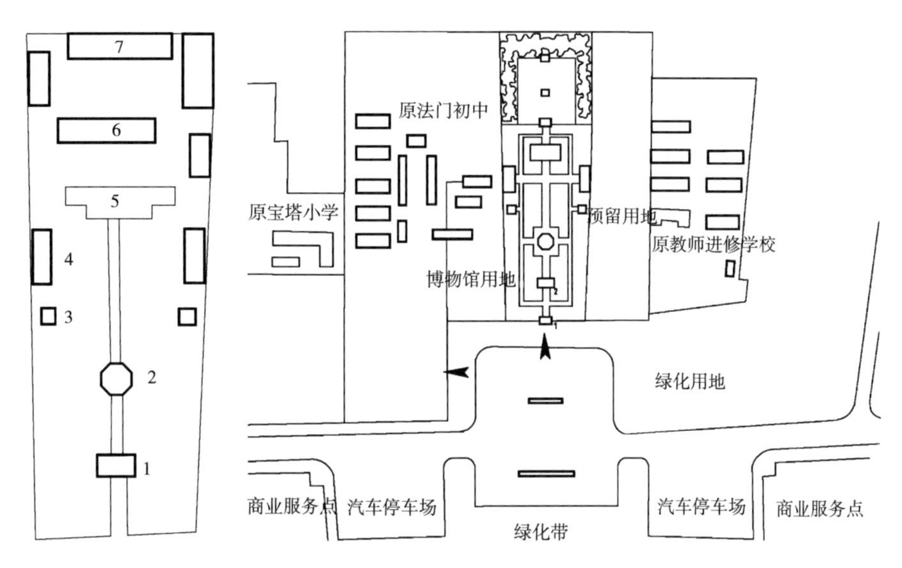

图 1 法门寺现状（左）
1—铜佛殿；2—砖塔；3—钟鼓亭；4—配殿；5—后殿；6—平房；7—楼房
图 2 法门寺区总体规划设想方案（右）

求，而不大注意它们作为宗教之所在这一特殊性质，使不少规划流于一般化，反映了对于这类性质规划问题的思考还停留于浅层。可以说，人们对于寺院的参观游览，正是一种宗教环境和内容的参观游览，并不同于游览其他什么公共场所或天然风景，这不是保存迷信，而是因此才显示出不同性质游览点的差异性和特殊性。规划一个寺院区不同于规划“兵马俑坑”、乾陵，更有异于规划一处公园，因其内容、环境、气氛都不相同。法门寺尤其如此。这是我们应注意到的一个原则。

法门寺区的规划，是以寺院为主线，或是以博物馆为主线，或是二者并列？我们认为，它应以法门寺为主线，而以文物博物馆为次线来处理其总体关系为适宜。因为，法门寺是佛教之所在，地宫出土的文物也主要是佛教文物，特别是佛骨舍利的发现，其宗教性质的意义显然是第一位的。法门寺也可能会成为世界佛教的一处胜地。

由此，我们首先对原法门寺应有一个从长远考虑的修复规划。法门寺现状不仅规模小，而且形制等级低，修复规划应适当提高现存法门寺的规格，并使其保持一个相对完整的面貌，这就必然地要有一些重建和改建工程（图 2）。

那么，这个修复规划，包括寺院的总体布局和建筑形式，又有一个按照什么风格来统一它的格调问题。其现状，砖塔为明代所建，殿堂为清式建筑，纷然杂陈，而寺院盛期在唐代，出土的也是唐代文物。我们是按明、清程式来定它的格调，还是按唐代风格来定它的格调？这是在进行寺院总体规划和建筑设计时所应明确的问题，而它只有通过历史与现状相结合的研讨才能确定。

法门寺明代砖塔是在原木塔基址上修建的（木塔残基已经考古发现），塔位于寺院中心，它保留了中国早期佛寺的布局特点。法门寺因塔而著名，塔是其主要标志，塔的修复是毋庸置疑的。原唐塔无法修复，明塔又是省级文物，因此，我们主张法门寺的修复规划，除砖塔依明塔原貌修复外，整个寺院宜以唐代风格来定它的格调，重建寺院山门、塔院，现存“铜佛殿”改为“金刚殿”（在佛教，金刚乃护法之神，殿位于山门之内），后殿当为佛殿，视可能情况可添建经堂、讲堂，使其在总体上体现出唐代以前佛寺的格局。总体的格调既定，具体建筑的形式也就顺理成章，自然地按“仿唐”处理。

对于出土佛骨舍利的处理方式，在法门寺规划设计中也是一个极为重要而敏感的问题。对于这一点，设计人员容易估计不足，而将佛骨舍利采取一般文物陈列的方式来处理，忽视了它作为佛门圣物的宗教要求。这里可能有三种方式：一种是将舍利再藏回塔下地宫内，但地宫属于文物建筑，需保持原貌，而原有地宫条件显然不利于舍利的科学保存，也不便于展示；一是将舍利置于现存后殿内保存和展示（后殿当然需加以改建）；一是另辟“舍利院”加以保存和展示。我们认为第二、三种都是可行的方案（图3）。

如果考虑到佛骨舍利可能成为佛门膜拜的一个中心，应有相当的场地，以供举行法会等活动的需要，在规划中则倾向于另辟一个“舍利院”，并同原法门寺构成一个整体。盛唐时在法门寺二十四院中即有一院，名“真身院”。

“舍利院”与原法门寺的组合方式也有两种：一是布置在寺院一侧，在寺的横轴线上，一是布置在寺院后部，在寺的中轴线序列上，而以后

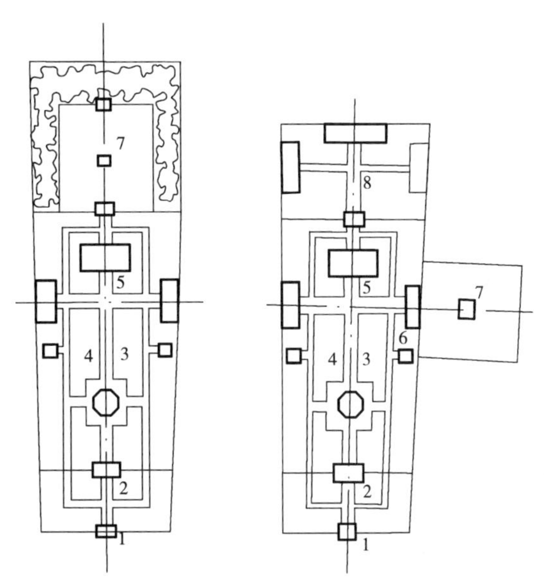

图 3　舍利院与法门寺组合方式
1—山门；2—金刚殿；3—法门寺塔；4—钟鼓亭；5—佛殿；6—配殿；7—舍利院；8—经堂、讲堂

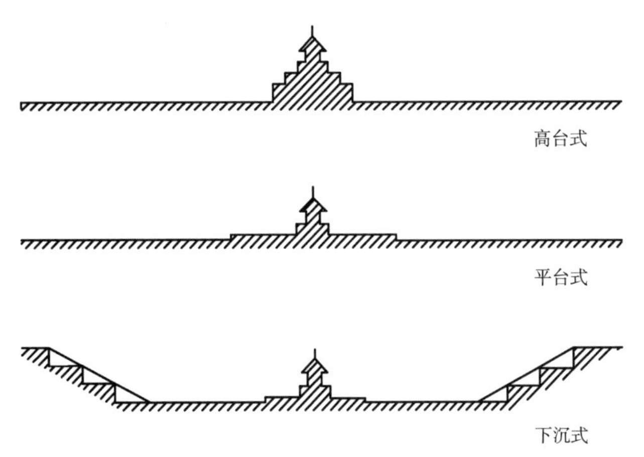

图 4　舍利院不同构思比较

一种方式效果为佳，它将成为整个寺院的高潮和结束，更能显示出法门寺异于一般寺院之处及佛骨舍利的至高地位（图 4）。

出土文物博物馆既不宜居于主要地位，也不宜与寺院处于并列位置，以免两者性质不同而主次不明。寺院山门面南，而博物馆大门以东向为宜，门前可共用一个广场。广场采取半封闭性的规划形式，设计成步行环境，以作为缓解和疏导人流的过渡空间。广场内可逐步地设立牌坊、照壁一类传统的“小品”建筑，也构成寺院及博物馆入口外空间的延续性。法门寺山门前也可置石狮，这既符合佛教之传说：“佛初生时，有五百狮子从雪山来，侍列门侧”，也可显示出法门寺区别于博物馆的独特地位。法门寺旅游点的停车场及商业网点则划出门前广场之外，布置在门前广场南面两侧，在停车场与门前广场间设置隔离绿化带。工作人员办公等管理位于寺院与博物馆的连接部，可与寺院及博物馆二者相通。接待室则可附属于寺院及博物馆建筑内或管理部分。寺院东面作为预留规划用地。整个旅游点应具有相当的环境容量和较佳的环境质量。

我们可以看到，在许多文物古迹点的建设中，其周围的步行环境往往被忽视。城市的汽车交通往往直接到达文物古迹的入口，使入口附近人流、车流嘈杂、拥塞、脏乱，缺少一定距离和范围的缓解、隔离和疏导的步行区，使文物古迹点不能保持一种宜人的清洁、安详、有序的环境气氛。对于法门寺这样具有重要宗教性质和文物价值的古迹规划，我们尤其应当注意到这一点。

关于新建建筑的设计，首先，也是最为重要的，无疑是“舍利院”和博物馆。舍利院即珍藏和展示地宫出土的四枚佛骨舍利的所在。我们设计它可以参考中国早期佛寺的模式，舍利院四面辟门，而以南门为正门。庭院中心建“舍利阁”，佛教活动可围绕舍利阁进行。舍利院的设计可有三种形式：一种，我们称作“高台式”，即舍利阁立于三级高基座上，显示一种崇高感；一种称作“平台式”，即舍利阁立于低平台基上，呈现一种亲近感；一种称作“下沉式”，即设想舍利院地平降低，周围作台阶及踏步，人们可自院门下至院内，或自地道进入院内，使舍利院环境显得更宁静肃穆，且意图表达一种自甬道进入地宫的象征效果和神圣气氛。不过，这种“下沉式”方案，在实践上还无先例可循，不易为有关的人们所接受。至于舍利阁的具体形式，不妨以放大尺寸仿造地宫出土的唐代精舍，而不必费尽心思去做出新的式样（图 5）。因为历史的遗物常常具有一种新的设计所无可替代的艺术力量。

新建出土文物博物馆的建筑形式，也可能有两种方案：一种是仿古式，一种是现代与传统结合式，而前者易为多数有关的人们所采纳。我们主

图 5　地宫内藏铜质唐代精舍

张新建博物馆不必采取仿古建筑的形式。在古法门寺旁再建一座新“法门寺”式的方案是不足取的。新博物馆不但在文物安全和展示设施上应具有现代化的标准，而且在形式上也应力求简洁、清新、明快。新就是新，古就是古。新古分别，才更显得“古”的特色和“新”的风貌，也使整体环境更为丰富。因为，任何城市或地区的建筑面貌，都是由历史的积累形成的，反映着各个时代建筑风格的延续和发展。

在许多场合下，一谈到新旧、古今建筑的协调，人们往往拘泥于形式的相似性，以为只有“形似”才能“协调”。现在越来越多的人们主张，协调并非单调的清一色。协调的主要问题，在于总体规划上解决好主次陪衬关系的问题，是古建筑为主，还是新建筑为主。并且在相邻建筑的距离和体量上有所把握，如以古建筑为主，那么，新建筑即不宜过高，同时注意绿化环境的掩映效果。一些建筑实践已经证明这是一种更高层次的协调。

所有这些规划设计原则的讨论，集中到一点，都是为着保持整个文物古迹点本来的历史价值、艺术价值和环境价值，并且通过规划建设进而创造新的艺术价值和环境价值，而不致于损失和降低它们的固有价值。这是本文所想说明的一个观点。当然，一切规划设计的现实性都必须建立在一定的经济条件之上。

如果我们另辟蹊径，设想法门寺全部出土文物，包括佛骨舍利，移至西安市，置于正在建设中的新的“陕西省历史博物馆”内保存和展示，对于法门寺现状仅仅加以修缮即可维持。那么，上述的规划设想也就大多失去它的实际意义，而另当别论。

参与本文讨论的有周若祁同志。

论唐长安城的规划思想及其历史评价

（载《建筑师》第 29 期 · 1988 年，中国建筑工业出版社）

在中国数千年的漫长历史中，城市的盛衰总是伴随着朝代的兴亡，而每个历史时代都在城市中留下它的标记。如果说，建筑好比一部“石头的书”，那么，城市较之建筑，可以说是一部更为完整的“历史书”。

国内外许多研究中国城市史的人都注意到中国古代城市的计划性及其独特的规划形式，注意到作为中国古代城市的构成要素，诸如：城垣、宫殿、坛庙、官署、市场、宅第、街道、河渠等，它们无不遵循着一定的原则进行规划和建设，而某些原则更是历代相沿，贯穿着中国数千年的城市史和建筑史。

时至今日，这些古代城市已经当作历史的遗产留给了我们，而对于这些原则和规划形式的评价以及与其相关的对于历史城市的保护问题，也就摆在了建筑理论工作者和城市规划工作者的面前。

如同我们想要了解中国的建筑一样，谁想要了解中国的城市，就要了解中国的社会和中国的地理，以及它所塑造的人，了解他们的知识和他们的思想。

在中国古代社会里，约束和指导一切人与事的准则，除了“法”而外，还有“礼”。“礼”是具有广泛范畴的准则，包括社会的规范和道德的规范。当然，这种“礼”无疑是奴隶制和封建制的“礼”，它的核心是别尊卑贵贱，以维护奴隶社会和封建社会的等级秩序。

古代的每一座城市都有其种种的社会职能，如政治的、军事的、经济的、生活的职能，它们都决定着城市的规划形式，而在中国古代，决定城市规划形式的还有这种“礼”。将城市的规模、组成和规划形式纳入奴隶制和封建制的“礼”，是中国古代城市史的一个重要的特征。除此而外，因为建造城市是件大事，而古代的人们又大都是迷信的，那么，中国古代的“阴阳”“风水”“吉凶”之类神秘的观念，必然地也会穿凿附会地反映在城市的规划之中。

对于中国古代城市规划的分析，曾经有过不少的文章，那些仅仅为着旅游宣传的文章另当别论，笔者以为有许多文章或者限于规划形式的现象描述，即言其然而未言其所以然；或者对于现象的解释不过是现在人的意会，并非古代规划者的思想，因而这种分析往往也就不能真实地说明历史，它也就不可避免地带着一种加诸于古代事物之上的主观臆断的成分。

本文的意图在于力求去了解古代当时的规划思想、规划的理论，从而尽可能地反映其历史的本来面目，以此作为今天评价的基础。因为一切事物的评价只能是历史的评价，对于中国古代城市也是如此，它的成就、它的局限、它的精华、它的糟粕，都在历史中产生，也在历史中发展，这就是历史的辩证法。

在中国古代城市史中，唐长安城无疑是世界最为注目的历史城市。我们要探讨中国古代城市，包括唐长安城的规划，首先不能不追溯中国古代城市规划思想的源流。因为任何一个城市的发展，它都不过是整个城市发展史这条长河中的一个阶段、一个标志。大家都知道，中国最早的王城规划的思想，即见载于《周礼·考工记》中著名的“营国制度”：“匠人营国，方九里，旁三门，国中九经九纬，经涂九轨，左祖右社，面朝后市，市朝一夫”。《周礼》的作者和成书时代，古文经学家认为是周公，今文经学家则认为出自战国。近人考定为战国时著作。《周礼》共分“天官”“地官”“春官”“夏官”“秋官”“冬官”六篇。其中“冬官”早佚，《考工记》为汉时所补。《周礼》在中国历史上的重要地位，在于它被后世附会为周公所定，奉为先王之制。自汉武帝罢黜百家、独尊儒学以后，儒家思想取得了统治地位。在法先王之制的思想支配下，中国古代的许多重要建筑，其形制往往可以追溯到三代古制。《周礼》的“营国制度”同样影响着中国历代的城市规划，特别是都城的规划（图 1）。

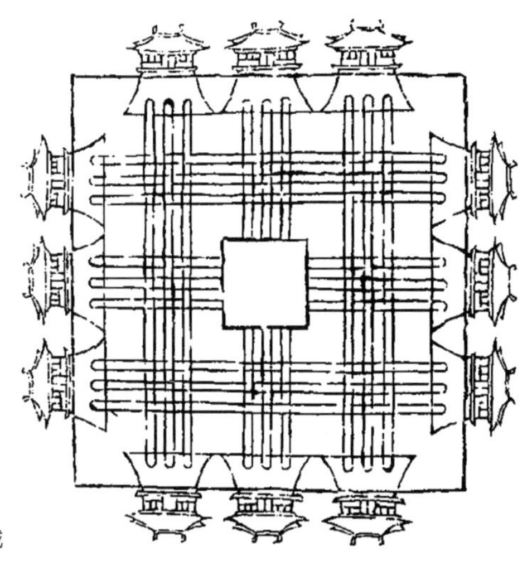

图1 《三礼图》周王城

《周礼》的营国制度，按照字面的含义是不难解释的，然而我们的目的则是要深一步地探求它的内涵，即它所体现的规划思想和规划理论。

《周礼》中“匠人营国”的“国”，即指的是当时奴隶主和封建主统治的王城和诸侯城。在古代的欧洲，封建主是住在乡村中自己的堡垒里，堡垒邻近的田地便是他的庄园，而城市则是由手工业者和商业者建造和发展起来的。中国古代城市则不然，它是由奴隶主和封建主建造的，他们自身就住在里面，因而在城市中不但有手工业者的作坊和商业者的市廛，更重要的是有奴隶主和封建主的宫殿和邸宅，城市就是保障奴隶主和封建主安全和财富的堡垒。《吴越春秋》说:“筑城以卫君，造郭以守民，此城郭之始也”，即反映了中国古代城市的这种性质和功能。在战国以前，春秋时代有一百几十个国家。那时，一座城，包括它的周围地区大概就是一个国家。因为建“城”实为建“国”，城失则国亡，通常也就称“城”为“国”了，也正因为如此，中国古代城市的兴起，依靠着奴隶主和封建主统治者的政治力量，得以动用大规模的人力、物力进行建设，它可能在短时间内平地而起，于是它们也就更有可能体现某种计划、某种思想、某种理论，即某种主观的意识。

“方九里”，指城的平面为方形，边长为九里。“方”形是一种最规则的几何形。《周礼》说：“惟王建国，辨方正位”，即在“建国之时先须别东西南北，于中正宫室之位”。显然，“辨方”是为了“正位”（东、西、南、北、中），而方正的城是最适于体现这种“辨方正位”观念的。对于边长九里的解释，有人把它视为城的实际规模，即九九八十一平方里，如“公之城盖方九里，侯伯七里，子男五里”。笔者认为，这个数字具有双重的含义。按照先秦文献，当时，“三里之城，五里之郭”已经是一般城市的规模，那么，作为一座王城，城“方九里”，大概是一个相当的面积数字，而同时它可能仅是一种相对的数字概念，它来自所谓“上公九命，以九为节。侯伯子男以下皆依命数”。《周易》卷七说：“天一地二，天三地四，天五地六，天七地八，天九地十，为天地阴阳自然奇偶之数”。例如城方“九里”，城隅“九雉”，宫室明堂“九室”，街道“九逵”，等等，均以“九”为数，因为“九”是阳数的最高数，具有最高等级的象征意义，我们在春秋战国的遗址中也未见有实际城方为五里、七里、九里的例证。它告诉我们，可以不必拘泥于这些数字的考据。

“旁三门”，指城每面有三门，四面十二门。城门是王城通往四方城邑的出入口，而四面等同的分配，则是把王城作为四方的中心，即《周礼》说的“地中”，《吕氏春秋》说的“择天下之中立国”思想的体现。至于城门的设置，同城内街道的规划是相关的，“九经九纬”那就是“十二门”。对于“十二”这个数字，古人又以《易》卦加以附会解释说：“王城面各三门以通十二子”（甲乙丙丁戊己庚辛壬癸十天干为毋，子丑寅卯辰巳午未申酉戌亥十二地支为子），不过是取其吉利的含意。

《周礼》说：“左祖右社，面朝后市，市朝一夫”。这里所谓前后左右者“据王宫所据处中而言”。在中国古代王城规划中，国处地之中，宫处国之中，如《吕氏春秋》说的“择国之中立宫”，无疑是一种基本的规划思想。这种思想同样地具有双重的意义：一方面，它在城和宫的军事防卫关系上显然是有利的；另一方面，它也是“礼”的体现，表示一种居中为“尊”的观念。“祖”指宗庙，“社”指社稷坛。在中国古代，起源于原始公社期对于自然崇拜的原始宗教，以及作为宗法社会产物的对于祖先的崇拜，一直保留到整个奴隶社会和封建社会时期，因此祭祀建筑乃是古代社会，包括古代城市的重要内容。在春秋时，诸侯们争霸战争的结果，往往是“毁其宗庙，迁其重器（青铜祭器）”，而祀社（土神）和稷（谷神）则是中国古代农业社会的大事。迄今农村的社火，追根溯源，可以说仍是农村公社期祀社的遗俗。《太平御览》卷五三二说：“社，土地之主也”，又《礼记外传》说：“国以民为本，人以食为天，……故于国城之内立坛祭之”。这里所指的“社”当是天子、诸侯的“王社”。它们的位置，如《周礼》说的“建国之神位，右社稷，左宗庙”。这里所说的左右是指“据宫之中门外左右而言”，也可见宗庙和社稷坛在中国古代王城中的重要地位。至于何以分别前后左右，一说宗庙是“阳”故在左，社稷是“阴”故在右；一说周尚左，故宗庙在左；地道尊右，故社稷在右；“面朝后市”，说“朝为君臣治政之处，阳，故在前；市为贫利行刑之处，阴，故在后”，乃是以天阳地阴，阴阳相关之说来加以解释。其实，此时的“朝”和“市”占地都还不大。“市朝一夫”，即各占一“夫”之地。“夫”原指农夫，周制一夫授田百亩，即方百步（一步为八尺），当时的“市”不过是“宫市”，主要为王宫生活服务。因宫乃是城的主体，其他均处于从属的地位，王宫为前朝后寝，市位于宫之后也就是很自然的事。

中国古代哲学认为，自然和社会人事万物之中贯通着阴阳相生、阴阳相克的对立和消长的关系，后来阴阳家则把“阴阳”和“天人感应”之说结合，变成了一种神秘的观念，用以推验吉凶。这种“阴阳”吉凶的观念影响于建筑及城市的规划，譬如天为“阳”，地为“阴”，所以祭天于城南，祭地于城北；君象“阳”，臣象“阴”，所以君面南，臣面北；向日为“阳”，背日为“阴”，所以南座为阳，北座为阴；浮为“阳”，沉为“阴”，所以高为尊，低为卑；又如赤为“阳”，黑为“阴”；奇数为“阳”，偶数为“阴”等，都在具体的形式上赋了一种象征的意义。

由于上述的种种因素，便造成了以王宫为轴心，东西南北四方，规则对称的城市结构，因为这种形制乃是礼制秩序的理想体现。

当我们了解了这种基本结构的由来，对于《周礼·考工记》的另外两句话：“国中九经九纬，经涂九轨”，也就不难理解了。因为规则对称的城市结构随之产生经纬相交的街道网（南北之道为经，东西之道为纬），又因一门三涂，所以为九经九纬。《三辅决录》说："长安城，面三门，四面十二门，皆通达九逵，以相经纬"。班固《西都赋》说："体象乎天地，经纬乎阴阳"，又反映了这种经纬相交的街道规划思想与"阴阳"观念的联系。

关于"一门三涂"的功用，《周礼·注疏》解释说："男子由右，女子由左，东从中央"。"经涂九轨"，"轨"即车辙之广，为八尺。以辙之广定涂之广，对于以车为主要的战争工具和交通工具的时代无疑是科学的。

这种经纬交织的街道也就将城市划分成若干方格网式的地段，而成为按照一定的人口编制来组织城市居民的聚居单位，即"闾"。周族姬姓的人口编制是比、闾、族、党，以五为单位，并且以五的倍数进位，如《周礼·大司徒》说："令五家为比，使之相保；五比为闾，使之相受（即一闾为二十五家）；四闾为族，使之相葬（即一族为一百家）；五族为党，使之相救（即一党为五百家）"。齐国在城廓中实行的则是以十进位的编制。《周礼·乡大夫》又说："国有大故，则令民各守其闾，以待政令"。可见这是一种从属于军事目的的编制。不过，在农村中，则采取便利于农耕的八夫为井的编制。

《周礼·考工记》的营国制度所表述的这些规划思想描绘了一种理想化的模式：如规则正方的观念、均衡对称的观念、经纬方格的观念、中心轴线的观念等，这种思想来源于"礼"，在美学方面，它体现一种严整的秩序美，这也是中国的一种传统的审美观。

中国古代城市规划的思想、理论、制度起源和形成的历史是那么久远，并且具有如此稳固的传统力量，那是由于中国长期封建制度制约的作用和儒家文化的深刻的影响。《周礼·考工记》的"营国制度"，实质是儒家思想体现在王城规划上的一种理想的模式。

唐长安城的规划应该说是《周礼》思想的继承，也是它的发展。当然，这种继承只能是在某种程度上的继承，而其发展才是反映了唐长安城所处的具体的历史条件和地理条件。

唐长安城位于陕西关中平原的中部、渭河的南岸。中国古代都城的地理位置，历来是由宏观的对于政治、经济形势的估量而确定的。关中地区的“广衍沃野”，不仅具有古代早期农业发达的基础，而且基于王朝开创时期的政治形势，陕西关中曾是汉、唐进取中原，进而平定天下的基地。尤其处在军事争夺时期，关中“四塞之国”、“阻三面而固守，独以一面东制诸侯”，更有地理上的进可攻、退可守的有利条件，故此在王朝建立初期是以定都陕西较为有利，从而控制全国。特别是从中原地区的政治、经济的发展观点来看，则以定都河南较为有利，这也就是汉、唐统一时期实行两京制，即西京（西都）——长安，东京（东都）——洛阳的原故。

因为古代都城的大量的物资供给乃依赖于水陆转运。《唐会要》说：“漕运通流，国之大计”，故其城址又总是依托于通航漕运的河流——渭河。在古代，没有任何一座大的城市能够离开河流得以生存和发展下去。

我们知道，秦都咸阳城是位于渭河的北岸，秦始皇统一六国后，便面临着自关中出发控制关东（函谷关以东）大片地区的问题，而从咸阳出关东的交通要道，主要是走渭河南岸东出潼关。可以认为，秦始皇在渭河南岸新建阿房宫，即反映出将秦朝政治中心自北岸移向南岸的意向，而后西汉的长安城也就摆在了渭河的南岸。隋唐长安城虽然避开了汉长安故城，因为“此城从汉，凋残日久，屡为战场，旧经丧乱”，但它也不会再回到渭河北岸去了。

唐长安城近于方形，据实测其东西为9721米，南北为8651米，当是中国和世界古代历史上规模最大的一座城。

中国古代城市的平面是由城墙所围成的周圈来决定的，城墙所包围的面积也就成为城的规模。这种城的兴起，常常是将城的外壳——城墙先兴筑起来，而后再充实它的内部，如同建筑一样，先筑院墙，再建房屋。隋大兴城，即唐长安城的前身，始建于隋开皇二年六月（582年），至三年三月迁都，仅用了九个月的时间，可以想见也是首先筑起城墙，城内的一切才继之而发展，这是我们今天看待古代城市，包括唐长安城的规模的一个重要的观点。因为奴隶主和封建主统治者建造城市的首要目的，就是要在较短的时间内建立起一个能够保卫自己的堡垒，一个政治和军事的中心，并且这种城本身又具有直接控制人口的职能。因此，城墙所圈定的这个范围，是人为的，它并不是客观实际发展的结果。这种预先圈定的城市范围，当然不一定完全合乎实际发展的规模，因此古代城市后来的发展往往会突破原先城墙所围成的圈子，向着城关城门外围伸延。这种例子相当之多，或者会因为城墙的范围圈得过大，城内长期存在一些空旷的地段，如唐长安城城南诸坊的情况："率无居人第宅"，"虽时有居者，烟火不接，耕垦种植，阡陌相连"（《长安志》· 卷七）。

唐长安城如此的一座大面积而规则形的城，必然地要求一块广阔的平坦的地带，《长安志》卷六说：京城"南侵终南山子午谷，北据渭水，东临灞浐，西枕龙首原"。可能由于地形的因素才决定了长安城城址的具体位置。城夹在北面渭河，东面浐河和灞河，西面沣河和滗河，南面潏河和浐河之间。而北面、西面的龙首原，东面的青龙原，南面的少陵原及曲江洼地的天然地貌，也就成为它的四围界限。在这个天然界限内，东西较南北为开阔，所以长安城形成为一个东西较南北为宽的方形（图 2）。

中国古代以宫为中心的都城规划无不形成一条南北向的中轴线。全城的布局依中轴线向两侧展开。唐长安城的中轴线就是宫城中门至皇城中门，再至廓城中门，即承天门——朱雀门——明德门的连线，这是全城规划的依据（图 3）。

在古代有关文献中屡见提及长安城向南直至秦岭子午峪。但子午峪处于长安城中轴线的偏西方位，它与全城中轴线的确定看不出有直接的联系。不过，按照阴阳的观念："子，北方也；午，南方也。"子午峪乃秦岭的南北通道，附会为"瑞通阴阳之王气"，也可能有着"风水"上的相关意义。

唐长安城的宫位于城北的中央，这和《周礼》的宫居于城中的制度有所不同。

笔者以为，这种形式可能出于两方面的因素：一是秦汉以来"天人感应""象天立宫"思想的影响。古人认为，"帝天之义，莫大于承天"（后汉《祭祀志》）。《史记 · 秦始皇本纪》说："二十七年作信宫渭南，已而

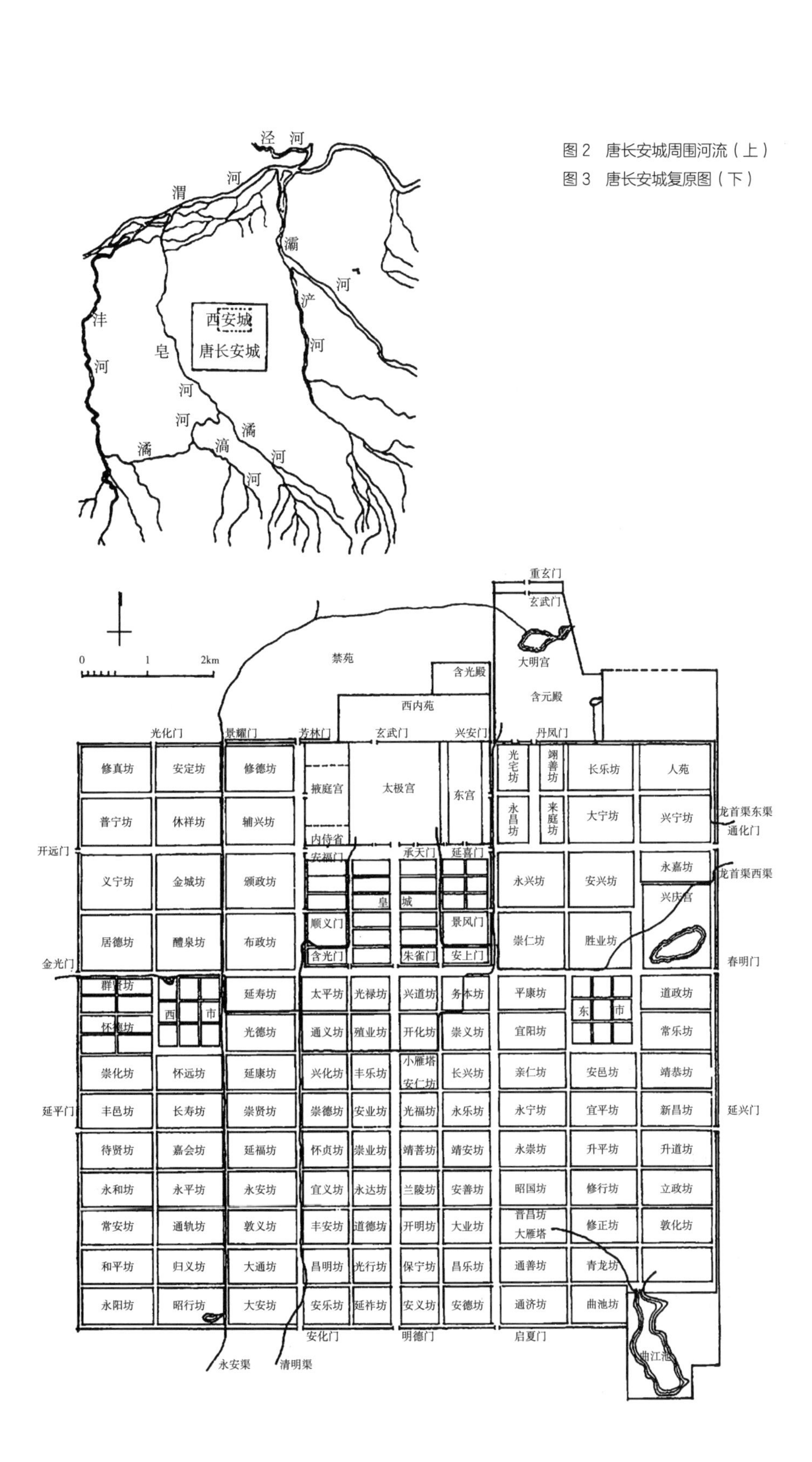

图 2　唐长安城周围河流（上）

图 3　唐长安城复原图（下）

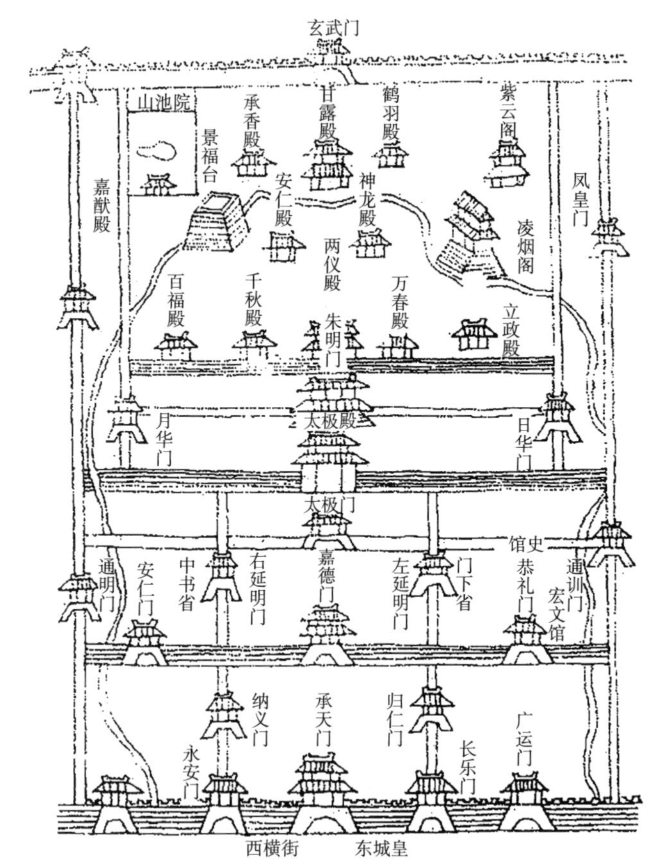

图 4 《长安志图》太极宫

更命信宫为极庙，象天极”，又《三辅黄图》说：始皇“筑咸阳宫，因北陵营殿，端门四达，以则紫宫，象帝居。渭水贯都，以象天汉；横桥南渡，以法牵牛”。唐长安城宫城正门称“承天门”，正殿正门称“太极门”，正殿称“太极殿”，都取意于天。唐长安城宫城北门和皇城南门也取名于天象。如北门——玄武门，南门——朱雀门。朱雀又名朱鸟，是中国古代神话中的鸟名。古人观察天象，把春季黄昏时出现在南方的星宿想象为鸟形，东方为龙形，西方为虎形，北方为龟形，合为“四方之神”。当方位与色相相关之说流行后，又成为苍龙、白虎、朱雀、玄武，合称“四象”。如《三辅黄图》说：“苍龙、白虎、朱雀、玄武，天之四灵，以正四方，王者制宫阙殿阁取法焉。”故此，宫城处于城北中央，似为北极星的方位，想象为“天帝”“天邑”之所在（图 4）。如孔子说：“为政以德，譬如北辰，居其所，而众星拱之”（《论语·为政篇》），我们可以看到这种“象天”观念同都城规划思想的联系。

二是长安城宫城据城北中央，也使宫城与禁苑相接，使宫苑连成一体。唐长安禁苑在宫城之北，东接灞水，西接汉长安城故城，南连京城，北枕渭水，其南面三门，东面二门，西面二门，北面三门。后来的大明宫，即处于禁苑之中。

古人以为天转而地不动。天转则有枢轴，汉长安城西南角为圆角，即象天枢。现存明西安城西南角也为圆角（明西安城西墙、南墙，即唐长安城皇城西墙、南墙之位置），而不同于其他各角均为直角，也可能是保留唐长安城“天枢”的遗制。

唐长安宫城南隔横街为皇城，皇城无北墙，城中南北七条街，东西五条街，其间并列台、省、寺、卫等中央官署。宫城南门承天门直对皇城南门朱雀门，为承天门街。朱雀门直对廓城南门明德门为朱雀门街。《长安志》卷七说：“自两汉以后，至于晋、齐、梁、陈，并有人家在宫阙之间，隋文帝以为不便于事，于是皇城之内，唯列府寺，不使杂人居止，公私有便，风俗齐肃，实隋文新意也。”皇城的创制，同宫城连在一起，使长安城作为全国政治中心的规划思想表现得更为明确。

承天门街、朱雀门街，连通宫城门、皇城门、廓城门，像一条中轴线将长安城平分成东西两半，由南北十一条街，东西十四条街，将全城划分成 113 个方格。除曲 12 外，有 112 个方格，即为 112 坊，再除兴庆宫和东、西市各占两坊外，有 108 坊，其中西面 55 坊，东面 53 坊，为王府、寺观、邸宅等建筑地段。元李好文《长安志图》说：“棋布栉比，街衢绳直，自古帝京未之比也”，白居易诗说：“百千家似围棋局，十二街如种菜畦”所形容的就是此种方格网的规划，这无疑是一种理想化的规划模式。

隋唐长安城址并非绝对的平坦。其地势大致为东南高而西北低，相差三十余米，其间陡起约四～六米的高坡有六条，即《长安志》卷七所说：“帝城东西横亘六冈”。这种规则对称的方格网式的规划形式与坡冈相间的天然地貌不无一定的矛盾。这些高冈坡头均为宫殿、官署、寺观、王府所占据，如《唐会要》卷五十说："以朱雀门街南北尽郭，有六条高坡，象乾卦，故于九二（第二冈）置宫阙，以当帝王之居；九三（第三冈）立百司，以应君子之数；九五（第五冈）贵位，不欲常人居之，故置元都观（在安善坊）、兴善寺（在靖善坊）镇之"，则附会为乾卦之六爻。青龙寺所在新昌坊，也即城东南之乐游原高地。唐长安有春游的习俗，当时的曲江池和它东北的乐游原风景之地，是人们喜爱的去处，但与曲江池相邻的芙蓉园则是皇家独占的苑囿。

唐长安城在朱雀门街两侧对称地设置东西两市。处在皇城外东南和西南，面积各占两坊之地。东市，据实测南北为1000米，东西为924米；西市，南北为1031米，东西为927米。"市"四周围以夯土墙垣，内设井字街和沿墙的顺城街，开八门，中央为市署和平准署，掌管市内交易。井字街两侧有水沟。东市之东北和西市之西北有放生池，引龙首渠水和永安渠水汇注。《长安志》卷八说：东市"市内货财二百二十行，四面立邸……"，固定的店铺和邸店整齐地排列着。

在中国古代社会前期，都城主要是政治、军事的职能，经济的职能是不显著的。而这种经济的职能，主要的也不是生产的职能，而是商业贸易的职能。《周礼》所谓王城的"后市"，市在宫北，市的设置不过是为王宫的生活服务，它的交换规模更是有限的。汉唐长安城作为"丝绸之路"的起点，乃是起着国内和国际贸易中心的作用，商业活动较之要大得多。《长安志》说："四方珍奇，皆所积集"，《汉书·西域传》说："殊方异物，四面而至"。当时全国各地和西域各国出产的最好物品，不断地向长安汇集，而中国的出口物，则以丝绸占最重要的地位。唐长安城西面北门——开远门即是唐长安通往西亚的"丝绸之路"的起点。这些交易的商品大都并非长安城内所生产，如秦汉时长安一带虽也植桑养蚕，但以齐鲁等地所产丝织物最为著名，巴蜀地区的丝织物也很有名。至唐时，长安城内也有较大规模的手工业，如当时少府监拥有工匠一万九千人。据《新唐书·百官志》说，其所辖绫锦坊有巧儿三百六十五人，内作使绫匠八十三人，掖庭绫匠一百五十人，内作巧儿四十二人，但那主要是

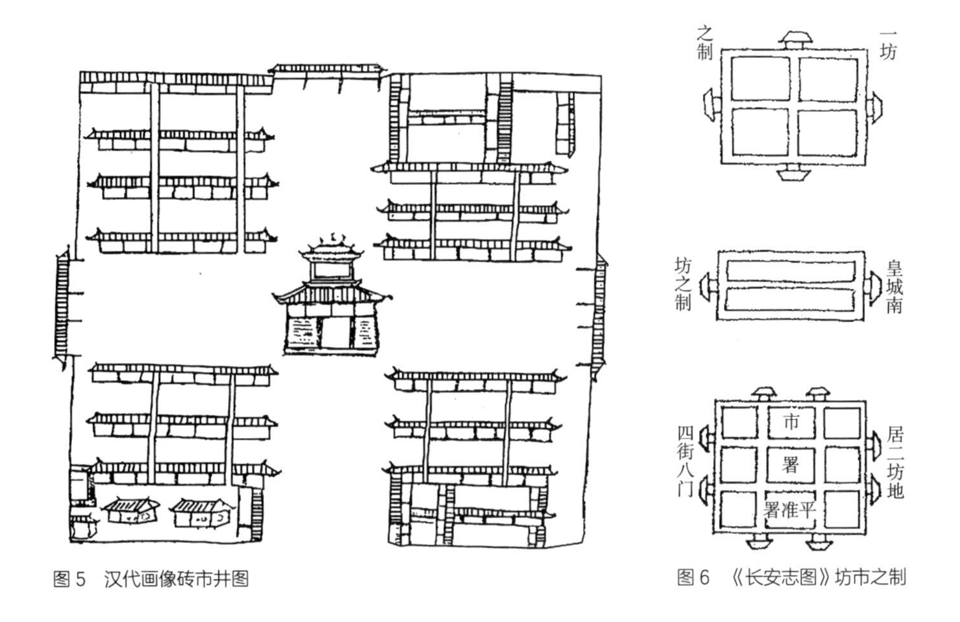

图 5　汉代画像砖市井图

图 6　《长安志图》坊市之制

皇家手工业。

唐长安城的东、西“市”，仍是那种固定的集中的商业区。不过，随着商业活动的扩大，它已不是早期的官市，而是城市公共交易的场所。《唐会要》卷八十六说：“诸州县之所不得置市。其市当以午时击鼓二百下，而众大会。日入前七刻，击钲三百下散”，这不过是一种“草市”，说明了虽然城市的商业活动是不可少的，但封建王朝仍对其采取一种限制的政策（图 5、图 6）。

唐长安城每面三门，四面十二门，乃是承袭《周礼》“旁三门”的传统数字。其实每面三门并非都是必要的。东城三门，出北门（通化门），过浐河、灞河，为通往函谷关大道；出南门（延兴门），向东南，过蓝田关和武关，可通往江南各地；南城三门，中门（明德门），正对终南山，为全城中线；出东门（启夏门），可通往樊川；西城三门中，以北门（开远门），为重要，是通往西域“丝绸之路”的起点；北城外为禁苑，故北城三门乃是虚设。

经纬交织的街道划出 108 个格，即 108 坊。这种坊，四周也围以夯土墙垣，大坊内开十字街，皇城以南四列三十六坊及小坊则仅开东西横街，街口设坊门，即“坊有墉，墉有门”。坊内住户“非三品以上及三绝者不合辄向街开门”（三绝者指三面受阻，无法向坊内开门的住户）。所以我们看长安城图，总体也好，各组成部分也好，都是些大大小小的长方形。各坊面积不一，朱雀门两侧的四列坊最小，南北为500~590米，东西为558~700米。靠顺城街的六列坊次之，南北同前者，东西为1020~1125米。皇城两侧的六列坊最大，南北为660~838米，东西为1020~1125米。

根据《两京新记》和《长安志》在记述坊内第宅、寺观分布情况时，均取十六个方位来表示其所在坊内的位置：即十字街东之北，东之南，西之北，西之南；东门之北，东门之南；西门之北，西门之南；北门之东，北门之西；南门之东，南门之西；东北隅，东南隅，西北隅，西南隅。因而推测其坊内的规划可能又划分成十六个小区，并有巷相通，即所谓“曲”。

《长安志》卷七说：“皇城之东，尽东郭东西三坊。皇城之西，尽西郭东西三坊。南北皆一十三坊，象一年有闰”。“皇城之南东西四坊，以象四时，南北九坊，取则《周礼》王城九逵之制”。“每坊但开东西二门，中有横街而已，盖以在宫城直南，不欲开北街泄气以冲城阙”，这又是一种附会“风水”的解说。其实，皇城以南诸坊面积较小，仅开东西街已能适于需要，而无须开十字街。这种坊内街道，相当于后来西安的巷道、北京的胡同，以东西向为多，因中国的地理气候，建筑以南北朝向较为有利。

长安“每载正月十四、十五、十六日三日三夜，开坊市城门燃灯”（《唐会要》），其余时日实行宵禁，定时开关坊门和城门，所谓“禁街整肃，以绝奸民”。起初由街吏旦暮传呼，后来改在大街设鼓，傍晚擂鼓八百下后关闭，清晨擂鼓三千下后开启。有诗道：“六街鼓绝行人歇，九衢茫茫空有月”（六街指向南、向东、向西通往城门的六条大街），写的是城市一天生活的结束。“鼓动六街骑马出”，又是一天生活的开始（图7）。

唐长安城的街道，据实测南北大街以中轴线的朱雀门街最宽，为150米。其东侧，依次宽为67、134、68、68米，东顺城街最窄，为25

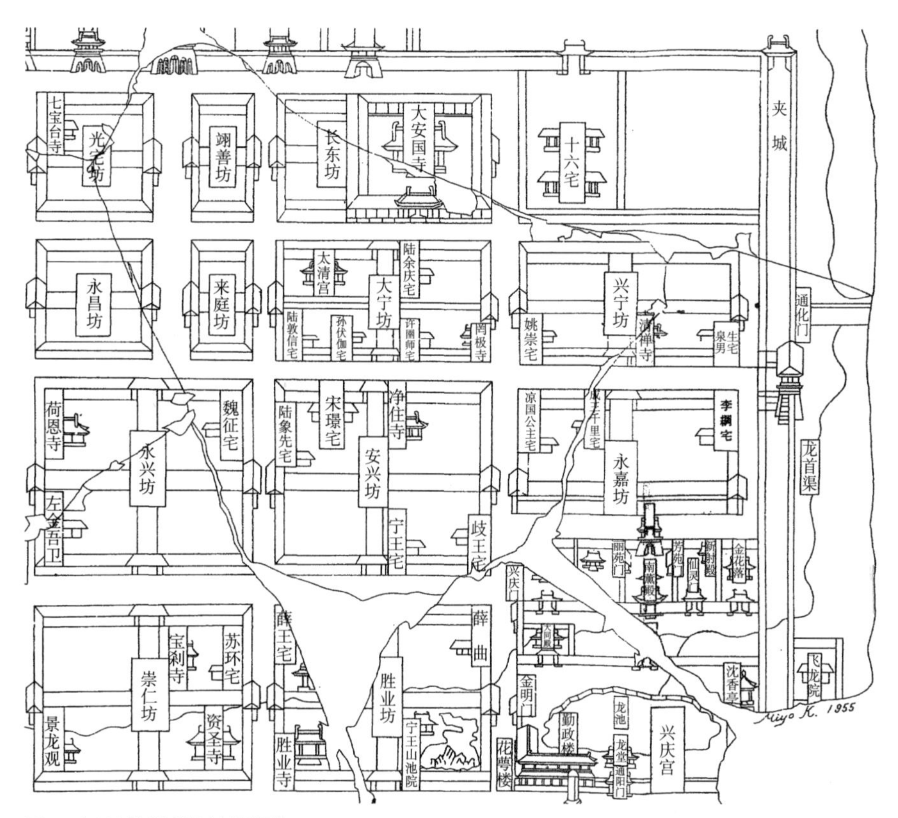

图 7　宋吕大防刻《长安城坊图》

米。其西侧，依次宽为 63、108（残宽）、63、42（残宽）米，西顺城街最窄，为 20 米。南北大街，以通向城门的为宽，其中以皇城南侧的最宽，为 120 米。它和朱雀门街（150 米）呈丁字相交，陪衬出宫城和皇城的宏大气派。顺城街因靠城墙，行人稀少，因而最窄。

长安城内，隋初即开凿龙首、清明、永安三渠，分别自城东、城南引浐水、洨水和潏水入城。三渠入口均已探明。龙首渠，南支经通化门、兴庆宫，由皇城入太极宫；北支入大明宫禁苑永安渠，经大安坊北流，自怀远坊经西市北去，经大通坊入禁苑。清明渠，经安化门，北流入安乐坊，经兴化坊北入皇城、太极宫。可以看出，开凿这些渠的目的，主要是为了解决宫苑环境的水源。

至此，笔者试图回答本文所提出的问题，即什么是唐长安城规划的主要成就，而它的局限又是什么？

隋唐长安城址选在关中中部渭河南岸龙首山南麓川原，这里地形平坦而开阔，交通便利，沿渭河南岸东出函谷关可通中原，南走秦岭子午峪可通汉水流域，西出散关可通陇西，特别是长安城周围的河流：泾、渭、浐、灞、滈、潏、沣、涝八川，不但解决了城市的地面水源，而且提供了漕运的条件。

这里尤其应该指出，古代的运输依赖于舟车。《唐会要》卷八十七载：按古代制度“凡陆行之马程，日七里。步及驴五十里，车三十里。水行之程，舟之重者，沂河日三十里，江四十里，余水四十五里。沿流之舟，河日一百五十里，江一百里，余水七十里”。可以看出，舟较之车，不但载重多，而且行程快。如开元年间“河南陕运两使每年常运一百八十万石米送京”，可见物资供给的数量之大。为此，隋唐之际“缘河皆有仓”，如河阴县的河阴仓、河清县的柏崖仓、三门东的集津仓、三门西的三门仓。唐长安时，更凿漕渠引渭入黄，江南粮米“自江淮而沂鸿沟，悉纳河阴仓，自河阴送纳含嘉仓，又递纳太原仓，自太仓浮渭，以实关中”，“三年凡运七百万石”。又“引灞、浐二水，开广运潭於望春亭之东。自华阴永丰仓以通河渭广运潭”，“分渭水入自金光门，置潭于西市之西街，以贮材木”。漕运对于古代北方城市如同南方城市一样，乃是重要的生命线。因而历代都城的规划，无不把漕运河渠视为至关城市存在与发展的问题给予极大的重视。

汉长安城周长 45 里，东汉魏晋洛阳城 30 里，明南京城 63 里，北京城 62 里，隋唐长安城周长 73.4 里，当是古代中国和世界规模最为宏大的一座城。

唐长安城以宫城和皇城居城北中央，依中轴线两侧成对称构图，以经纬交织的方格形式作均衡的布局，以及宫城、皇城、市场、里坊的明确分区，东、西市的设置和里坊的形制等都是中国古代都城规划思想的典型体现和严谨规划的典范。

所有这些都表明了唐长安城在中国城市史上无法否认的伟大成就和重要的历史地位。

唐长安城的城市计划是由“气派宏伟”的规划观念出发，对于道路、广场、建筑的配置，重要的目的在于取得一种政治性的效果，在当时条件下是成功的，当然，在现代来说，那是过时的。

然而我们认为，唐长安城的规划作为历史的事物，同样地存在着它的局限性。这里所谓的局限性，并非将它同今日的城市加以比较，不是以现代城市规划的理论来要求，那是不符合于历史唯物主义观点的，这里所谓的局限性乃是在当时即已表现出的局限性。

一、宫城和皇城南北相连，占据了城的北部中央，全城南北 8651 米，宫城和皇城南北 3335 米，即在 38.5% 的范围内完全隔绝了城市的东西交通。

二、唐长安城规划所讲求的是严格对称的平面构图，采取一种规则的方格网的规划形式，显然这种形式只有在极为平坦的地形条件下才是适宜的，而长安城址内既有六条冈坡及其相间的低地，这就给这种规划形式不免带来平面构图与竖向地形之间的矛盾。

三、古代的城市，包括唐长安城，城市的规模是由城墙圈成的范围来决定的，这是预定的框子，无可伸缩和调整，城内某些空旷地段的存在，城外离宫别苑的兴起，都证明了它与实际的发展总是存在着一定的距离。

四、集中的市场，是长安城商业区的布局形式和管理制度。许多长途贩运的行商，逐利而动，足迹遍于全国各地，首都长安是他们所必去的地方。除了东、西两市之外，长安城各坊中已有许多小商贩，手工业作坊和旅店、寄舍，如安善坊、大业坊的牛马驴市，永昌坊的茶肆、昌乐坊的梨花蜜、延寿坊的金银珠宝店、宣阳坊的丝绸染店、长兴坊的毕罗店（抓饭）、颁政坊的馄饨、长乐坊的美酒、平康坊的姜果、宣平坊的油坊、辅兴坊的胡麻饼、靖恭坊的毡曲、延寿坊的玉石雕刻、崇仁坊的乐器，等等，这种里坊商业和手工业的存在和兴起，说明了唐长安城以东、西市作为全城集中的经济活动中心，居住的里坊与商业市场绝然分区的规划制度，已经显露出不能适应当时城市商业经济的发展和市民生活的需要。

我们认为，城市较之建筑来说，它更是动态的，它总是处在变化之中，不过在古代社会，它的变化要缓慢一些，而在现代社会，它的变化要迅速得多。由此我们看待一个城市也就不能采取静止的观点，而要采取发展的观点，对于唐长安城的评价，我们既不能离开当时的历史，因而应当将它放在一个相对静止的历史阶段去看，但也要看到在当时的历史阶段已经出现的发展变化，看到它的规划是否适应了这种发展变化了的情况，从而作出较为全面的历史评价，这也是本文所采取的分析方法。

古典与现代的撞击——关于中国建筑创作思想和创作方法的反思

（1988年5月10日在陕西省文联讲习班上的讲演，载《中国建筑评析与展望》．天津科学技术出版社，1989年）

人们对于建筑的关注，不仅因为建筑同人的生活息息相关，而且由于建筑历史本身所提出的问题往往引起人们的普遍兴趣。

建筑是一种工程，也是一种艺术，作为审美对象的艺术作品。按照一般的说法，它属于五大艺术之一（诗歌、雕塑、绘画、音乐、建筑）。传统的建筑，常把建筑、雕塑和绘画融为一体。早期的雕塑、绘画，大多都是附属于建筑。所以，有人把建筑称为“艺术之母”。

然而，对于建筑艺术要下一个确切的定义却是困难的。它是一种“造型艺术”，而又不同于雕塑、绘画。建筑与音乐一样，是不创造人物、而只唤起情绪和气氛的艺术：雄伟或典雅、华丽或朴素、严肃或活泼、宁静或热烈、端庄或奇特……；建筑就其特征，属于“视觉艺术”，它以其环境、空间、造型、色调、质地、装饰等给予人某种观感。可见，人们对于建筑的理解，不仅诉之于美学，而且诉之于美感，因此，我说：它是一种既高级又通俗的艺术。至于建筑之于美学，涉及两个未必能够相通的要素：视觉的和语言的要素，对于二者的比较和关系，我还没有研究过。以历史的眼光来看，一座建筑，或一件艺术作品，都不可能存在于真空里，它是整体环境的产物。这种环境，是一种社会的和文化的体系，它与文学、音乐和其他艺术并存，涉及一个时期的科学和哲学。

以往，人们认为建筑是一种“空间”（物质构成空间），后来又认为它不仅是空间，而且是一种“环境”；现在人们则把它作为一种“文化”（物质形态的文化）。因为只有把建筑作为一种文化来考察，我们才能理解和说明建筑的一些问题。

以实践的角度而言，建筑创作是建筑师个人或其群体的规划设计成果，如同雕塑家创作一件雕塑品，画家创作一幅画。而这种规划设计同他们的知识结构（属于一定的技术体系和艺术体系），及由这种知识结构所形成的创作思想和创作方法（包括美学原则）有着直接相关的联系。在建筑创作实践中，创作思想和创作方法对于建筑师的直接和潜在的作用，已为越来越多的人们所承认，尤其近现代建筑史，可以说，它既是建筑创作实践的发展史，也是建筑创作思想和创作方法的演变史。

同样的，建筑师个人或其群体都不是孤立的。他们的创作思想和创作方法属于哪种技术和艺术体系，以及他们的作品能否被社会所承认，都存在着特定的环境条件，即历史的、社会的、文化的背景。在此，社会是个大环境，建筑界（建筑师群体）是个小环境。再是建筑师个人，个人并非完全是被动的，但建筑界和建筑师个人都受着社会的支配。

在古代，中国的地界环境是封闭型的。其北面、西面、西南面是莽莽的高原、荒漠、戈壁和草原。东面、南面是浩瀚的大海。人们要越过大漠、高原，渡过大海，那是充满艰难险阻的。古代中外文化的交流，主要是通过宗教和商业的媒介。在相当长的年代里，只有那穿过河西走廊和大戈壁的商旅驼队和佛教徒的足迹踏出一条古来东西交往的路，在中国文化发展过程中带来印度文化、波斯文化和阿拉伯文化的局部影响。

中国民族的主体是农业民族。他们安土重迁，因为土地是属于他们的，而他们也是属于土地的。中国的封建社会，统一的中央集权，统一的行政控制，内部经济商业贸易的密切交流，统一的文化和信仰，这种“大一统”的社会结构也造就了中国古代单一型的文化结构和封闭性的技术体系。

中国古代文化是植根于中国地理和社会土壤上生成的本源文化。这种根深蒂固的文化结构也造成了中国古代建筑的固有特性；独特的技术体系及其形式。从普通住宅以至帝王宫殿及人造的神佛殿堂（寺庙），均以围合式的、多层次的布局分内外；以中心、主次、方位的秩序别尊卑；以严谨对称的构图表现庄重平衡，它们均合于封建制和宗法制的"礼"。高墙深院是人们所追求的理想庇护所，它是人的社会存在和观念形态的缩影。而中国古代建筑，稳定的台基、挺拔的立柱和柔和的屋顶，则将雄伟与秀美融为一体。除了等级的限制而外，崇尚华丽是古代人的审美观。

中国的传统建筑学，不仅源于传统文化的深厚内涵，而且源于长久历史的沉积和世代经验的积累，由此形成了中国古代建筑的优点：一脉相沿的继承性，同时也形成了它的缺点，即未能广泛地吸取其他异质建筑文化的营养。中国古代建筑的灿烂文化是世所公认的，而它又深深陷入其封闭性历史环境的桎梏之中。在中国数千年的建筑历史中，传统乃是最大的推动力和束缚力，"合于传统"成为中国古代建筑创作思想和创作方法的最高原则。

在欧洲，19世纪中叶以后的西方工业社会，建筑的发展已经跨入钢铁和钢筋混凝土的时代。西方的建筑艺术开始经历一个传统与现代两种审美观的交替时期。

而迟至19世纪下半叶，由于世界资本主义各国的侵入，打开了封闭的中国大门，中国历史开始进入半殖民地半封建社会，随着传入西方的社会文化和建筑文化，譬如西方19世纪的"古典复兴"（Classic Renaissance）、"折中主义"（Eclecticism）和20世纪的"现代主义"（Modernism）的创作思想和创作方法及其作品。

"古典主义""折中主义"和"现代主义"，作为建筑界对某种历史潮流的理论及作品所给予的定义是有着特定的内容和含义的。

"古典主义"继承了起源于法国的古典主义。这是17至18世纪流行于欧洲的一种建筑风格，它是欧洲古典主义文艺思潮在建筑上的反映。在造型上效法古罗马和文艺复兴时期建筑中的"横三段"（基座、门窗或柱廊、檐部）和"纵五段"（中央突出，两旁为次体，由过渡的两个联系体与中央主体相接，呈对称布置）的构图，将古典柱式法则奉为建筑造型的典范，具有明显的学究式和程式化的倾向。例如美国国会，便是罗马复兴的典型作品。"折中主义"指的是将历史上的各种不同的建筑风格、形式（希腊、罗马、哥特、文艺复兴、巴洛克、洛可可等）拼凑在一个建筑作品上的倾向。例如巴黎歌剧院（1861~1874 年），便是折中主义的典型作品。“现代主义”则指的是 20 世纪初在欧美国家产生的“功能主义”“结构主义”等各种流派与倾向的总称。其特点是：反传统的现实主义方法，标新立异，宣扬革新，主张“自由平面”“开放布局”“流动空间”“净化空间”等。例如法国萨伏伊别墅（1928~1930 年）就是现代主义先驱者勒·柯布西耶的早期作品。而现代主义最杰出的作品无疑是摩天大楼。它们体现了一种由工业概念产生的全新的结构原则和美学原则。但在不同学派间往往存在着各执一端之弊。

“折中主义”传入中国在 19 世纪末叶，“古典复兴”始于 20 世纪初，“现代主义”约在 20 世纪 30 年代最早进入到上海、天津、广州、武汉、北京、南京等大城市。当年的上海外滩，可以说是西方各种建筑风格、建筑形式的橱窗。

它们以不同的技术和形式给中国建筑树立了对立物。近代的中国已不再是一个孤立封闭的世纪。历史时代背景的大变动，产生了外来建筑文化对于传统建筑文化的大冲击，而这种变动和冲击更具有骤然的性质。

如果说，在艺术形式（构图）上，西方古典复兴式建筑法则与中国古典建筑法式还有某种共同点，因为它们都是一种讲求平衡的艺术，而西方现代主义建筑原则与中国古典建筑法式则存在着截然的不同。但不论古典复兴、折中主义或者现代主义，对于中国传统建筑文化来说，都是前所未见的异质建筑文化。这就使中国近代建筑文化开始由单一型向多元型转变，它也改变着人们的知识结构，开拓着人们的眼界。传统建筑文化与外来建筑文化一起摆在了近代的建筑师和社会公众的面前，由你来选择。是取外来的建筑文化，或取传统的建筑文化，或取它们的混合形式，或走自己的独创道路，人们甚至来不及加以比较、鉴别、消化、吸收，而只能被动地生吞活剥地接受。“古典式”（例如上海外滩汇丰银行）、“折中式”（例如北京动物园大门）、“现代式”（例如上海大厦、上海大光明影院），“中西合璧式”（例如旧上海市政府），纷然杂陈，表现出中国近代建筑创作思想和创作方法的矛盾性和复杂性。

中国近代建筑的历史开始于沿海的城市，而它具有极大的特殊性。中国建筑的发展好比从一个时代突然被推入另一个时代，而两个时代间存在着一条截然的鸿沟。人们所熟悉的传统建筑文化似乎生命猝然完结，而被迫接受的却是全然陌生的外来东西。或许近百年的时间对于这个跳跃式的历史大转变是短促的。虽然在建筑创作上，两种异质文化的渗透和融合过程已经开始出现，但人们还不能在理论上和实践上作出明确的回答。

20 世纪 50 年代，中国历史跨入社会主义的新阶段。作为当代的中国建筑至今也有近 40 年的历史。由于人们对于历史的判断需要时间和过程，对于这段建筑历史，我们也还未能充分地认识它。

但是，任何时代建筑的发展都存在着历史的延续性，后来者总是在前人实践的基石上往前走。“历史”乃是人们获得知识的重要来源。中国近代开始接受的西方“古典复兴”“折中主义”和“现代主义”的理论和实践，以及近代建筑师试图糅合中西文化、传统和现代文化所走过的道路，都在影响着新中国建筑界和建筑师的创作思想和创作方法。尽管许多人并不自觉、也不承认。在 20 世纪 50 年代，中国建筑界还有苏联建筑理论和实践的影响，而其本质仍是古典主义的，即古典传统的继承与改造。

中国建筑的现在包含着过去，未来也将包含着现在，这就是历史。

某种创作思想和创作方法能够在历史上产生、存在和发展，都有其必然的条件和原因。古典主义和折中主义所表现的是历史传统的形式特征，它也是适于砖石结构体系的构图原则，尤以古典主义常被用来表现纪念性的主题和庄严雄伟的形象。但是面对现代的功能（各种复杂用途的建筑）和结构（钢和钢筋混凝土结构），不论是古典主义的模式，或是折中主义的方法，终于成为建筑创作的羁绊，于是产生了反传统的现代主义原则和形式，它代表着新的潮流，一时风行西方建筑界。

显然，时至 20 世纪 50 年代的新中国建筑界，既不可能接受纯粹的古典主义、折中主义和现代主义，也不可能接受纯粹的中国传统建筑法式，其主导的倾向在于寻求一种现代的民族的建筑特征。在初期，针对产生于资本主义时代的现代主义的“国际式”倾向，曾借用在文艺创作上提出的“民族形式，社会主义内容”的原则；以后又由批判“大屋顶”的仿古倾向而提出“继承与革新相结合”的创作原则；由批判片面强调“建筑的艺术性”和忽视经济的倾向提出“适用，经济，在可能条件下注意美观”的创作原则；又为防止“厚古”“崇洋”，而提出“古为今用,外为中用”的原则;而后又有关于民族形式创作中“神似”与“形似”问题的讨论，等等。

可以看出，新中国建筑界的创作理论是主张继承传统、发展传统的（当然对于大型性的和大量性的建筑是有区别的）。西方古典主义和折中主义乃是传统的沿袭，而现代主义则是反传统的。这是中国建筑界能够接受古典主义和折中主义，而在较长时间里却排斥现代主义的一个原因（此外还有“左”的泛政治倾向的原因）。中国建筑界对于西方现代主义的接受存在着一个思想理论的转变过程。

其实，在中国建筑界，许多人对于西方建筑思潮的理解往往带有一种模糊性和随意性。他们并不去深究其特定的内容、含义及其社会背景。他们所注重的是取其作品中某些可资借鉴的创作方法和形势特征，即着眼于实用的目的，所谓“拿来主义”。因而他们所接受的仅是古典主义、折中主义的某种成分，并非特定内容和含义的那种“古典主义”“折中主义”或“现代主义”。新中国建筑界所曾遵循的一系列创作原则，大多是针对一种倾向掩盖另一种倾向的情况提出的，带有一种纠偏的性质和实践性、阶段性的特点。本人以为，20 世纪 40 年的当代中国建筑不乏丰富的实践，但还缺少独立而系统的创作理论，更缺少不同学派思想的论争和作品的比较。而此种论争和比较对于建筑创作的发展却是至为需要的。

纵观 19 世纪以来中国建筑创作思想和创作方法所经历的波动、交替和反复，今天，我们已经可能站在主动的地位作出历史的反思。

20 世纪 50 年代中国建筑创作的主要倾向是古典文化的影响。重庆大会堂是仿古倾向和“大屋顶”风的产物的突出例子，北京人民大会堂是古典构图的典型表现。北京友谊宾馆则是这个时期的较好作品。20

世纪 60 年代以后，中国建筑虽然进入一个“净化”时期，造价昂贵的“大屋顶”、耗费工料的彩绘雕饰等这些直观的形式特征已经不再被当作现代建筑之体现传统文化的要素，而倾向于简洁的表现形式。但在大量作品中，对称的平面（一字、工字、王字形），“横三段”“纵三段”或“纵五段”（一高二低及联系体的体部构成），壁柱线脚，以及大台阶、大门廊、大门厅，等等，仍是相当普遍的特征，而表现出古典主义创作思想和创作方法的潜在影响。

在 20 世纪 50~60 年代，曾有少数的作品如北京和平宾馆等，采取了“现代主义”的某些原则，产生了简洁明快、适用经济的效果，却受到了当时中国建筑界和社会上许多人的非难。类似的一些作品及设计人在“文化大革命”时期不可避免地再次遭到社会的批判。只有进入 20 世纪 70 年代后期，随着中国社会和建筑界的开放，人们才真正开始从理论的深层次来了解和吸收西方现代主义的建筑文化，而寻求一种更合理的建筑形式。高层建筑无疑是最普遍地引入西方现代主义原则的领域。它极大程度地打破了东西方建筑文化的界限，在美学原则上引起建筑界和社会的关注与兴趣。当然，也有一些人则受着新奇感的驱使，而接受西方现代主义的建筑形式。一种完全不同于古典静态构图的现代动态构图正在被引入新建筑的创作领域，如“切割”（非平衡的，大起大落的体部构成）、“颠倒”（非稳定的，轻重、小大、虚实的倒置）、“反差”（非和谐的，轻重、大小、虚实、色调的强烈对比）、“错位”（非韵律的，轻重、大小、左右的错位）。在西方，例如早期的萨伏伊别墅（1928~1930 年）、到 20 世纪 50 年代的朗香教堂（1950~1954 年）、纽约的古根海姆博物馆（1957~1959 年），到 20 世纪 60 年代的东京国际体育馆（1964 年）、20 世纪 70 年代的悉尼歌剧院（1972 年）所表现出的对于古典艺术法则的逆反。在中国，它们也已在一些公共性的，尤其是商业性的建筑中出现，以其引人的崭新面目站在人们的面前，争取社会的承认。

今日中国的建筑界，已处于古典建筑文化与现代建筑文化两种创作思想和创作方法交叉、撞击的时代。它们之间有对抗，也有调和。如果说，以往时期，创作思想和创作方法所反映的古典建筑文化为主要影响的特征，那么，20 世纪 80 年代的中国建筑，反映的则是试图以现代建筑文化为主体，糅和不同建筑文化于一体的特征。人们采取的已是一种开放的、多元结构的观念和方法。他们站在不同层次上开始摆脱古典主义影响所造成的拘谨，超国度地贯通中西建筑文化的境界，去寻求传统与现代的契合点，而熔铸出新的形式。这种形式可能带有一点朦胧的民族色彩，但并不那么清晰、那么浓烈，其主要的特征则是现代性的。但它还不是西方建筑界所曾提出的现代与传统的决裂。

在现代与古典的撞击中，同时，也产生了对于传统建筑文化的反思。如果说，在 20 世纪 50 年代，人们对于中国传统建筑文化的理解尚停留在浅层，他们还不大注意去探求传统建筑文化的现代价值和真谛所在。在今天，传统建筑文化正在被人们重新加以研究，加以认识，加以应用。譬如：中国传统建筑空间的构成，以现代建筑学的观点，这种围合式、内向性、多层次性、主次方位分明的庭院组合形式，产生了丰富、宁静、安定、自在的空间感；特别是绿化庭院与建筑的结合，使人与环境的关系更为的亲切，也更为的融洽。喜好和擅长于布局，实在是中国人的建筑才能。中国传统建筑，不论其如何的雄伟，它都是由小建筑、小空间、小体积、小尺度集合而成的，一切经过处理，经过划分。在中国传统建筑里，没有巨大的东西，也没有沉重的东西，没有压倒一切的体积，它不是站在人面前的“巨妖”，而是平常的“人”。还有，中国的庭园和园林，作为人们生活环境的一个重要补充，它融汇着天然的造化与人工的创造，在有限的空间中凝聚大自然的美，尽可能地扩大建筑的时空感。通过曲折变幻来延长时间和扩大空间。这种写意性的创作方法所产生的意境，较之天然形态美更精练，内涵更丰富，更具有典型性。而庭院（山池、花木）与建筑的结合，则使建筑的环境极富于生活气息和人情味。中国人对于建筑、极注重环境的选择。建筑既选择着环境，环境也选择着建筑，在传统建筑中，不仅优美的建筑随处可见，而且建筑与环境存在着极其和谐的关系，等等，它们已经受到人们的关注。现在，“空间”和“环境”开始成为建筑创作的真正主题。

可以寄望，丰富多彩、充满个性的作品将在传统与现代、中国与外来建筑文化的交叉、撞击中，在开放、活脱的创作环境中产生，它象征着建筑创作新时期的到来。诚然，历史将在无数的作品中作着筛选。将表现肤浅特征的作品连同那些肤浅的特征一同淘汰，留下的是那些被一代人认为有生命力的东西。

如果我们要问，中国现在和未来的建筑发展道路，那么，可以说，中国建筑的历史已不再是单一型、封闭性的时代，而是多元型、开放性的时代。它将是一条由传统建筑文化与现代建筑文化、中国建筑文化与外来建筑文化，多源汇流而成的河。未来的中国建筑将首先是世界的，同时也是民族的或地方的。这就是我所想说的一句结语。

西安的古塔

（载（香港）《建筑与城市》杂志，1989年）

在西安这座历史文化名城中，到处屹立着一座座美丽的古代建筑，它们是西安古老历史的标记，也是灿烂光辉之中国古代文明在这里留下的遗迹。而在这些古代建筑中，寿命最长、给人最深印象的是“塔”，高耸的塔。

“塔”是佛教建筑的一种重要类型，它起源于印度的“窣堵坡”，为梵文 Stūpa 和巴利文 Thūpa 的音译，原为佛教的墓塔，当它与中国传统的建筑形式相结合，便产生了多层楼阁式和密檐式的中国塔。中国塔作为奉藏“舍利”和经像所在，大多可以登临，它反映了印度佛教建筑的中国化和世俗化。中国塔堪称古代的高层建筑，不论在建造技术上，还是造型艺术上都是古代建筑中杰出的作品，至今受到人们的赞美和佛教徒的敬仰，并且成为一城一地的重要标志和显著景观。

佛教之传入中国，约在西汉末，始盛于东晋，隋唐是佛教的极盛时期。唐时长安城内著名的大雁塔、小雁塔，在西安迄今犹存；还有城南少陵原、神木原上的兴教寺玄奘法师塔和香积寺善导法师塔，今日都仍是佛教活动和游览的圣地。在唐长安乐游原上青龙寺内原也建有塔，虽早已倾圮，今也尚存基址。此外，在今西安城内还有南门东北隅的宝庆寺塔、韩森寨附近的万寿寺塔，不过年代稍晚，规模也较小。

大雁塔，位于今西安城南 4 公里慈恩寺内，原在长安城进昌坊。塔址地势高兀，为长安城东西横亘的六岗之一。慈恩寺为佛教相宗寺院，唐太宗贞观二十二年（648 年）、唐高宗为太子时建，盛时有十余院，房屋一千八百九十七间。大雁塔原在慈恩寺西院，为唐朝高僧玄奘创建于唐高宗永徽三年（652 年），用以奉藏其由印度带回的佛经。塔初建时为五层，至武则天长安年间（701~704年）因倒塌而重加修建，高十层，后遭兵火破坏，剩下七层，唐长兴年间（930~933年）曾加修缮而留存至今（图1）。

大雁塔为方形、七层，经实测塔身及塔顶总高度59.05米，包括基座总高为63.25米；底层东西长、北边25.48米，南边25.55米；南北长25.35米。

塔身为砖砌单壁中空，内设木梯可上至顶层；逐层收减高宽，塔壁略有收分（各层层高：底层10.36米、二层7.37米、三层7.15米、四层6.65米、五层6.7米、六层6.4米、七层5.2米）；壁面隐出立柱开间（一、二层九间，三、四层七间，五、六、七层五间），柱间作阑额，柱头施大斗；各层叠涩出檐，檐下砌作菱角牙子，细部具有仿木构特征；风格简洁古朴，为唐代楼阁式塔的典型。

今登塔凭栏远眺，西安城南四周景色尽收眼底。在唐时春秋时节，长安市民有登塔习俗，科举中榜进士更有“雁塔题名”的风尚，千年来留下许多逸事佳话。

唐天宝十一年（572年），著名诗人杜甫、岑参等人曾同登大雁塔，岑参写有五言律诗：“塔势如涌出，孤高耸天宫。登临出世界，蹬道盘虚空。突兀压神州，峥嵘如鬼工。四角碍白日，七层摩苍穹。下窥指高鸟，俯听闻惊风。”为唐代诗人题咏大雁塔的名篇。

据1963年10月25日西安市城建局测量队观测报告，大雁塔现状略有倾斜，偏斜方向为偏西北8°25′16″，偏斜尺寸为偏西70.25厘米，偏北10.4厘米，斜距71厘米。大雁塔倾斜问题已引起有关部门重视，列为文物保护研究项目之一。

塔底层四面券门有青石做成门楣、门框和门墩，其中西门门楣雕刻佛殿图，表现一座殿堂建筑，面阔五间，当心间特大，次、稍间等宽；单檐四阿顶施鸱尾；柱间作双额（阑额、由额），柱础为莲花覆盆，柱头斗栱为栌斗出双杪（华栱），头跳偷心（无瓜子栱），二跳头令栱上承压槽方；补间柱头方下作人字栱，上作斗子蜀柱；转角重栱偷心造；殿基正面设东、西阶，两侧有廊道与殿基成慢道相接。佛殿图是了解唐代建

图1　大雁塔

图2　小雁塔

筑形制的形象资料。

现存慈恩寺山门、钟鼓亭、佛殿建筑均为清代所建，塔院处在殿后也是后期寺院的布局形式。

大雁塔东南，便是唐时有名的曲江自然风景区和芙蓉苑皇家园林所在地，历史和现状环境均较开阔，今日正规划建设成为以名胜古迹为中心的游览区。

小雁塔，在今西安南门外3里荐福寺内，原在唐长安城安仁坊。寺建于武则天光宅元年（684年），塔建于唐中宗景龙年间（707~709年）（图2）。

塔，砖砌，原为十五层，平面呈方形，底边长11.38米。明宪宗成化二十三年（1487年），长安地震，塔自顶而下中裂；嘉靖三十四年（1556年）地震震塌二层，现存十三层，残高43.3米。

塔身底层特高，以上各层骤然减低，宽亦收小，轮廓呈弧形，每层叠涩出檐，内颇呈弧面；结构也为单壁中空，置木梯可至顶部，各层南北辟券门，壁面不出立柱、阑额，仅在叠涩砖檐下作菱角牙子，檐上砌作低矮平座。小雁塔造型挺秀柔美，风格简洁古朴，为唐代密檐式塔的典型。

今年在寺内出土宋徽宗政和六年（1116 年）《大荐福寺重修塔记》碑，记载小雁塔在当时仍仅“檐角坠毁”，塔基、塔身和塔顶均尚完好。

1980 年出土明正统十四年（1449 年）碑刻“寺塔图”，塔有塔刹，由宝瓶、相轮和宝珠组成，也可能是保留唐时塔刹形制，或可供复原参考。碑刻上的小雁塔塔身，呈上下小中间大的梭形。从现存小雁塔底层南北券门处，可看到后代包砌加厚的痕迹，图碑所刻梭形塔身也可能正是小雁塔本来的形象，姑且记录于此以存疑。

现存荐福寺殿堂等建筑，均为清代以来重修，但大体仍保持明正统年间碑刻所示的基本格局。荐福寺现状因受城市环境所限，未能自南面山门入寺，而将入口设在背面，在游览路线和顺序上是一大缺欠。

大、小雁塔风格相异，交相辉映，可以想象在唐时，两塔均在城内，高耸于一片低平坊墙院落之上，遥遥相对，给长安城增添无限景色。

香积寺塔，在今西安市长安县神禾原上，距西安城 17.5 公里。香积寺为佛教净土宗发源地，创建于唐中宗神龙二年（706 年），寺院早已倾圮，现仅存善导塔。善导和尚死于唐高宗开耀元年（681 年），后移葬于香积寺，建塔以示纪念（图 3）。

寺塔位于潏河与滈水汇流处，今自南北望，田野、清流围绕着高阜，其上矗立着寺塔，故事的天然形胜仍然可以想见。

唐朝著名诗人王维曾游此寺，作有《过香积寺》五言律诗：“不知香积寺，数里入云峰。古木无人径，深山何处钟。泉声咽危石，日色冷青松。薄暮空潭曲，安禅制毒龙。”描写了香积寺所处山林幽邃、古木苍郁、古刹深藏的清静环境。但当年山林现为田畴，加之受周围条件所限而由后侧入寺，未能再现历史环境。

塔平面方形，底层边长 9.5 米，原为十三层，现存十层，残高 33 米余；塔身逐层收减高宽，至第十层边长 5.1 米；结构也为砖砌单壁中空，置木梯可至顶部；每层四面辟券门，叠涩出檐，下砌作菱角牙子；塔壁隐出立柱三间，柱间作阑额、槏柱、直棂窗，柱头和补间均置栌斗承枋，

图 3　香积寺塔

图 4　兴教寺玄奘塔

细部具有仿木构的特征。香积寺塔造型稳重，但风格较为细腻，其形制属于楼阁式塔。

兴教寺玄奘塔，在西安城南 20 公里。长安县少陵原畔兴教寺内，为唐朝高僧玄奘墓塔。玄奘死于唐高宗麟德元年（664 年），原葬在西安东郊白鹿原，总章二年（669 年）移葬少陵原，建塔同时建寺，因唐睿宗题寺额“兴教”二字，故名兴教寺。这里地处樊川盆地，清流沃壤，池塘河渠相望，桃李稻穗交织，自然风景十分优美（图 4）。

在唐时，樊川为达官贵族庄园别墅群集之地，佛寺也很多，著名的有樊川八大寺。

塔现处兴教寺西院，平面方形，五层、高约 21 米，底层较高，有方形龛室，以上为实心建筑；塔身逐层收减高宽，塔壁略有收分，二层以上壁面隐出立柱三间及阑额、普拍方，柱头作栌斗出耍头，泥道栱上承柱头方，如宋代《营造法式》所谓“把头绞项造”，无补间铺作；各层叠涩出檐，下砌菱角牙子，细部具有仿木构特征；塔刹为宝瓶、葫芦顶。玄奘塔为全国现存年代最早的唐代楼阁式塔，在建筑历史上具有重要价值。

西安唐塔，平面均为方形，形制为楼阁式和密檐式，其结构属于单壁中空筒形，塔身均有收分，造型稳定而挺拔，细部具有仿木构特征，风格简洁古朴，乃是中国古塔中年代较早的杰出作品，是中国古代建筑的宝贵遗产。

西安古塔，同其他重要的古建筑，如年代较晚的明代钟、鼓楼等一样，作为古老历史文化的遗迹，是构成现代西安城市环境的一个要素，也是西安古城的重要标记。我们应当将它们组织到城市的总体环境中去，而古建筑本身也要求有一个适合于它们存在的环境。这是今天西安城市规划与建设的课题之一，有待我们去探讨，去实践。

关于城市风貌问题的一点思考

（1989 年 3 月，在“传统建筑园林研究会历史文化名城建设学会研讨会”上的发言）

在历史文化名城规划中，许多古老的城市都提出“保持古都风貌”，并且把“在保持古都风貌的基础上建设现代化城市”作为城市总体规划的“指导思想”。可见，在这些城市的规划建设中，是把“风貌”问题看作是一个关系重大的问题。风貌就是特色。一座具有独特风貌的城市，是它的优势所在，应当把它保护和建设好。对于城市历史风貌的保存问题，我觉得这次讨论会提出的“城市风貌的继承与发展”这个提法比较好。它把城市风貌看作是动态的、变化的，而不是凝固的、静止的事物，并且指出保护与发展两者的关系。

每个城市都有自身的历史，也就是形成、发展的过程。历史是一个发展的概念。城市风貌是一种历史的现象，它伴随着城市的历史进程而变化，同时在它的变化过程中也有相对稳定的时期，即有某个历史时期的风貌特征。

一个古老的城市，今日所见的风貌都是在长久历史中累积形成的，其中包含有古代的成分，也有近代的、现代的成分。新旧并存，古今混合，本身就是历史。它或多或少地保存着城市历史中不同时期的文化信息，不过有的时期多些、强些，有的时期少些、弱些，这也反映了一个城市历史的盛衰和历史的沧桑。而每一个历史文化名城都曾有它的辉煌的过去，它的辉煌既留在了历史的记载中，也留下了实物的见证。但今天所见的乃是历史发展至当今所形成的风貌，这就是“古城今貌”。城市继续往前发展，必然还要经历不断地新陈代谢、更新改造，这就给城市历史风貌的保存带来了很大的复杂性。

譬如西安，尽管古代历史留下的文化信息比较多、比较强，但作为一个城市的风貌，它已经不可能回到历史的那个时代去，就像有人主张把西安重建成一座“唐风”城市，那只是不实际的主观想法。有的古老城市，如洛阳、开封，虽然也是古都，但古代留下的文化信息已经不多，它们甚至只能充当历史“标记”的作用。

任何一个时代都不可能把历史城市当作“文物”、当作“博物馆”来保存。任何城市在其发展过程中都只能部分地保存历史。这种保存就是继承，不断地继承，又不断地发展。城市风貌的继承或保存，就是把城市当作历史来看待，有意识地保存历史上各个时期的文化信息（不只是某个特定时期的文化信息），使人们感受到这个城市历史的延续，其目的是保存这个城市历史中不同时代的优秀遗产，使这个城市的文化内涵更丰富、环境更美好、城市更有特色。

一个城市中有没有具有总体性的、永久价值的，应该永远地加以保存的历史风貌呢？有。譬如苏州，“水乡城市”的特色就是一个例子。苏州无论如何发展，水乡城市的特色，过去没有丢掉，现在和将来也是不能丢掉的。一个城市的风貌特征，应该从地理和历史两方面去考察，问题才能看得比较清楚。

西安城市规划中提出“保护明城的完整格局，显示唐城的宏大规模，保护周、秦、汉代的伟大遗迹”。我觉得，对于城市中一个一个的历史遗迹的保存是容易认识，也是不难做到的。而风貌保存的重要问题在于找到一个城市自身发展中的特色和它的继承点。显然，西安的城市风貌，应该包含西安的地理特征和历史特征。在地理上，西安是黄土高原中关中平原上的一座城市；在历史上，它是由古代政治中心发展过来的一座现代工业的大城市，一座历史悠久的城市。西安的风貌特色在于它是一座历史文化丰富的城市，一座布局规整而宏伟的城市，一座古老而现代的城市，一座黄土高原的城市。

我们要把那些仍然存在的优秀历史遗产作为城市信息和标记加以保存，把已经不存在的而在历史上极有意义的东西加以恢复，同时把保存的东西和恢复的东西与现代的时空相连接，这就是规划所要做的工作。历史的东西，它既是过去的时空，有过去的意义；而它既然存在了下来，也是现实的时空，有现实的意义。当它进入了现实世界中担当角色，也就是获得新的价值、新的生命。但今天城市的发展，并不是在历史、甚至古代历史的框架中去填写现代的内容。我们可以唤醒历史，但不能用历史来框住现在和将来。问题的矛盾实质就在于此。

此外，在讨论城市风貌问题时，我们常常忽略一个具有长远影响和长久价值的因素，那就是城市的自然环境、地域环境。一个城市的风貌，不只是由建筑与规划的因素，而且是由自然的因素造成。山、水、林相，所谓“风土”，乃是造成城市风貌、乡土特征的重要因素。譬如：没有钱塘江和西湖就不是杭州，没有大运河和小河流水就不是苏州，没有长江、嘉陵江和山地就不是重庆。西安历史上有“八水”，有曲江池。西安本来可以成为一个不仅是“坦坦荡荡”“宏伟气派”，而且是环境优美、具有自身的自然风貌的城市。可是现在这“八水”、这“曲江池”的面貌如何呢？它们有的早在地面上消失、有的已经干涸、有的污染严重、有的因乱占乱建而满目创伤，却很少有人去关心它。人们往往较多地注重实体的东西，较少地注意城市环境质量，更少地关怀自然、关怀城市所在的这片土地——山、水、林相的变迁。对于现代文明（或不文明行为）对它的地域环境的盲目的伤害，对于人为的失控、失序，常常感到无能为力。这是城市风貌继承与发展中被冷落、被忽视的东西。它归根结底造成了城市风貌的严重缺陷和难堪的创伤。

中国古代建筑的木结构体系

（载《第三届国际中国科学史讨论会论文集》，科学出版社，1990年）

在包罗万象的科学技术史中，建筑史是一门重要的学科。

在建筑历史的创始时期，世界上不同的地区、不同的民族，都在自身自然的、社会的土壤上萌生了依附于当地条件的建筑技术。世界古代建筑的发展，乃是多体系并存的历史。中国建筑就是一个源远流长的体系。它在艺术上和技术上，都迥然不同于古希腊、古罗马建筑或古巴比伦建筑发源的体系。中国古代建筑的影响所及，包括邻近的日本等国家，成为东方建筑的一个代表。

中国建筑的渊源，依据迄今考古的发现，可以追溯到新石器时期，例如黄河流域的陕西西安半坡、长江流域的浙江余姚河姆渡的建筑（距今约六七千年），它们都是木构架的结构。（约公元前16世纪～公元前15世纪）河南偃师二里头的商代早期宫室，已将这种木构架结构发展到相当的规模。（约公元前5世纪～公元前10世纪）在陕西岐山的西周早期建筑中，木柱、土填充墙和陶瓦顶开始取代原始时期的木骨泥墙和草泥顶，标志着木构架建筑的成形。战国时期（公元前5世纪～公元前3世纪）更烧制了砖。在东汉（1世纪～3世纪）同时出现了砖拱结构和石梁柱结构的建筑。由东汉至南北朝（1世纪～6世纪），进一步发展了木结构和砖结构的多层建筑——楼阁和塔。至此，中国古代建筑的发展奠立了全面的技术基础。从新石器时代晚期中国古代建筑的发源，至19世纪后半期中国近代建筑的产生，中国古代建筑体系的形成和发展经历了五六千年的悠久历史。

如同中国建筑初期的历史一样，世界各地区的早期建筑，也大都是土木结构的，因为这种结构材料生长于大自然之中，取材和加工技术都较简单。但它随之便由木结构转向更坚固而耐久的砖石结构：木梁柱逐步为石梁柱所代替，土墙、土坯拱逐步为砖石墙、砖石拱所代替。在后来的发展中，土木结构往往仅保留于民间建筑中，重要的建筑则都是砖石结构，而不是土木结构。

但是，中国建筑却不然。砖石结构作为一种结构方式，在中国古代主要应用于：如高耸的塔、水中的桥、地下的墓室，以及城防建筑等。在古代社会，作为皇权、神权象征的高级建筑，如宫毁、庙宇，以及作为人们基本生活需要的大量住宅建筑，却都不采用砖石结构，而采用木结构，这是中国古代建筑史的一个特殊的现象。建筑历史是一条长河，有主流和支流。中国古代建筑体系，一直是沿着以木结构为主流的道路发展的。

因为，在中国的广大地区是缺少石材的，大量地烧砖，在古代也不是一件容易的事。迄至明清时期，修筑都城、省城的城墙用砖仍大多采取向各地摊派的办法来取得，而木材的来源相对地却较为丰富。在长久历史中形成的中国建筑的技术传统，木梁柱结构是优越于砖石拱结构的。这种结构的特点，如俗语所说："墙倒屋不塌"，它的空间是灵活、开朗的，形式是轻巧、精致的，同时施工简便，建造速度较快。譬如欧洲古代砖石结构的大建筑常常经历十几年甚至几十年才建成，而中国古代木结构的大建筑一般只要几年甚至更短的时间，它尤其适应了改朝换代战争后大规模重建的需要。

中国古代砖石拱结构，自汉代创始之后，也有极少数的例子，如河北赵县石桥（6、7 世纪隋代建筑），单拱跨度达到 37 米以上，但砖石拱在建筑上并没有得到普遍的、充分的发展。现存古代建筑中的砖石拱，最大跨度仅在 12 米左右，它所创造的空间，同古罗马的万神庙、中世纪的哥特教堂、文艺复兴时期的圣彼得教堂都不可比，而木梁的跨度，也受着天然木材本身有效长度和断面的限制。

显然，作为结构技术所要解决的空间跨度的要求，在中国古代建筑中是受到局限的。因而它不仅通过结构单元的拼连组合，并且以院落的布局来解决建筑空间的需要，来弥补结构跨度的局限，这是中国建筑的一个重要的特点。北京“四合院”住宅和皇宫就是运用这个方法构成的建筑与庭院相结合的范例。

由于木结构容易遭受自然因素和社会因素的破坏，致使中国古代许多著名的伟大建筑未能保存下来。现存最早的中国木结构建筑的完整实物，仅有建于公元 782 年山西五台的唐代南禅寺正殿和 857 年的佛光寺大殿，它们都不过是当时单层的、中小规模的建筑。现存最早的高层木结构建筑，则有建于公元 1056 年山西应县的辽代佛宫寺塔（应县木塔）。中国古代建筑的实践是那样的丰富，地域是那样的广阔，可是流传下来的建筑技术著作却也寥若晨星。仅知的春秋战国《考工记》、北宋喻皓《木经》仅存片断记述，李诫《营造法式》，明代《鲁班经》(《鲁班营造正式》)，清代《工程做法则例》《营造法原》等，它们仅能在一定程度上反映出包括官府建筑业和民间建筑业在内的木结构建筑技术的成就和发展过程。

中国古代建筑的木梁柱结构，它的基础除采用独立的柱基础外，主要采用的是一种筏式的浅基。在早期，它多由素土夯实而成，柱子直接立于夯土台上，而后发展为由素土、灰主或瓦碴三合土等夯实而成，柱则立于基础下面的石墩上。大面积、成片夯筑的浅基，在中国的历史极其久远。它最早见于 3500 多年前的河南偃师二里头商代早期建筑遗址，说明由于木结构的自重较轻，古代工匠们看到了素土、灰土和三合土在物理作用下对于提高基础承载力的可靠性，看到了基础的均衡对于保证结构安全的重要性。这种夯筑而成的筏式浅基，尤其在黄河流域的广大地区沿用至今。

中国古代建筑的木梁柱结构，主要有所谓“抬梁式”和“穿斗式”。抬梁式应用立柱和横梁，穿斗式以柱与“穿”构成排架，排架之间再用枋、檩联系成为立体空间构架，还有一种悬臂的小构件——“栱”，起着如同欧洲砖石建筑中“牛腿”、托檐石的作用，其结构构造则采用榫卯相接。它们在力学上是属于韧性的材料，简支的构件，矩形的构架和柔性的节点。其整体结构除了榫卯本身的拉结作用外，主要依靠柱的“侧脚”（向心倾斜）对节点造成的挤压力，使榫卯不至于开脱（拨榫），而达到结构的稳

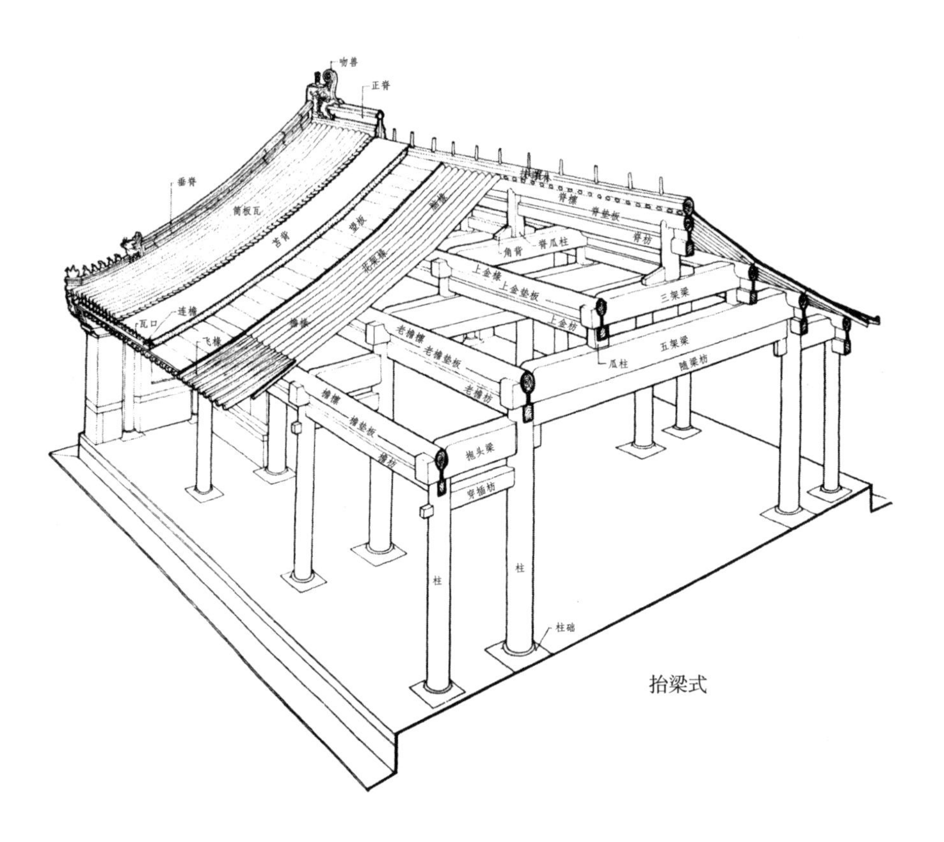

抬梁式

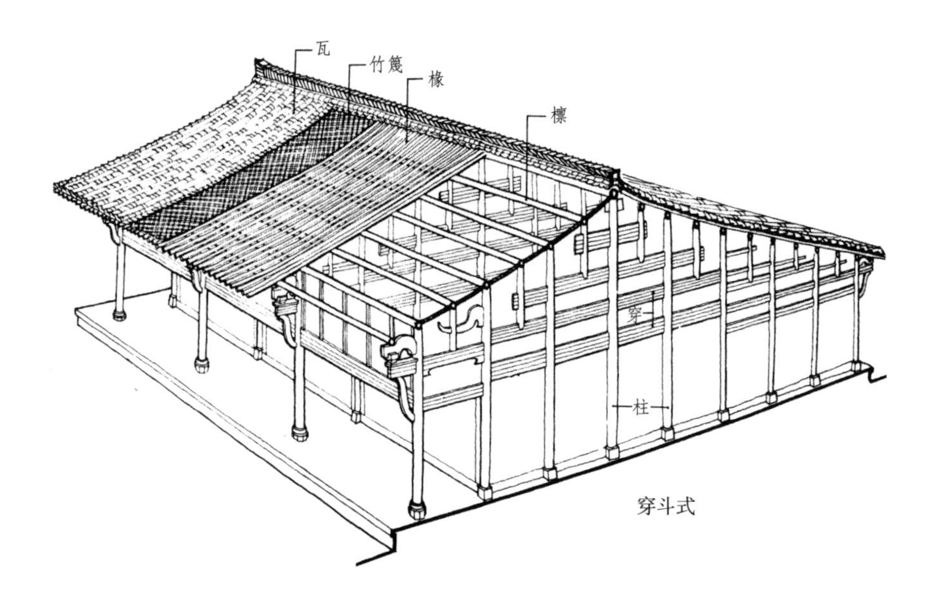

穿斗式

图 1　中国建筑的木构架

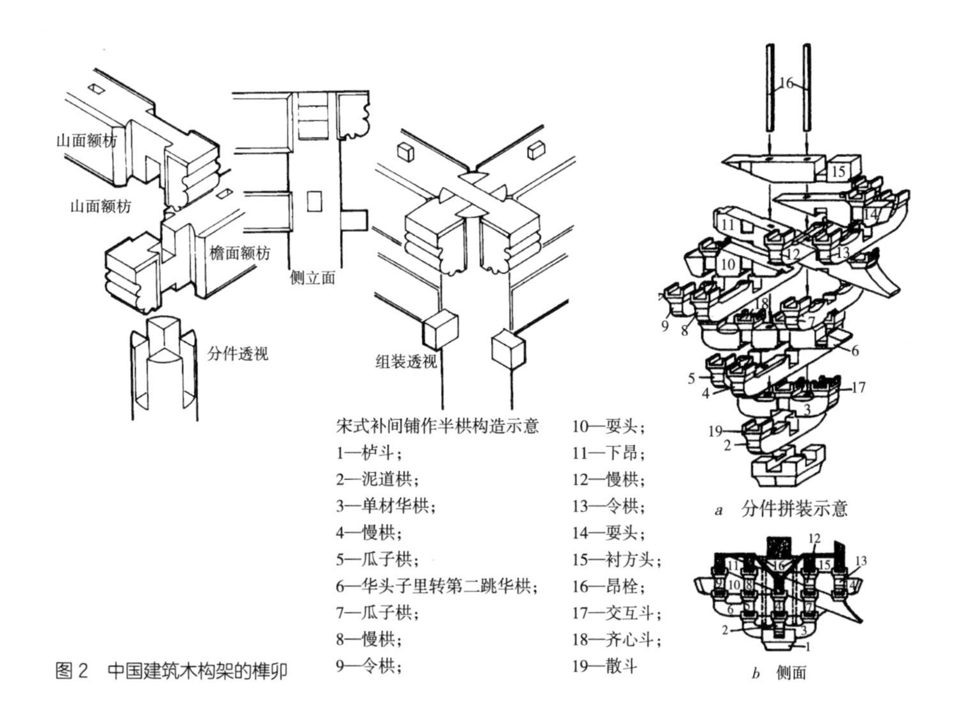

图 2 中国建筑木构架的榫卯

固。中国建筑的斜向构件——“叉手”、斜撑虽应用很早，但没有发展成为三角的桁架（图 1、图 2）。

无疑地，这种结构和节点在力的作用下有着一定的变形余地。在施工过程中，我们常常会发现，当屋顶重量加上之前，它甚至是晃动的，而当屋顶重量加上之后才趋于稳固。然而，正因如此，它也就可能在一定程度上抵消风力和地震力的破坏。

这种结构和节点，也适用于分件制作、现场拼装的装配式施工。中国古代一座木结构的大建筑，尽管有成千上万大大小小的构件，包括它们的榫卯，都可以预先分件制作，然后在现场逐件拼装，它反映出古代装配式结构技术所达到的成就，从而保证了施工的速度。由于木头本身的自重较轻，又没有复合的构架需要整体吊装，这些单一的构件，只要凭着人力就可以进行施工。这种装配式结构对于局部维修也十分简便，可以抽梁换柱，而不致“牵一发而动全身”，甚至可以拆迁重建。

分件制作，现场拼装的装配式施工，关键在于构件的分件制作。这就要求有一套通行的标准做法和简便的计算方法。它就是宋代《营造法式》和清代《工程做法则例》总结、反映的中国古代建筑的规范化和模数化。在民间，则有由师承和行帮形成的经久沿习的做法，它们多以口诀的形式薪火相传。

按照《营造法式》(简称《法式》)和《工程做法则例》(简称《则例》)的规定，整座建筑从整体到细部都有一些定型的做法，若干标准的地盘图（平面）和侧样（剖面），并且所有构件和各部尺寸，都以一种最小的构件——“栱”的高（在《法式》中称为“材”）或宽（在《则例》中称为“斗口”）或以柱径为单位推算而出，即将所有构件尺寸定为它的一定的倍数值，如清式柱径为 6 斗口，柱高为 60 斗口。这是最小的标准单位，又根据建筑的不同性质和规模定出不同的等级以供选择，如《营造法式》材分八等，《工程做法则例》斗口分十一等。它不但相当完备，而且，可以说，中国古代建筑的规范化和模数化乃是古代工匠自觉的创造，这也是这种建筑体系成熟的重要标志（图 3、图 4）。

《营造法式》编撰于公元 1086~1125 年。《工程做法则例》刊行于公元 1734 年，两部著作都由官方颁行，它反映了封建王朝大规模建造时期对于工程管理、对于在营建中制定建筑标准、控制工料定额的需要，因而造成了设计、备料、施工的极大方便，适应了大规模建造活动对于经济和速度的要求。

《法式》和《则例》也反映了古代工匠实践经验的总结。其中有许多规定是符合科学原理的，譬如《法式》将各种部位的梁断面比例一致定为 3 ∶ 2，这就使工匠在制作中对于不同大小的梁只需要按比例放大，从而简化了施工计算。并且，这个比例也是一种抗弯能力较强，而又不失去稳定的合理比例。在古代，对于结构构件还不可能达到科学分析和设计计算水平，但它说明了工匠们对于结构的受力状况，从直观的经验中所获得的力学知识。

木结构技术，在中国古代得到了充分的、高度的发展，它的成就还表现在为数众多的楼阁建筑上。这种多层建筑的技术，重要的在于各个楼层的柱及其整体结构的方法。柱有“通柱”“叉柱”和“缠柱”法，整体结构有中心柱和筒型结构。

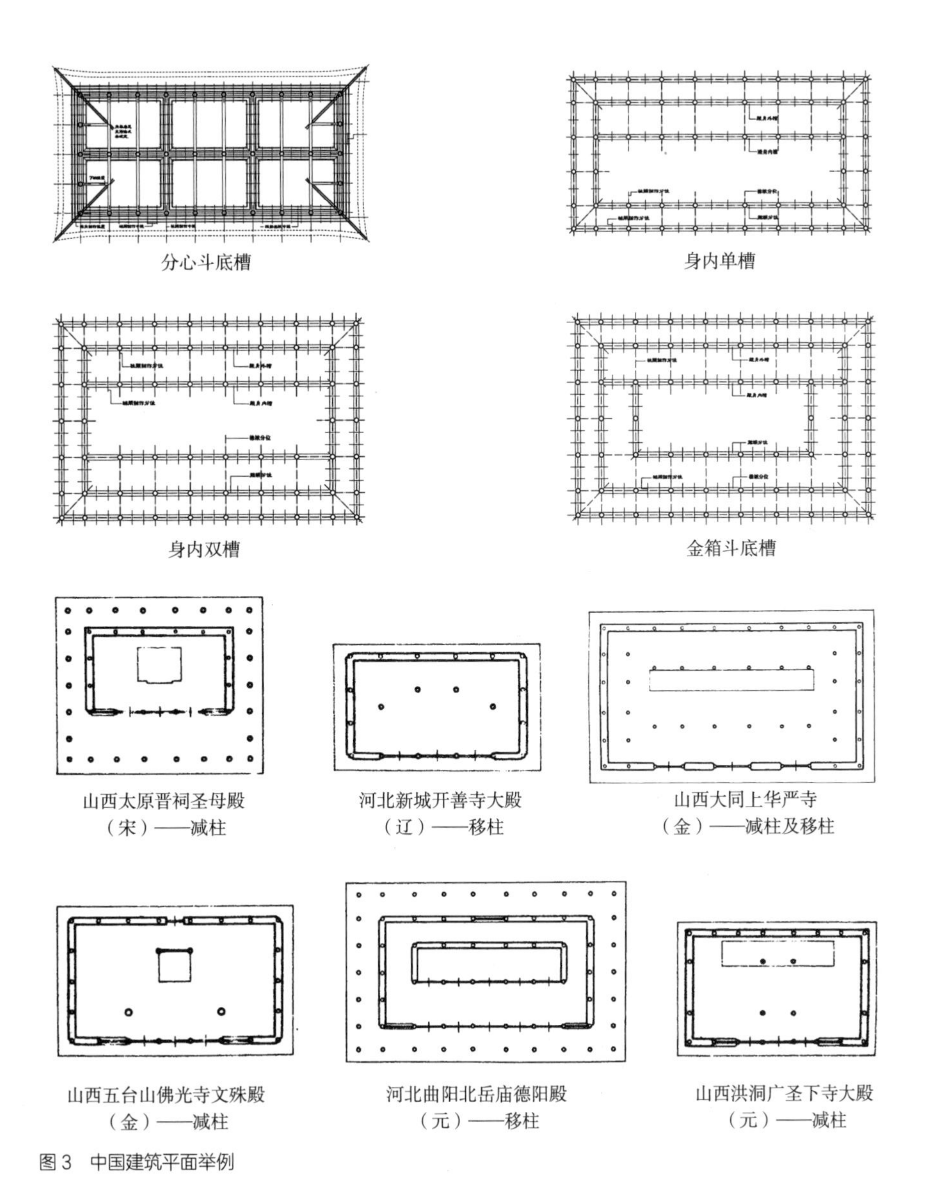

图 3　中国建筑平面举例

通柱就是自地至顶通高的结构柱，这是比较简单的做法；叉柱，即各层柱是分段的，而上层柱的柱脚插在下层柱的柱头之上；缠柱，各层柱也是分段的，但上层柱的柱脚立在下层柱间的梁（柱脚枋）上。

中心柱结构，就是在塔身的中心立一根自地至顶通高的柱。塔身的外圈结构柱则用梁枋与中心柱拉结起来，构成一种空间的结构体系，这是早期的做法；筒型结构，即塔身有内外两圈结构柱，中空成筒状，内

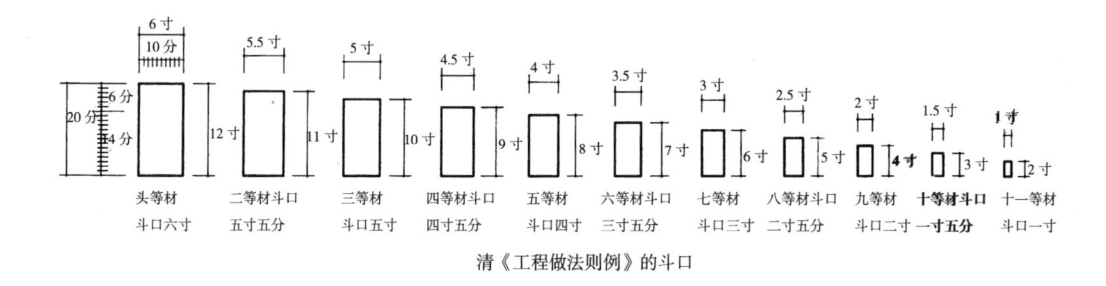

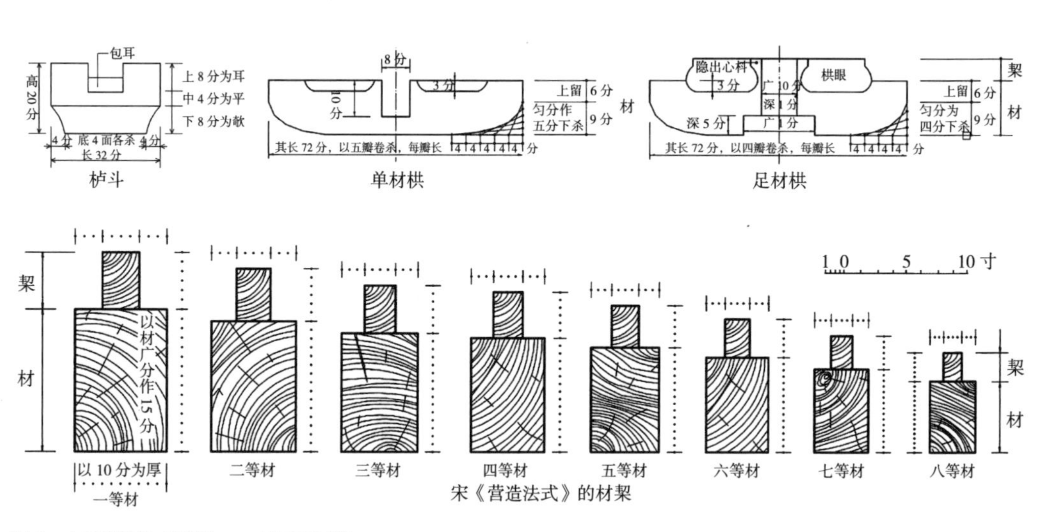

图 4 中国建筑的“模数”——斗口和材栔

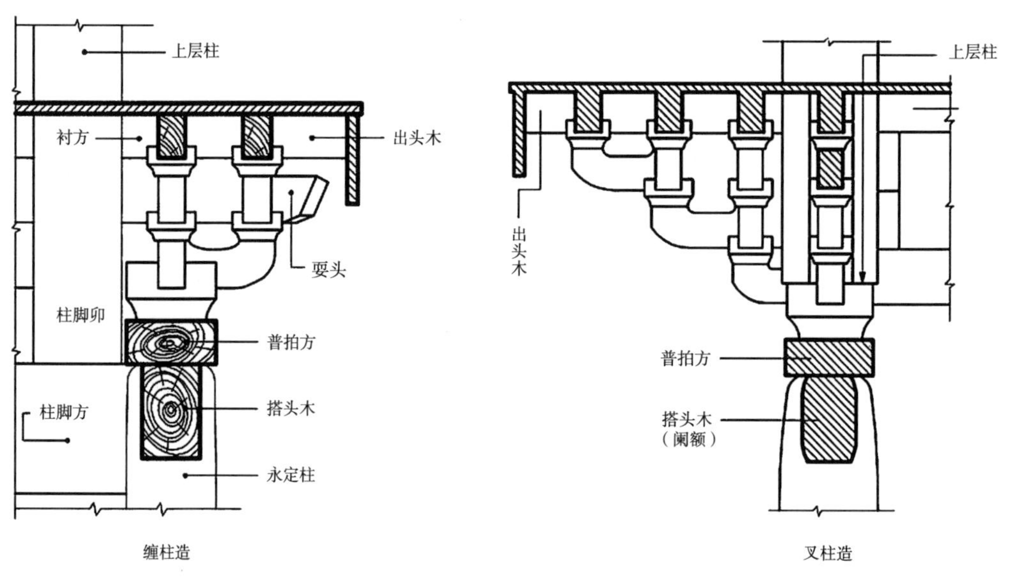

图 5 中国建筑的楼层结构法

外圈柱间用梁枋互相拉结，同样构成一种空间的结构体系。显然，后者的刚性要比前者强得多（图5）。

标志这种结构体系技术成就的，现存年代较早的建筑有山西应县木塔，年代较晚的有如河北承德普宁寺大乘阁等。

山西应县木塔在科学技术史上的地位，不仅在于它是世界上现存最高的古代木构建筑，而且在于它的结构技术的科学价值。

木塔建于公元1056年。自地面至塔尖高达67.31米，内部五层，空间宽敞，至顶层直径仍有近20米，可以说是一座真正的有高度、有空间的古代高层建筑。

它经受了千年风雨以及多次地震的考验，特别是在塔建成后的250年（1305年）当地曾发生烈度为八级的大地震。寺旁房屋全部倾塌，唯有木塔巍然屹立。

该塔没有采用早期的方形平面和中心柱结构，而采用八角形平面及内外两圈结构柱，用梁枋连接成一个双环的筒型结构，因而提高了整体结构的稳定性，同时形成了塔身秀美的轮廓；塔的内圈柱，上下层则在同一垂直轴线上，但也略向塔心倾斜，同样有利于结构的稳固。

塔地处雁北，为了抵抗从蒙古高原吹来的强风，还使用了斜柱和复梁，来加强内外圈构架的刚度；而楼层间的结构层，则相当于塔身中间的水平结构圈。在外观上，自然的处理成各层的腰檐。以保护塔身不受雨雪侵蚀，整座塔的结构原理类似现代高层建筑的套筒式结构（图6）。

应县木塔实在是古代建筑力学、结构与艺术结合的杰作。远在现代钢结构和钢筋混凝土结构产生之前，使用天然木材建起这样高大而坚固的塔，不能不说是建筑技术史上的一个奇迹。

中国建筑是梁柱结构的，它的形式也呈现出一种柱式建筑的特征，具有开朗的性格。小于这种结构本身的需要，造成了稳定的基座和舒展的屋顶，并用悬臂的构件——“栱”来解决屋檐的挑出。中国建筑是木结构的，但又不是纯粹的木建筑，而是综合应用多种材料于一身的，恰当地利用了各种材料的最佳之性质。随着它的发展，进而用雕刻、线脚来装饰砖石的基座，用油漆、彩绘来保护和装饰木构的屋身，用釉陶瓦

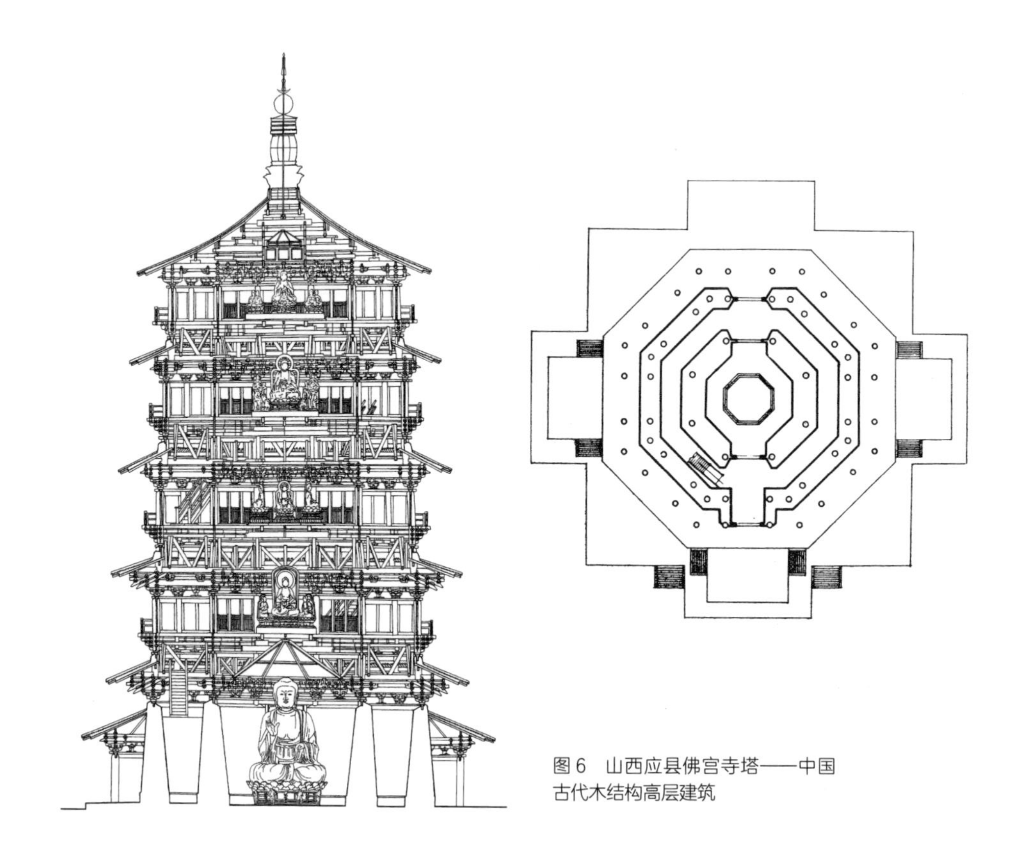

图6　山西应县佛宫寺塔——中国古代木结构高层建筑

件来铺设和美化它的屋顶，这也就产生了中国建筑的造型、中国建筑的艺术特色。

在中国建筑史的研究中，对于它的技术体系的分析，迄今还是一个探讨性的课题。古代建筑的技术遗产，不仅具有历史的价值，而且对于古建筑的保护，以及在民间建筑中，迄今仍具有实践的意义。本文提出这些观点，以期引起同行们的兴趣。

总之，我们只有了解中国古代建筑技术体系的特点及其合乎逻辑的发展，才能将中国建筑同西方建筑相比较，才能给予中国古代建筑技术以在世界建筑史上应有的科学地位。中国的木结构技术体系乃是一个从基础、结构到施工的完整而独特的体系。可以说，它作为世界古代木构建筑中最高成就的一个代表是当之无愧的。

关于中国传统建筑设计理念的讨论

（1990年·西安建筑科技大学建筑学院研究生班讲座）

一、寻求传统建筑的现代价值——传统的意义

中华五千年文化，源远流长，博大精深。中国是一个富有传统文化的国家。由于封闭性的地理环境、稳定的农耕经济、大一统的封建集权制及占主导地位的儒道思想，即地理的、经济的、社会的、文化的背景，中国古代社会长期以来是一个以传统为导向的社会。中国的古代建筑在自身的历史发展过程中形成了一脉相承的独特的传统。对于今天来说，这个传统包括由历史形成而沿承下来的设计思想、哲理，以及技术和艺术的形式、做法、经验。

作为一种传统，一般具有以下的特征：

1. 普遍性：一个地域共有的特征——空间的概念；
2. 继承性：代代相传，延续相当长的历史——时间的概念；
3. 演进性：逐渐积累发展形成——历史的概念；
4. 习惯性：成为人们所遵从的不成文的规范——文化的概念。

传统的生成决不是由哪个人预先提出什么理论、计划而产生的。它是由历史造成的。

中国的传统建筑是土生土长的，在历史上很少受到外来的影响，而中国的传统是环境和历史的产物，是植根于环境和历史土壤的自然、人文特性。近现代建筑在功能上、技术上、形式上，在相当大的成分上却是外来的，因此中国传统建筑与近现代建筑之间在设计理念上和形式上

都存在着很大的差别。这就是为什么从中国的近百年历史开始，如何继承传统的问题一直是中国建筑界感到困惑的问题。

然而，传统的建筑代表了历史，代表了民族的一种文化，民族建筑的一种特色、一种美，尤其是审美价值，是不应该轻易地抛弃的。

当代的中国建筑已经处在现代文化和中西文化交汇的时代，在这个时代背景下再来讨论传统建筑的价值，传统建筑中还有没有需要再认识的东西，有没有值得延续的东西，有没有对于提高当代建筑的创作可借鉴的东西，或者说，在传统与现代之间能不能找到某种契合点，这种讨论是具有理论和实践意义的。

这种讨论，不应该只从形式的狭小角度，而应该从更大的文化角度来讨论传统建筑。因为世界各民族建筑中的许多差别，仅仅从经济技术的层面找原因、而不从文化的层面找原因往往是不能说明问题的。就是说，只有从传统建筑的设计思想、哲理来讨论传统建筑，从文化的层面来区别中国建筑与西方建筑，才能在当代世界建筑日趋雷同的情况下建构中国建筑自身的特色。

什么是文化？

广义的文化，是指一个国家、民族、地区社会历史中所创造的物质财富和精神财富的总和。狭义的文化，指社会意识形态以及与之相适应的制度，也指社会精神产品（文学、美术、建筑、音乐、戏剧……）。社会意识形态，包括社会规范、风俗习惯、思想观念、心理情趣……，即人们的行为方式和思维方式。

建筑无论作为一种具有艺术性的物质产品，或者作为一种文化的载体，它都是一种文化。

以往我们讨论建筑较少深入到文化的层面，这是建筑历史与理论研究的薄弱方面。

建筑的历史，过去不是，现在不是，将来也不是建筑师表现自我的产物。建筑在一定的历史背景下产生，是历史为建筑师提供了活动的舞台。它与社会的历史一样，任何人只是在这个舞台上扮演不同的角色。

任何建筑师的作品都不是孤立的，它属于历史，也属于社会，因而它们总是具有某种相似性。它们的某些特征同某个时代同时出现，也同时消失。因此说，自建筑可以环视一个社会、文化，反过来，也可以自一个社会、文化来审视一种建筑。如此，我们便有一般人所没有的视野。

一个社会、文化变革的时代，无疑地将同时带来建筑的变革，全面地保存传统显然是不可能的。随着时代的变迁，传统的东西终究要被淘汰，但是被淘汰的不是传统的全部，而是传统中已经过时的、不合时代的东西。

传统中具有长久价值的东西，即使它所依附的形式已不存在，它的真正价值即使一时被埋没，也会重新复活，在新的形式中再生。尤其是文化的价值往往不是一天就被发现，被认识的。有的在当时未被认识，甚至曾受批判而被否定的东西，后来却又被重新认识和评价即是如此。在艺术史中常有这种现象，对于传统建筑的认识也不例外。

在传统形式无延续可能时，也并不意味着传统的消失，它将可能以另一种现代的、新的、合理的方式表现出来。

吸取传统的创作，应是不同民族建筑师手里的一种优势。特色即是优势。中国的建筑界，人们很早就开始从不同的角度来寻求传统与现代的对话：一种从符号的意义来看待传统，如“大屋顶”、斗栱、窗格、装饰纹饰；一种从手法的意义来看待传统，如庭院式的空间布局、自然式的造园手法；一种从文化的意义来寻求传统的价值，如建筑形式中的象征意义、环境设计的“风水”思想，并且走过了不同的实践探索的道路。

对于现代城市建设来说，一座建筑设计、一个街区、一个城镇设计，应该考虑到历史既成的环境，以及保存历史留下来的具有文化价值和生态价值的东西。在这里，如何对待传统的问题，实质是如何对待历史的问题，如苏州水乡的古河桥、西安的钟楼广场。

我们提倡了解历史、了解传统，不要把传统狭义地理解为某种式样，而应理解为一种文化。如若不然，则在心目中，所谓中国建筑的传统就只是“大屋顶”、琉璃瓦、红柱子、斗栱和彩画。

传统与现代的对话，绝不是在现代建筑上加一个传统式的屋顶就了事。了解传统也绝不是看看《营造法式》《工程做法则例》就完了的事情。

我们不能把继承传统建筑变成简单的模仿，就像我们不能把学习西方建筑变成简单的移植。

我们讨论传统建筑，就是意图从理论的深度来阐释传统，来发掘传统中仍具有生命力的东西。寻求传统建筑的现代价值，应是这个讨论的目的。

二、传统建筑的环境观——环境的评判标准

人类的生存始终承受着自然和社会的制约。所以，人与世界的关系，特别是人与自然的关系，从开始就是人们所寻求、探索的重要问题。

探讨人与自然的关系，包括物质生产与自然的关系、精神生产与自然的关系，以及人的自身生产与自然的关系。

大概当人类在自然面前感到自身渺小、无力的时候，感到自身的生存发展与环境休戚相关，无疑地便会重视环境，寻求人与环境的和谐。当社会经济技术力量足以改造自然的时候，或者出于急功近利的目的，环境问题往往被淡忘、漠视。而当人们发现环境的破坏带来的不利后果时，环境问题又重新被人们提出来。所以说，环境问题是一个古老而现实的问题。

中国的先民很早开始并延续了几千年“日出而作，日落而息”的封闭而稳定的农耕生活，使人与自然形成了一种不可分离的关系。风调雨顺带来五谷丰登、国泰民安，天灾带来人祸，这是以农为生的先民们对自然与人类关系的最直接感受。天、地、人好像处在同一规律的制约下，自然可以施惠于人，也可以降祸于人，人们期望与自然建立依存的关系，而不是对立的关系，这种古老的传统观念，在春秋战国时期形成为主张天人合一的哲学自然观。《老子》:“人法地，地法天，天法道，道法自然”

（“法”，遵循、效法；“道”，规律、法则）。《管子》：“以天为父，以地为母，以开乎万物，以总一统”。《易》：“夫大人者，与天地合其德，与日月合其明，与四时合其序，与鬼神合其吉凶”（“大人”，德高位尊之人；“合”，相合，人的思想行为与自然及鬼神相合）。天人合一，人与自然协调的传统自然观是农业社会、农业民族的自然观。

农业社会的自然观，在工业社会、后工业社会是否仍具有它的价值？回答是肯定的，人与自然生态环境的关系，自然与社会协调发展的关系仍然具有现实和长远的意义。

在人类历史上，自然崇拜（天地山川）是最原始的崇拜，它表达了人与自然关系的一种最古老的观念：自然是人的生命之源。今天我们在一些少数民族村落中仍可看到人们对大树和水源的崇拜：祭祀树神和水神，就是这种自然崇拜的遗俗。

在中国古代，人们进而将自然现象与人的活动相联系，认为建筑如果按照某种神秘的自然法则建立起来，就会给人们带来平安和吉祥。于是，“象天法地”、“风水”堪舆等就成为建筑的重要原则，这种原则所追求的正是人与自然的和谐，或者说“天人合一”的理想，如《吴越春秋》中记载的吴王阖闾城，《史记》中记载的秦汉都城、宫苑，都以“体象天地”作为设计的原则。因为古人认为人与自然之间存在同形同构的对应关系，这种思想对中国建筑的影响十分深远，使在传统建筑中常常出现对于宇宙图景的象征主义。

人们对住宅、村落的选地起始很早，其目的在于寻求适于人生存和发展的自然环境，如商周时的“卜宅”。至于“风水”堪舆的形成那是汉代时候的事情。“风水”包含环境地理学的成分，又包含吉凶祸福的观念，是中国农耕民族自然观的反映，是传统建筑文化的一个重要组成部分。

古人重视城市选址与自然生态的关系，如《史记·周本纪》中的“国必依山川，山崩川竭，亡国之征也。”

中国人更把人居环境看作是同人的命运休戚相关的最重要的条件。《宅经》讲：“宅者，人之本。人以宅为家，居若安，即家代昌吉。若不安，即门族衰微……上之军国，次及州郡县邑，下之村坊署栅，乃至山居。

但人所处，皆其例焉。”

《宅经》又引《宅书》说："宅以形势为身体，以泉水为血脉，以土地为皮肉，以草木为毛发，以舍屋为衣服，以门户为冠带。若得如斯，是事严雅，乃为上吉。”

可见，中国人是从人与自然关系的广大角度来理解“宅”。大自然像个生命的母体，人生存于大自然这个母体的怀抱之中，宅舍房屋不过是庇护所而已。

中国人的环境观念非常强烈，因为古老的中国是一个以农为本、依赖自然而生存的民族。

“风水”讲:“辨方，相土，观水”，就是探求建筑地址的方位、节令、日照、风向、水土与人生存的利害关系，意图建立环境的某种理想模式，认为好的“风水”，将会给那里的人们带来生活富足、家业发达、人丁兴旺。

“气”之说是中国“风水”思想的核心。古人认为,气是万物之质。《葬书》讲："五气行乎地中，发而生万物”，就是说“气”由阴阳演化为五行，又演化为山川、万物。又说:“葬者，乘生气也”。“风水”认为，人如果生活或埋葬在有“生气”的地方，可以使生者富贵、死者安宁。那么，如何寻找到此种有“生气”的地方，这也是“风水”所要解答的问题。

《葬书》讲："夫土者，气之体，有土斯有气。气者水之母，有气斯有水”，又说："气乘风则散，界水则止”。如此，有土的地方便有气，有气的地方便有水。有山林屏障的避风之地，则气不致散失；有水迂回汇流之地则气聚。传统村落的自然形态："背山面水”“山环水抱”，即所谓“负阴抱阳”“藏风聚气”之地，正是农耕民族的理想的生活环境。

中国传统民居、村落的自然环境特征是非常鲜明的。我们探讨传统城市村落的生态环境,就要探讨它们与山水的关系。人居环境(城市、村落)与自然环境的关系是大环境关系。建筑与环境（自然的、人文的）的关系是小环境关系。

“风水”思想对于中国传统建筑的影响，可以说，传统建筑中没有哪种类型与“风水”无关。“风水”思想中尽管含有不少糟粕，但重视建筑的环境生态和环境景观的思想无疑是正确的，是仍值得今天学习的“旧日的真理”。

在传统建筑中，建筑选择环境的例子可以举出许多：城市、村落、民居、园林、寺庙、陵墓……，以及屹立在山巅、岗阜、崖旁、水畔的塔，江边、湖旁的楼阁，那些巧取天然形胜的风景建筑。如“江南三大名楼”：岳阳楼、黄鹤楼和滕王阁。

然而，我们在讨论建筑选择环境的同时，还应注意到环境也选择建筑。中国北方的“四合院”、南方的“天井式”、黄土高原的窑洞、蒙古草原的毡包、新疆的土屋、西藏的碉房、贵州的吊脚楼、西双版纳的干阑式……，它们除了民族文化的原因，无一不是由于地域环境的特征而塑造了建筑的性格，选择了建筑的形式，而达到建筑与环境的和谐。建筑的乡土性，它与地域环境的关系的合理性具有天然的合理性。

我们常常看到现代的许多建筑，它们往往仅是单方面地选择环境，而极少考虑到环境也选择建筑；于是把建筑选择环境变成了对环境的占有和破坏。

当我们回顾一些城市、村落处于现代社会以来的变迁史，当我们更深一层认识人们生与长的这片土地，了解它所记载着的自然与人文的历史——地形、林相、自然生态，乃至视觉景观的变迁，便会看到在其物质文明进步的另一方面还有现代文明对它的盲目的伤害，便会为人为的失控、失序所造成的环境创伤而沉思。

建筑应配合所在环境的特色，由不同的地点启发出不同的建筑创作——这是环境选择建筑的一种含义。

我们不仅不能把建筑当作一种纯视觉艺术来看，而且应当把它作为环境的一部分，建筑是存在于一种外在的环境之中。对建筑的评价，仅仅根据建筑物本身而发，是不可能说明建筑的全部问题的。对于建筑的评价，应包含对于环境的考量。

农业民族的自然观，从总体上说，是建立人与自然的和谐关系。

然而，农业民族在其发展过程中，随着人口的增长、粮食的不足，为了扩大耕地而烧荒、砍伐树木，特别在中国北方地区，带来草原的沙化、山地的水土流失、河道干涸，也造成自然生态的恶化，而改变着传统城市村落的生存环境。

三、传统建筑的空间观——空间构成思维方式

建筑是人活动的空间场所。空间可以理解为人的活动所占有的领域。空间是由实体的隔离围成的，它造成了人的活动界限及人在视觉和听觉上的界限（界定或限定）。

这种实体，可以是一块石、一棵树、一片墙、一根柱、一件雕塑、一个台子，可以是一道照壁、牌坊，一个廊子，一座建筑……

空间本身是“虚”的，本来“无”；靠着实体的界定，成为“有”。在空间的构成中，虚与实是共生、共存的。如老子所说，“凿户牖（门窗）以为室，当其无（空间），有室之用。”空间的构成法则是建筑的基本原则。

由于空间的局部限定或全面限定，空间界限的分明或模糊，空间与实体的比例、尺度，以及空间形状的不同而建立空间关系的不同性质，产生不同的空间感：隔断或连通、封闭或开敞、压抑或舒展、宏阔或狭小、低平或高耸，引导型空间、过渡型空间、停留型空间……

1. 中国传统的单体建筑内部的空间形式是简单的，并且具有通用性

单体建筑的最简单的空间是由四柱构成的“间”，或由多个“间”构成的单一的“通间”，或分隔成“一明两暗”的形式，再是三排柱的“分心槽”、“单槽”形式，四排柱的“双槽”形式，内外圈柱的“金厢斗底槽”形式，它们适用于不同用途和规模的建筑。此外，又有带前廊或周围廊的形式，这种房廊成为由室内向室外的过渡空间。

由于中国传统建筑是木梁柱结构，因而室内空间的分隔极为轻便而灵活，有“硬”隔断或“软”隔断。它可以是格扇，也可以是博古架、

花罩、屏风、帷帐，并且常常附以木雕，裱以书画，它们既是隔断构件，又是一种装修、装饰，极富于传统文化气氛。这种独具特色的室内空间的分隔形式，与承重墙结构的欧洲传统建筑迥然而异。

2. 中国传统建筑与西方建筑空间形式的主要差别，还在于群体空间组合形式的不同

在中国的土地上，从南到北，无论是民居，还是宫殿，或是寺庙，它们都是由间构成幢，再由单幢建筑与廊庑和城垣围成“三合”或“四合”的方形或长方形的院子，数个这样的大大小小的院子串联而成多进院落，它们以群体的方式水平地展现一种舒展和谐的空间形式和外貌。

中国传统建筑的规模，主要是数量组合的概念，不是体量集合的概念。它主要是以“间”“幢”和“进”的多少来表示，而不是以体积和高度的大小来衡量。

概括起来，院落式空间形式的特征是：

外向围合；

内向开放；

层次分隔；

纵深串连；

轴线对位。

围合的、内向的布局而对外封闭，使中国传统建筑的空间具有很强的私密性，这适于闭户自守的生活方式。多层次的、纵深的布局，便于区别内外、先后、主次。它既是功能的需要，也是礼仪、伦理的需要。一个院子是一个空间层次，以整划零，以少划多，以大划小，每个层次主题不同、作用不同，而不是重复。中国传统建筑，可以比喻成一群人手拉手站成圈，脸朝内，背向外；而不是像现代建筑，脸朝外，背朝内。

中国传统建筑群体一般都是由数进院落纵向串联而成。因为横向联结不适宜体现主要院落的重要地位。此外，一般院落均为南北向布置，横向联系也不能体现北屋的尊贵地位。因此，庭院一般均采用纵向发展

的方式，形成了中国建筑独有的“庭院深深深几许”的情景。而最为壮观的明清北京城的中轴线，以 7.5 公里的长度贯穿南北，串起了无数进院落，体现了帝王的至尊，也为后人留下了堪称世界之最的建筑杰作。

在各个院子之间及其连接部位常常是门或者过厅，作为空间的转折点，由此，造成空间的对比和转换，空间的分隔与引导，空间的扩展与界定。人在行进过程中，空间随着时间展开，这就是所谓“四维空间”的概念。

一个院落连接着一个院落，它们是整座建筑的一个个部分，好像整个链条的一个个环节，整篇文章的一个个段落，整部戏剧的一个个场景。

一座建筑，由空间的限定（如门前照壁），到空间的起始（如大门），经过一系列的引导、分隔、过渡、转换、对比、主空间、次空间的构成等，产生一种空间的节奏，如一篇文章的起、承、转、合，这就是群体空间的艺术。

中国传统建筑是中轴对称的、正方位的布局，它规整而具静态，主题贯穿在中轴线上，空间的秩序感很强。单体建筑在群体建筑中的关系首要是位置，其次才是体量和形式。

纵长形的院子一般是引导型的，横长形的院子是展开型或过渡型的，长方形和方形的院子是停留型的。

一般庭院的平面形式多呈长方形，因为这种形态能使各边的建筑均处于明确的方位上，满足了方位等级的要求。同时长方形具有一种天然的方向性，使得重心位置一目了然。

长方形的平面也极易形成中轴对称的格局。中轴对称可能是世界各民族早期建筑共同的构图方式，这种方式具有完整、庄严而又主次分明的特点而被广泛运用。特别是在中国传统建筑中，对称的构图，几乎无所不在，需要格外注意的是，中轴形式在中国传统建筑中得到了天才的发挥和运用。

中国传统家庭一般都是三代、四代人共住，一个大家庭的人口是众多的。基于生活上及礼仪上的要求，一个院落往往无法满足要求，于是几进院落组合在一起就是必不可少的。以中轴的方式，将数个院落串联起来可以在整体上达到规则有序。庭院将散落的单体建筑组织起来，中轴又将院落组织起来，这样使建筑群的层次逐级地构成，当更庞大的组群，有几组并列的院落时，仍以中央为主，左右院落为次，称侧院或偏院。在中国传统建筑中，建筑和庭院都可以成为院落空间序列中的主题。如果建筑为主题，围绕它或在它前面的庭院就是它的支持空间。如果庭院为主题，围绕它的建筑就成为次主题。

中国传统建筑中还有一种开放型的空间布局形式。一类是坛庙建筑（祭天、地、日、月、社稷），其中心建筑（祭坛），常常用低矮的墙垣和门阙、牌坊，一圈墙、一层院子地向四面扩展它的空间，使不大的中心建筑，获得极大的建筑空间。

陵墓建筑是一种更开放的布局形式。常常利用种种建筑要素（牌坊、门阙、石柱、石刻）在广阔的大自然地形中远距离地、不断地伸延和扩展它的空间环境，它的要点在于保持视觉的可望性和连贯性，如唐乾陵、明十三陵。我们不仅要看到中国传统建筑空间形式的共性，还要看到不同类型建筑的空间特征的差别，如宫殿的森严气派、坛庙的庄严肃穆、陵墓的宏阔幽远、寺庙的神圣静谧、住宅的宜人温馨……以及不同的空间性质的差别，如礼仪性、祭祀性、纪念性、居住性、游憩性空间的不同特征。

传统空间形式的精华是庭院。《诗经》最早就有关于庭院的描写：“殖殖其庭，有觉其楹。”传统建筑给予人最深印象的莫过于庭院。“院”这种性质的空间为人所必需。有了院子可以解决采光、通风等问题，也可以作为室内空间不足的补充，提供日常生活及特殊情况下，如庆典、祭祀活动等的场所，它也是连接四面房屋的交通空间。院落的形成还与中国所处地域的温暖气候适于室外活动有关。同时，封闭的院子还具有防护功能，因为土木结构的房屋在这点上不能完全满足要求。

传统的院落式住宅，是与传统家长制度、伦理观念相联系的。它是中国传统文明的产物，是具有私密性的居住方式。它使人感到安全、自在，得到在闹市中所迫切需要的冥想空间，使人享受到围墙内空间自主的满足。庭院是充满内聚力的空间，是家人亲近、嬉戏、聚会的场所。

在庭院内植树莳花。这种庭院使人感受到一种生活的情趣：人与自然的接近，看天地，春夏秋冬，昼夜晴雨的季节变化，景物衰荣；燕雀的离去归来，花开花落，月圆月缺，而引起人的情感的起伏。在有限的庭院空间中感受到大自然的勃勃生机，这是庭院在生活上的潜在价值。庭院是虚的空间，虚的空间可以使人产生种种实用功能以外的想象，产生一种意、一种情。

《皇帝宅经》中有一句十分重要的话："夫宅者，乃是阴阳之枢纽，人伦之轨模。"建筑的功能：一是人与自然阴阳在此中和；二是人与社会，伦理在此得以规范。可以说是从文化的角度为建筑下了定义。如果以阴阳的观点来分析，室内为阴，室外则为阳。重阴或偏阳都会引起不适。《吕氏春秋》中说："室大则多阴，台高则多阳，多阴则蹶，多阳则痿。"《春秋繁露》中也论到："高台多阳，广室多阴，远天地之和也，故人弗为，适中而已矣。"

因此，理想的建筑空间应该做到"负阴而抱阳"，"阴阳中和"，方能使人居住适宜。庭院从这方面说几乎完美地满足了"负阴抱阳"的理想。天、地、人、建筑在庭院这一空间内阴阳交汇，中和，达到完美的和谐。庭院充当的正是"阴阳之枢纽"的重任。有了这样一个枢纽，才能担当维系数进或十数进院落的重任，使人与自然合拍。在中国传统的院落式建筑中，室内空间与室外空间，人为空间与自然空间，虚空间与实体，都摆在了相同的地位，实现了不同空间的互补，体现了中国人独特的空间构成的思维方式。中国传统的伦理观念也通过生活中的礼俗习惯而影响着建筑空间的形式。这些礼俗的主要内容就是使每个人在日常生活中都要按照自己的社会地位的高低贵贱及亲疏关系应遵循的礼仪行事。这种生活方式对相互关系的注重联系在一起便形成了在建筑中以相互位置关系来组织空间的重要特点。在传统生活中，区分尊卑、长幼、亲疏及男女之别是十分重要的。家长、祖辈的居室自然要占据某个重要的位置，而不能混杂在子孙们中间。在中国传统建筑中，每组群体内都存在着许多个体与个体、个体与群体所产生的位置关系，可以试想，如果将庭院建筑换成集中式建筑，将会失去多少有意味的位置关系。像贾母之类的封建家长将选取什么位置的房间来体现自己的尊严呢？所有这些，也体现了《皇帝宅经》中的那句话 :“宅者，人伦之轨模”的含义。

庭院的内向性和完整性满足了伦理秩序的要求，庭院这一空间又为人们提供了接触自然的机会。开放的庭院使人在室内也不感到封闭和压抑。庭院充当了自然与人类社会的中介，这个中介所产生的对社会秩序和对自然亲和的两个相当矛盾的要求的满足是其他建筑形式所无法达到的。这只有在将人与自然纳入同一种秩序的中国传统文化中才能产生。

不可想象中国人住在远离外界的高堂大屋中会感觉舒适。中国人需要住在能听秋雨敲窗、秋虫啾哝，能看到斜阳西下、月洒庭阶，能嗅到花香果甘的房中。要住在上尊下卑、父慈子孝，一切井然有序的房子中，要住在能引发其或怀才不遇、忧国忧民或春风得意、意气勃发的环境中才会感觉自在。

而这一切，没有与住房紧密相连的庭院是无法得到的。即使在自然之中的离馆别业，也必有一围合小院，因为自然只有满足其自然属性的一面，而不能满足其社会属性的一面。

因此，实际上庭院充当的不仅是中介，它还提供给人们以一种新的角度和视点来观察接触自然。否则我们将体会不出“窗含西岭千秋雪，门泊东吴万里船”或者“楼观沧海日，门听浙江潮”的意境了。庭院在这里，已经成为居者心灵动荡收放和名山大川灵气吐纳的汇聚点，成为自然精神和宇宙生气的聚集处。庭院在这里不再是冷冰僵死的空间，而是充满活力的生命之源。如果将宇宙自然作为我们共同的大空间，那么建筑仅是从中划出自己的小空间。很自然地,“围合”与“分隔”就比“塑造”来的重要得多。

我们还能清楚地看到院落式空间组合同样在满足物质的功能需求上也有较强的适应性。比如在不同用途的建筑中，诸如宫殿、寺庙和民居，庭院由于其在平面上的可延续性及良好的分区性能而均能很好地满足不同的使用要求。甚至同样的院落在最初用作民居或官署之后，不加改造就能“舍宅为寺”为寺观所用。在不同的地域环境下，也可由庭院的空间形状的稍加改变而适应不同的气候条件。在北方，庭院稍大以接纳更多的阳光，同时单体建筑也更加封闭而厚实。南方的庭院就稍窄以获取更多的阴凉空间，并形成风道而调节空气的温湿度，单体建筑通透而开敞。在西北地区，即使使用窑洞这样的独特建筑形式也不影响仍采用庭院而形成独具特色的地坑院。因此，庭院可不受地形、地貌、气候、环境甚至单体建筑形式的影响而成为中国传统建筑群体组织的普遍方式。

四、传统建筑的审美观——美的价值标准

我们在第二、三节所讨论的传统的环境观和空间观中，已包含传统审美观的内容：环境美和空间美的价值标准。

环境的美——山形，讲究完整端庄；山势讲究绵延起伏；地势讲究均衡环保；水态讲究迂回委曲。

空间的美——讲究空间的深度（“深远美”：庭院深深深几许？）；空间的层次（“节奏美”：开合、收放、通止：引导，过渡，转换，停留）；空间的序列（“秩序美”:轴线、方位、主从、先后）;空间的情趣（“意境美”:虚实相生、时空流动、自然生机）。

中国传统建筑形式是美的，当然这种美是古典的，不是现代的。传统建筑可以分为官式和民间的（主要是广大民居）两大类。不仅官式的传统仍有一些具有现代意义的价值，而民间的传统较之官式的传统更多地接近于现代建筑的创作原则。

传统的审美观是中庸合度的审美观，讲求中和、平衡、适度。

我们比较一下西方传统建筑，会发现它们在造型、体量、尺度方面都表现出截然不同的特征。西方建筑追求巨大的体量与超然的尺度，朝竖直方向发展。中国建筑则“适形而止”，向平面方向发展，依存于大地，体现了西方人以情感的激越为美、中国人以平和含蓄为美的不同审美情趣。虽然在历史上，中国建筑也有过向高度方向发展的尝试，如早期的“高台层榭”和后来的楼阁高塔。但在总体上仍是一种低平的方式、适中的尺度，同时，由一座座单体建筑形成的庭院，造成一种使建筑物匍匐于

大地的感觉。一些楼阁高塔建筑也强调的是层层的水平线条、檐口、平座等，在构图上是水平线打断垂直线，而不是垂直线打断水平线，它们以水平开始（台基），又以水平结束（屋顶），使这种高耸而起的建筑所特有的脱离大地的升腾感得到了抑制。

中国传统建筑是院落式的，可以设想，如果单体建筑的体量高大，则为了视距的需要，作为主要观赏场所的庭院尺度必将相应地扩大，而当它超过一定的限度后，庭院空间就将受到破坏。在一个空旷的院子里感受不到应有的空间围合感。

中庸美学思想的来源是崇尚和谐的儒家思想。中庸之道追求矛盾的和谐而并不妄图消灭矛盾，并非被曲解的那样，中庸就是折衷与调和，实际上中庸代表着一种辩证的思维方式。此外，中庸的美学观念还带有极强的伦理色彩和追求秩序与和谐的功利性质。如果不以中庸合度为审美取向而追求情感的狂热和激越，必将引发“越规”“逾矩”的行为，而这是为伦理秩序所不容的。正因为这个原因，中国传统文明中一直没有发展出带有迷狂色彩的宗教。可以对比一下西方中世纪的建筑，正由于人们对宗教的迷狂，使得教会有可能汇聚全部的财富与智慧建造出那些高耸入云的不朽的哥特式教堂。

在传统建筑中，主要的类型是单层建筑：从最低等级的门屋房室到最高等级的殿堂都是单层。多层建筑是其次的类型——楼、阁、塔。

1.“三段”构图

传统建筑立面构图的显著特征无疑是“三段式”划分，即台基、屋身（由柱列构成）和屋顶（坡顶）。特别是屋顶所占的比例很大，俗称“大屋顶”。台基向外突出，有时在高度上占的比例也很大，这就是“三段构图”。而“大屋顶”是其最显著的特征（庑殿、歇山、卷棚、悬山、硬山、攒尖）。它不是一般的坡顶。三段式构图具有庄重而稳定的造型。

世界各民族的传统建筑都有屋顶，但其形式各不相同：如罗马的穹顶、哥特的尖顶、伊斯兰的尖圆顶、北欧的坡顶。屋顶形式历来都是民族或地区建筑最鲜明的特征之一。

中国建筑屋顶的特色在于屋面的弯曲（举折），屋角的起翘、斜出和屋脊的独特形式和轮廓，具有舒展而生动的造型特征，是人们一瞥之瞬间便可捕捉的印象。

越隆重的建筑，等级越高的建筑，屋顶所占的比例越大（单檐、重檐、三重檐），其次是台基（一层、二层、三层）。

因为屋顶所处的部位正是建筑上部的轮廓线（天际线），在蓝天或绿树背景下，也是最引人注目的部位，中国传统建筑坡顶形式之多样在世界建筑中是首屈一指的。这种形式的产生，包含着结构和功能的原则（屋面的排水和屋脊的防水作用），也包含着一种审美观（对于柔和的线条美和奇巧的装饰美的欣赏），而屋脊饰件的题材又具有厌胜的吉祥含义。

2. 中轴构图

中国传统建筑是“中轴构图”，单体建筑的中轴构图服从于总体的中轴布局。一座建筑，常常包括主体（中心）、次体与联系体（如廊庑）的均衡对称的组合，呈一元或三元构图的形式，具有强烈的中心感。因为在构图上，有次才有主，有陪衬才更显示中心。这也是欧洲古典建筑艺术的共同点。中国传统建筑很少采取二元构图。汉以前有(单)奇数和(双)偶数间两种。偶数间以中柱为中心，两边对称也是中轴构图。

3. 横向构图

中国传统建筑是“水平构图”或称“横向构图”。它的立面是横向划分，多层建筑则是多层次的横向划分。每一层次即为楼层的高度，其柱距、柱高也仍保持单层建筑的比例。这是由叠架式结构决定的，层檐为了保护木结构免受风雨的侵蚀。它与欧洲传统柱式建筑的竖向划分不同（柱距小而柱高很大）。

中国传统建筑不论多么大，它都是由小尺度构成的。它不管多么雄伟，作为构成建筑最主要和最大的构件——柱、梁，较之埃及、罗马的石梁柱，那真是小人与巨人之比。中国传统建筑的尺度是近于人的尺度。石基座也经过划分，屋顶经过处理，在它身上没有庞大的东西，也没有沉重的东西，没有压倒一切的体积。在中国传统建筑中看不到古埃及、古罗马石建筑那种大体积、大尺度特有的巨人般的雄伟感。

4. 柱式构图

中国传统建筑又是一种“柱式构图”，屋身是由柱列、额枋构成的，不是由窗洞不大的墙壁构成的坚固形式。自地至顶开启的格扇填满了柱枋间的全部面积。阳光透入门窗的棂格，照在地上。它的风格不是显示坚实，而是具有开朗的性格。保护建筑主人的安全依靠院墙，而不是依靠房屋本身造得像盔甲一般的坚固。特别是带有房廊（前廊、前后廊、周围廊）的建筑，在阳光下柱廊造成的明暗阴影变化，使建筑立面更显得空透而活泼。柱廊，一种“灰色空间”。中国传统建筑普遍带有廊子，这是与庭院式的布局相关的。

在传统建筑庭院中，单体建筑的立面常常退而成为庭院的四壁，建筑的主要立面展现在庭院的内部，是经常地、近距离地观看。因此，中国传统建筑不仅讲究立面造型的雕塑感，而且讲究装饰性，显出特有的精致性。

传统建筑中“官式”的作品。由于“法式”“则例”的约束，它的形式做法带有规范的性质，是较少个性的，甚至地方性的特点也不明显。但是，民间的作品，特别是民居建筑，则表现出鲜明的地方性和个性。因为以普通人的生活，财力和物力，只能适应所处的当地环境、地形、气候、材料和技术来建造，又总是力求使之符合当地的文化、风俗习惯。它们之中不乏对称的或不对称的、体部错落、墙面与窗洞虚实对比，有效地创造和利用空间的活泼形式以及简洁朴素的风格，更接近于现代建筑的审美观。在它们之中深藏的美，至今尚未被人们充分地发掘。

审美观念是社会观念的衍化，传统的居中为尊的观念衍化为中轴构图的美；儒家的中庸哲学观、不偏不倚的观念衍化为均衡对称的美。方正完整的形式为中国人所接受，阴阳观念的形式表现是刚柔结合。柔性美、奇巧美也为中国人所接受。传统的吉祥观念：“五行”——金、木、水、火、土，建筑的“形”（如方、圆）、“数”（如奇偶数、二、三、九等）、“色”

（如本色、杂色），均具有吉祥象征的意义，成为传统建筑中的隐喻。中国高等级的建筑（至少汉族），尚红、尚青，还有吉祥纹；龙凤云牡丹（富贵）、石榴（丁旺）、松、鹤（延年）、蝠（谐音“福”）、鹿（“禄”）、鹤（“寿”）……它包含着中国人的人生追求。文化意识也影响人的审美品位，如文人住宅讲究雅致，帝王宫殿讲究堂皇，商人会馆、店铺讲究精丽。

形式的象征意义，是用具体事物表达某种抽象的概念，是艺术的一种变现手法。形是一种符号。形是外在形式，意是内在意义，形与意具有关联性，可以使人产生某种联想。然而不同文化背景对形的意思理解不同。所以形的象征意义反映不同的文化观念。

可以认为，传统审美观、审美标准，是在传统文化土壤上生成的，不是脱离传统文化而孤立存在的东西。它是传统社会观念与美的法则的统一，才能成为人们所接受、所承认的美。

现代人的审美观念、标准，不仅突破了传统的框式，而且突破了20世纪50~60年代建立的模式。可见美的标准是时代性的，现代人对美的追求更加多面、更加丰富。但是传统建筑中所体现的一些美的法则，统一感、协调感、韵律感，对于现代建筑的创作，也仍将具有它的价值。

五、传统的造园艺术——自然的理想化

我们要探讨传统造园的思想源流，首先要了解传统造园发展的历史。

中国园林最早于史籍记载的是公元前11世纪的西周“灵囿”。“囿”是一种供狩猎游乐的自然山林。从《史记》《汉书》等史籍中可以看到，秦汉时期的园林是“宫苑”，如秦上林苑、汉建章宫，即宫中有苑、苑中有宫的形式，宫苑园林受神仙传说的影响，而仿神山仙岛，成为中国古代宫苑造园的传统。

“神山仙岛”说最早产生于燕齐之地。《史记·封禅书》：“蓬莱、方丈、瀛洲，此三神山者，其传在渤海中。盖尝有至者，诸仙人及不死之药皆在焉。”秦时，经方士渲染，秦始皇遣徐福率童男童女入海求仙及长生不

老之药，并于咸阳引渭水筑长池，池中堆蓬莱诸山，以期仙人。汉武帝于建章宫作太液池，池中筑蓬莱、方丈、瀛洲诸山。

《王子年拾遗记》："三壶，则海中三山也。一曰方壶，则方丈也；二曰蓬壶，则蓬莱也；三曰瀛壶，则瀛洲也。形同壶器，此三山上广，中狭，下方，皆如工也，犹华山之似削成。"说三神山如壶形的悬崖峭壁，凡人不可登的仙人世界。"海上神山仙岛"说，是为宫苑造园之最早意境构思。

自汉以后，造园由宫苑延及上层士大夫。南北朝时期，隐逸之风盛行，士大夫阶级经营的"私园"兴起，产生了"自然山水园"。至唐宋时期，造园思想和手法更受山水画、田园诗的影响，出现了追求诗情画意的"写意山水园"。明清时期一脉相承，成为"文人山水园"。

可见，造园艺术的发展在于人如何认识自然美和表现自然美。

中国人对自然美的看法，见于《论语》所说："知者乐水，仁者乐山"。以德山水，以山水比喻人的道德和智慧的高深境界，赋予了自然美以人格和感性的色彩。可见，崇尚自然的文化思想在中国士大夫的文化思想中起源很早。

中国人把自然界看作是"世外"的世界，它与"俗世"构成一种对比，回归自然，在佛家、道家来说是一种"出世"；对士大夫来说是一种"脱俗"。

古代老（子）庄（子）哲学主张无为、无欲、退出人世的竞争，而获得精神的解脱，获得人与自然地和谐，也影响着士大夫的文化思想。寄情山水，在大自然中陶冶心性，藉山水以寄托情怀是古代士大夫的一种风尚。

回归自然的极端思想和行为是追求人性的自然，就是古代的隐逸之风，退避山林。宋人郭熙在《山水训》中对这种文化心理作了如此的表述："君子之所以爱山水者，其旨安在？丘园养素，所常住也；泉石啸傲，所常乐也；渔樵隐逸，所常适也；猿鹤飞鸣，所常亲也；尘嚣缰锁，人情所常厌也"。

悠游于山水之间，享受大自然的情趣是许多人的一种理想。然而，真正能过着隐逸生活或山水中跋涉以欣赏大自然美的人究竟是不多的。

于是营造“可居，可游”的山水环境便成为一种需要。造园成为士大夫在尘世喧嚣中寄托情感之所在。

城市也把自然赶到城外，人必须走到城外去寻找绿色的世界。园林的建造仿佛是一种补偿，是人与自然的一种妥协。

中国古来造园大都是与宅或宫相联系的，是建筑与自然的结合。它反映了人的两种需求，使建筑兼有俗世生活与自然情趣双重的属性。这是一种更高层次的建筑观。“园”，有山，有水，有树木花草，但不成林。古人称“园”，不称“园林”，是有道理的。

自然界是人获得美感的源泉。自然界的素材（山、水、石、树木、花草）被按着诗人画家的想象力组织起来成为园或庭园，成为一种新的空间艺术和环境艺术。这种自然式的规划拥有普遍性和永久性的价值，表示传统中的真正价值不会沦落。

造园艺术的目的，是创造一种自然式的环境。它来自两方面的因素：天然的造化（自然界的山、水、树木）和人工的创造（模拟自然的创作）。

显然，自然界造化的美在城市环境中是难得的。所以园址许多处于山林、郊野、村庄、江湖之旁。除此，我们只得借助于人工的营造。

从历史来看，早期的园囿充满着平淡、质朴的大自然精神，而随着由“囿”，而“苑”，而“自然山水园”，而“写意山水园”，造园艺术越来越精巧，大自然的精神渐渐淡漠，人工堆砌的痕迹也就越加浓厚，这就是我们所看到的明清造园。

世界园林艺术有三大支：一支是古西亚和古埃及、古罗马传统及后来以法国、意大利为代表的几何式园林；一支是英国的自然风景式园林；一支是中国古代的自然风趣园。

中国传统造园，固然不同于几何式园林，也有别于自然风景式园林。如果说英国的自然风景式园林是写实派的作品，表现大自然的原型，如同欧洲的古典绘画，那么，中国的自然风趣园就是写意派的作品，表现大自然的意象，如同中国传统的山水画。写意需要丰富的想象力和高度的概括力。

中国传统造园艺术，来自人对自然美的感受、理解，从而找到某种表达的方式：一，在有限的空间内，以曲折起伏的空间布局，来模拟大自然无限的时空变化；二，用裁剪、浓缩、集锦的手法，来表现自然景物典型的形态美；三，将自然物赋予人格化、情感化的解读，来寄托人的理想和精神追求。中国传统造园艺术，是一种富于文化内涵的艺术。意在形之外，而超乎形。

湖岛、山池是中国造园的基本布局，叠山、理水是造园的基本要素，筑土构石为山造山景，引水开池造水景。园林中的山形水态是天然山水形态的模拟，而它比自然原型更精练，更具典型性。

天然的山水形态：山——峰（壁立）、峦（起伏）、坡（平缓）、矶（悬空）、沟壑（深幽）、洞穴（神秘）；

水——湖、池（开阔、平静），曲溪（幽深、流动），泉流（深远、流淌），瀑布（跳跃、跌落）。

造园是把天然的山水形态收集起来，经过再创造而再现它。再现的是它们的形态而不在于体积。

山，小者供观赏，大者可登攀。水，可以亲近，可以涉足。亲山亲水空间的再生，使人在园中体验跋山涉水的乐趣，所谓："得水之情，盆鱼有乐；领山之趣，拳石皆奇"。

石—— 一种天然的材料，成为可供观赏的造型艺术，所谓："片山多致，寸石生情"。赏石的风尚，是中国造园的一个独特传统。

园中除山景、水景、石景，还有植物景观，包含形、色、香、光影。轻风拂柳，雨打芭蕉，出水芙蓉；春兰、秋菊、冬梅、青松、翠竹，寄寓文人士大夫的审美观和情趣。在传统审美观中，花木之美，不仅在它的形貌、色、香，更在于它的精神。松、梅、竹"岁寒三友"，梅、兰、荷、菊"花中四君子"，被看作高洁人品的象征。

植物在园中不只是陪衬作用，而且可作为景点的主题，如承德避暑山庄的"万壑松风"（松林涛声）、"梨花伴月"（月下梨花）、"曲水荷香"（水中荷花）、"金莲映日"（日下莲花）、"莺啭乔木"（林间莺啼）、"嘉树轩"、"万树园"、"采菱渡"、"萍香片"……

山、水、石、植物造景，追求一种意境：深邃、含蓄、朦胧的美。如

《词论》讲的“立意贵新，设色贵雅，格局贵变，言情贵含蓄”，同样适用于造园艺术思想，它反映了传统的审美情趣。

山——更欣赏深谷幽洞。

水——更喜踏涧寻溪。

人们踏涧寻溪，若隐若现，听潺潺水声，可以涉过，可以嬉戏而富于情趣——深邃的美。

人们观日下景、月下景、雨中景、雪中景，赏秋月景、夕阳景（落日晚照美）、烟雨景（细雨朦胧美）、残雪景（雪后初融美）——朦胧的美。这是一种更高层次的欣赏，含有诗一样的情，画一样的意。

造园者在有限的园地中，尽可能地延长和扩大时空感，凝聚自然的美，所谓“咫尺山林，多方胜景”。在园中央常是湖池，水有聚有分，聚则显开阔，分则显深幽，象征源远流长。湖池中以山、岛、堤、桥分隔空间层次。主要游园路线大都沿着湖池和园墙布置，同时在园中围绕水面作一些交叉迂回。一切游园路：桥（水上的路）、廊（风雨的路）、径（地上的路），均取起伏曲折之势（曲桥、曲廊、曲径），曲则具动态，步移而景异。所谓“径便于捷而秒于迂”。山、水、石、树木、建筑的布局使空间或收或放，或断或通，或分或合，或隐或露，或起或落，峰回路转，柳暗花明，意境含蓄而深邃。尤其是宅园中只有小空间、小尺度而没有大空间、大尺度。人在小空间中穿行，弯弯转转，上上下下，意味无尽。“一览无余”是造园的大忌。

造园的规划不是依据轴线（但有景点、景区的局部轴线），而是讲究对景和借景。

“对景”指院内，在视线所及的相对位置布置景物，使在一定视点和视角范围内形成观赏画面的规划手法（讲求不对称的均衡和多层次深度的景观）。“塑壁”是近距离对景的一种手法。北京颐和园自佛香阁望龙王庙岛是远距离对景的一个例子。

“借景”，指将园外景物引入人的视野。近借可见邻园、邻院之景（“开窗妙于借景”）；远借自园内高处可望园外远处景物（如颐和园湖山真意亭西望玉泉山塔，避暑山庄的锤峰落照亭、四面云山亭、北枕双峰亭、南山积雪亭、遥望四围云山）。借景讲究“嘉则收之，俗则蔽之”，是园林景观在时空上的延伸。

园中建筑本身是一种风景建筑，具有观赏性，是一种艺术的建筑，它与山、水、石、植物相依成景。厅堂常处面水开阔处，斋馆房室常自成僻静小院，楼阁居高可眺望全园景色，亭位于半山、山巅、水际，榭临水，轩虚敞，廊有半廊、复廊、水廊、爬山廊。“桥”，板桥胜于梁式桥，更胜于拱桥，使水面连通，分而不断。桥宜贴水，低栏，水可亲近。所谓“径欲曲，亭欲朴，桥欲危”，而充满意趣。

中国传统造园全面地、充分地调动人的想象力。人身历其间不仅看，还有听，而且想，寄寓一种情感。人观水，流水无情，而人有情。“楼下水流何处去，凭栏目送苍烟暮”。

听：万壑松风（林声）：空谷风摇，松海林涛。“涧壑风来号无窍，尽入长松悲啸”。

林中听泉（水声）：“水自石边流出冷，风从花里过来香”。

柳岸闻莺（鸟声）：晓风杨柳莺啼。“莺宛转，燕丁宁，晴波不动晚山青”。

雨打芭蕉（雨声）：“更闻帘外雨潇潇，滴芭蕉”。

看：锤峰落照（夕阳景）：“夕阳无限好，只惜近黄昏”。

断桥残雪（残雪景）：“断桥桥不断，残雪雪未残”。

烟雨楼（细雨景）：“雨丝风片，烟波画船”。

平湖秋月（夜月景）：“秋水夜月，一派洁净晶莹的世界”。

花港观鱼（游鱼戏水）：“鱼乐人亦乐，泉清心共清”。

芙蓉榭（看荷莲）：“出淤泥而不染，濯清涟而不妖”，“浮天莲叶无穷碧，映日荷花别样红”。

竹外一枝轩（看竹）：“月映竹成千个字，霜高梅孕一枝花”。

见山楼（看山）：“白云飞去青山在，青山常在白云中”。

倒影楼（看水中楼影）：“上下天光透水光，东西花影含楼影”。

想：苏州留园“与谁同坐轩”，使人想起苏东坡的词：“与谁同坐，明月、清风、我！”。

这就是中国园林的一个优秀而独有的传统——自然与人文的交融。景点、景区更通过诗词题额，楹联、条幅等的点题，或抒发情感，或取求福吉祥之意，启迪人更深层次的联想和欣赏，使中国的园林艺术蕴含着自然意趣和文化气息。它的创作境界就是使情景交融，在艺术上与诗画相通。它的意境可以成诗，可以入画。

当你更多地了解传统建筑的人文精神，会感到现代建筑有一种缺乏感性的冷冰，领悟到感性在建筑中的重要性。园林景观：树影、叠石、流水。是极富感性色彩的，极易与人的情感沟通的因素。

如果说，西方的几何园林是理性的作品，那么，中国的自然风趣园就是感性的作品。中国造园，尤其是私家园，主题是“山水”园，精神是“文人”园，手法是“写意”园，未知这样的表达是否恰当？

黄帝陵重修规划设计综合方案简介

（载《建筑学报》1991年第1期）

说明：本方案是在陕西省建筑设计院、西安冶金建筑学院建筑系、西安市建筑设计院、西安古建园林规划设计处、陕西省城乡规划设计院、中国建筑西北设计院、西安冶金建筑学院建筑系青年教师等先后提出的方案基础上，经建设部组织两批专家来陕指导提出意见后，陕西省政府委托陕西省土木建筑学会邀集省有关专家学者召开了“重修黄帝陵规划设计研讨会”，并形成了指导综合方案设计的规划设计大纲，再由西安冶金建筑学院建筑系和陕西省建筑设计院加以综合完成的。

一、陵区总体环境保护

桥山山丰土厚，林木郁茂，现有长生柏林一千三百余亩，柏树达八万余株，构成了特有的自然景观。桥山山形毓秀端庄，山势峰峦绵延；四周山岭回抱，沮水三面环流，山前沮水如带，印台三山如屏。按传统“风水”观念和现代地理学、环境美学分析，它都是黄土高原一处具有典型地貌特征的极佳选地。这是黄帝陵建设的天然优势。

但随着历史的发展，桥山周围山水空间逐渐被城市建设所挤占，沮水西湾及轩辕庙以东房屋连片，桥山南麓也多处开山挖窑建房，城区则开始向印台山西坡延伸。桥山古柏林生态环境受威胁，沮水上游水土流失，河水季节性暴涨暴落；城市污水排入沮水，昔日清澈见底的景色已不复见。西包公路原经县城紧靠桥山南麓经轩辕庙前而过，1989 年改线绕过县城沿印台山北通过，噪声及交通干扰虽有所改善，但对陵区整体环境仍有一定影响。

桥山环境现状，同对黄帝陵作为中华民族人文初祖陵墓、海内外华夏子孙祭祖圣地的要求，相去甚远。

为此，从总体上保护黄帝陵所依托的桥山生态环境、景观环境，并开发桥山周围的自然风景资源，扩大陵区的环境容量，已成为黄帝陵重修规划的首要任务。

规划明确陵区保护范围包括桥山、桥山山前区、印台山、沮水东湾、西湾及县城六大地段，面积约 3.24 平方公里。其重点保护范围包括桥山和县城轩辕街、城北现存明城墙遗址地段，面积约 1.2 平方公里。其一般保护范围包括山前区、印台山、沮水东湾、西湾和县城的大部。

规划针对不同保护范围，区别情况提出了清理、搬迁、控制、协调等不同要求。力求达到净化和改善陵区整体环境的目的，以利于创造雄伟、庄严、肃穆、古朴的气氛，使前来祭祀或游览的人能产生“圣地感”。

规划具体建议：桥山范围内与陵庙无关的单位和民居应逐步迁出；县城轩辕街以北、印台山北麓、东湾过境公路以西地段划为建设控制区；要求对黄陵县城规划作必要的修改调整，使基础设施的建设与黄帝陵重修规划相适应；着手整修轩辕街，以保存和恢复其传统风貌；将印台山北过境公路改道由印台山南侯庄过境。

规划目标是使黄帝陵区建设成为以黄帝陵庙为文化内涵，以桥山古柏为主要自然景观，包容周围山水的国家级名胜风景区。

二、陵区规划结构

（一）黄帝陵的建筑、基础设施、交通道路现状条件比较差。特别是随着祭祀规格的提高以及海内外华夏子孙祭陵、旅游活动的发展，必将不断带来一系列新的要求。这些矛盾只有通过较长远、较完整的总体规划才能妥善解决。

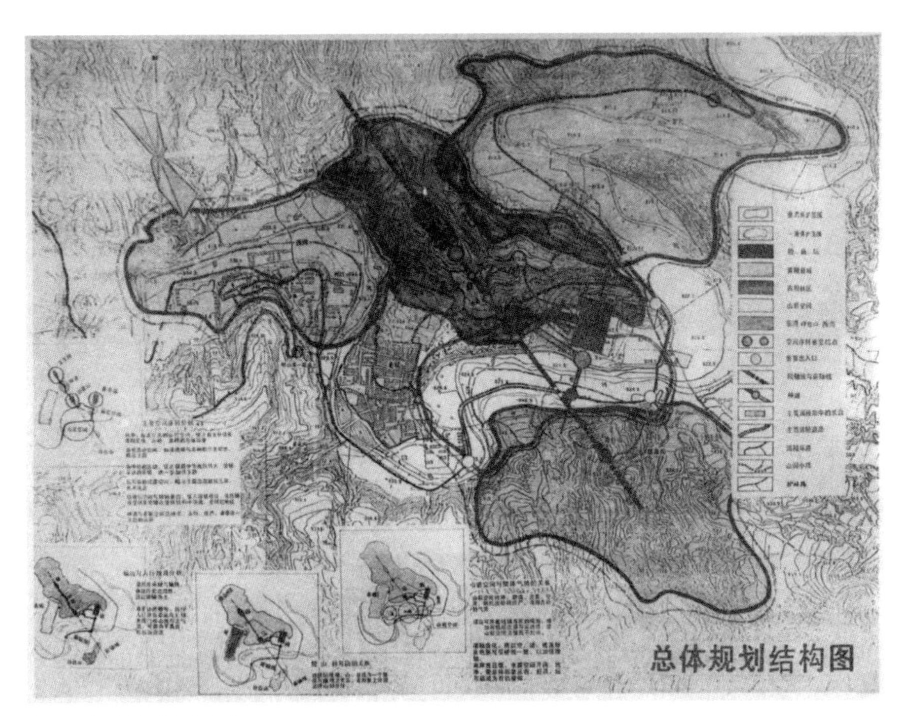

图 1　黄帝陵总体规划结构图

陵区规划以桥山陵庙区为主体，山前区为交通枢纽，县城为依托基地，印台山、沮水东湾西湾为陵区外围自然风景区。力求使陵区主体与周围环境形成一个协调的整体（图 1）。

（二）陵区规划的重要之点在于充分认识和利用自然环境和天然优势，通过规划设计手段加以发掘提示，以达到“事半功倍”的效果。

规划从大空间环境着眼，以大手笔利用桥山周围的山形水态地势烘托陵区的雄伟气势。在各个不同方向选择远望桥山的第一最佳视点（西——马家山口，南——印台山顶，东——凤凰岭东麓沮水湾出口），设“望亭”以提示空间领域。

（三）综合方案规划结构的特点，在于尊重历史选择的陵址、庙址以及陵向、庙向。以此发掘和提出黄帝陵和周围山水地貌之间的空间构成特征；陵向的标志是一条由墓冢以北 1021 山峰——994 山峰——墓冢——汉武仙台——印台山 941 山峰相连的直线所形成的视觉空间轴线

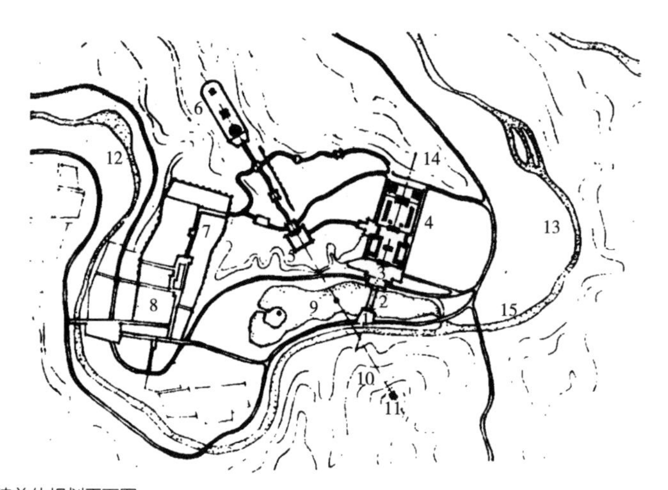

图 2 黄帝陵总体规划平面图
1—入口广场；2—轩辕堤；3—庙前广场；4—轩辕庙；5—功德坛；6—黄帝陵；7—轩辕街；8—县城；9—人工湖；10—印台山；11—藏书亭；12—西湾；13—东湾；14—凤凰岭；15—沮水

（呈南偏东 32°），规划以此作为陵的规划轴线，并使陵道走向也与陵轴线相一致。桥山本体并不高大，其气势的构成不是靠建筑规模和尺度的宏巨，而是利用建筑与山水的结合来突出陵区的主体。

轩辕庙位于桥山南麓的东部，庙址已有千年以上的历史，庙坐北向南，其中轴线系由凤凰岭——庙院——印台山构成的视觉空间轴线（呈南偏西 16°）。轴线两侧古柏排列自然得体。庙轴线在重修规划中同样尊重其历史的存在而予以保持（图 2）。

规划尊重历史选择的陵址、庙址、陵向、庙向将有利于体现黄帝陵历史的延续和发展。

（四）陵区入口选在桥山山前区陵轴线和庙轴线交点附近。由此向北连通陵庙，向东通往沮水东湾。向西连接县城和西湾，向南联系印台山。山前区地段宽敞，视野开阔，适于布置入口广场、停车场等空间，并可展望整个桥山陵庙区的南立面。

（五）山前区利用原沮水河滩洼地拦河筑坝，蓄水成湖，构成山水辉映的景色，以恢复历史的“黄陵八景”之首——“桥山夜月”。

（六）柏林防火采用水消防系统，引水上山工程在人工湖取水，在凤凰岭山腰设贮水池，林区设消防管网。

（七）陵区交通系统

1. 陵区车行交通拟利用现有印台山北公路经由县城进入陵区入口停车场，向东而北渡沮水绕庙后与现状上山东行道相接通，作为陵区工作用车、老弱用车之用。

2. 桥山南麓原有车行道保留作山前湖滨路，并限制车辆进入。

3. 谒陵道路：按“先庙祭后谒陵”的祭祀谒陵流程，主要人流线路由陵区入口广场经轩辕堤桥跨人工湖登庙前广场。庙祭后，或经庙中院出西门，或返回庙前经两条引道会合于陵道起点——“坛”。再沿陵道北上至陵园入口。也可经庙中院出东门北上经凤凰岭，沿岭脊的引道过沟谷跨过秦汉城墙遗址到达陵道上段平台北上陵园。其路线比自坛北上路线为短，并可领略凤凰岭南北黄土高原及沮水东湾的自然景色。谒陵的下山路线除向东由凤凰岭返回外，也可自陵道上平台经现有车行路西下，穿过明城墙豁口，经旧轩辕街返回县城。这也是历史上直接登陵的上陵道。规划拟将城墙豁口恢复城墙及城门洞。

4. 规划除主要线路外拟在下山道上引出树枝式支路连接沿途景点（如947高地、凤岭幽谷、秦汉城墙）以扩大环境容量。除车行、人行道外另设有护林道路（图3）。

三、陵道与坛

（一）陵道由作为起点的下平台至陵园入口水平距离约600米，其序列规划为：下平台（起点）——坛——中平台（陵道与现状车行道交点）——上平台——陵园入口。其走向结合地段本着“曲不离直”的原则沿陵轴线北上。配以石阙、牌坊、陵表、石碑、雕塑等赋予人文内涵的纪念标志，以增加空间的层次感，加以步步上升的地势和郁葱幽深的古柏林，使谒陵者能产生“高山仰止”的心理效应（图4）。

（二）“坛”是陵道入口的重点，地段的现状是天然平台，仅有稀落

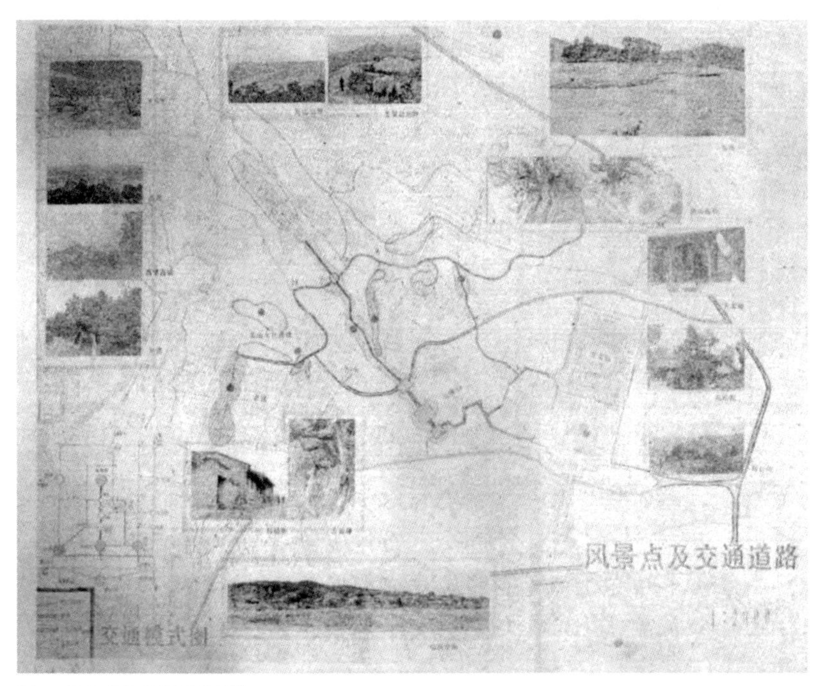

图 3　风景点及交通道路系统

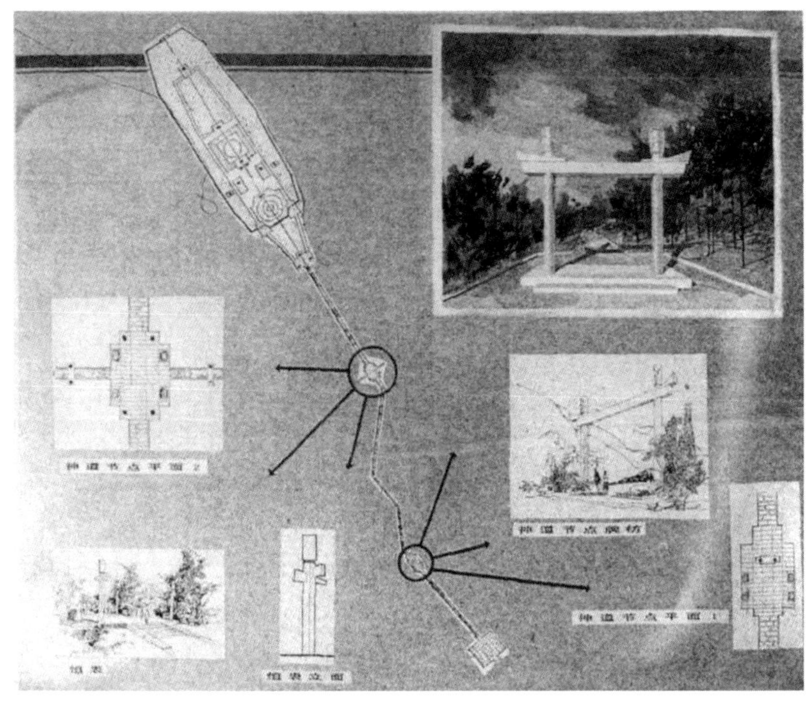

图 4　神道节点设计

的槐树林，是比较难得的平坦开阔用地。“坛”是庙祭主谒陵路线的主要转折点。坛前立双阙，坛中央设高碑作陵表。作为陵的第一道标志，坛远远一望可见而提示陵的所在。自坛南望，印台山隔山相对，成为陵道的天然对景，使陵轴线形断而意连。

坛和陵表使陵园空间向前推移，而陵园就在郁郁森森的柏林深处，使人产生“桥山即黄帝陵”的联想。陵表之后为大面崖壁，以仿汉画像石平雕加勾勒的古拙手法表现黄帝的丰功伟绩及中华文明之光，成为谒陵的第一高潮（图 5、图 6）。

（三）因地形所限，坛之南设尺度较小的下平台作为坛的前导空间和引道与陵道的交会点。坛以北的中平台为陵道与山上车行道的交点，采用立交方式使陵道空间保持连贯和净化。中平台以北陵道进入古柏林跨过汉城墙与现有谒陵石蹬道相接。现状石蹬道宽 2.5 米。规划拟拆除其栏杆并拓宽到 5 米。陵道上平台主陵园入口，可在密林中选出长达 120 米的缓坡直道，而不伤古柏。直道正对陵轴线，使陵园更富有气势。

四、轩辕庙规划

（一）庙前区：陵区入口广场至庙前广场地形高差达 16 米，通过石墙护面的土堤（中段设三孔大尺度过水洞）渡过 90 米宽水面。堤的两侧植树使两岸自然沟通。堤上设四层台阶平台直上，以构成一气呵成的登高气势。前后两个广场均以阙门、牌坊等纪念标志衬托庙前的气势（图 6、图 7）。

（二）史载轩辕庙现地始建于北宋，已有千年以上的历史，但现状建筑均为近代所建。它留下的最有价值的遗产乃是庙院内十六株古柏。尤以“七搂八拃半”的“黄帝手植柏”（图 8）和“汉武帝挂甲柏”最为珍贵，它们是庙的历史见证，也是黄帝陵的历史见证和第一景观。规划拟保护庙址和庙院内所有古柏，辟为“古柏碑刻院”。为使古柏与人流、建

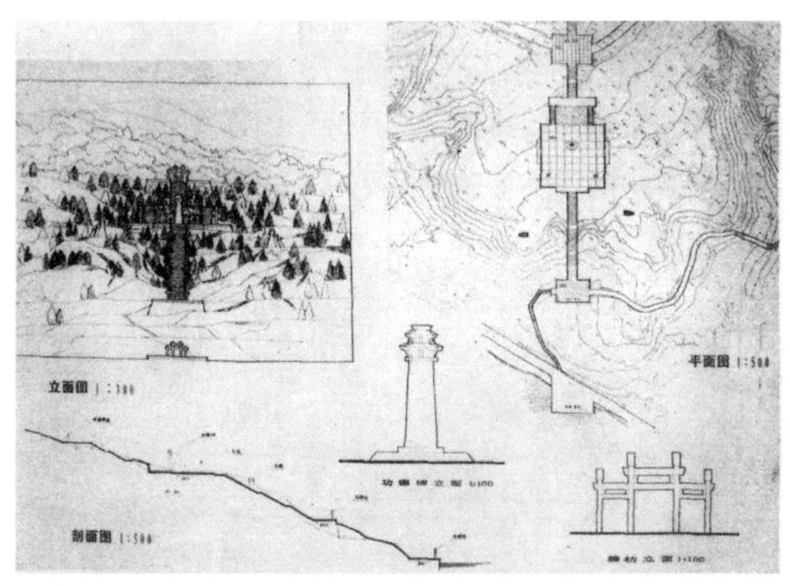

图5　功德坛设计方案

图6　黄帝陵重修规划设计（一）

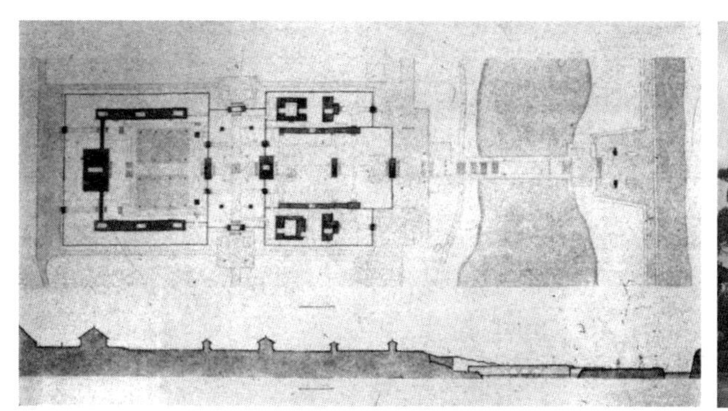

图 7 庙及庙前区平面

图 8 黄帝手植柏

筑、道路保持一定的距离以优化古柏生长环境和观赏条件，拟将庙门外移，并将现状“诚心门”及“碑亭”拆除，仅重建一“诚心门”。西为展示碑刻的碑廊。

（三）按今后庙祭活动的要求，在现有庙院以北新建“祭祀院”，由院门、大殿、廊庑、钟鼓楼组成。祭祀广场按五千人祭祀规模设计。

在“古柏碑刻院”与“祭祀院”之间插入一个中院作为两者之间的过渡和转换空间，用以解决庙祭及游览人流的疏散要求。

三进院落相连成一组整体建筑，呈传统的南北纵深布局形式。原庙院深 135 米，规划三进庙院南北 340 米。既增强了气势，又体现了轩辕庙的历史延续和发展（图 9）。

（四）大殿取“四面无壁”的古代“明堂”形制，殿的后檐墙（屏风墙）作大面浮雕，其前立黄帝立像，顶部用人工照明构成朦胧神秘的光影效果以渲染庄严神圣的气氛，并使大殿与祭祀广场在视觉空间上取得交融的效果。考虑到陕北黄土高原落尘多的具体条件，在不举行祭祀大典时，空廊内柱列间以可装卸的格扇作封隔，顶部不做直接采光井。

（五）庙内现存古碑是黄帝陵历史的人文记录而具有文物价值。拟在“古柏碑刻院”保护展示。历代有关黄帝陵的祭文、诗词等，尤以孙中山诗词、毛泽东、蒋介石的祭文更具重要的历史意义和现实意义，规划在将旧庙院大殿改建的过殿展示。古柏、古碑、历史祭文诗词成为轩辕庙的历史内涵，在重修规划中得到妥善保护。

（六）庙北设后门及停车场，供祭祀大典的主陪祭及贵宾出入。大殿东西的两庑作为贵宾休息、陈列室、工作用房之用。

（七）现庙西偏院为保生宫旧址，院内有四株古柏及近年迁建原黄陵县文庙古建筑两栋。规划均予保留作为管理用房，另在东偏院增建接待用房。

五、陵园规划

（一）陵园入口设在陵轴线上。在陵道上平台至陵园入口前，有小片柏树林成为汉武仙台前的绿色屏障和天然影壁。道路在柏树林前分叉经汉武仙台两侧进入陵园，使汉武仙台在陵园视觉环境中自然得以“淡化”。自陵道中平台开始一直沿陵轴线对称布局，强化了陵区的肃穆气氛（图 9、图 10）

（二）陵园以陵墙将汉武仙台、墓冢、994 山峰围成一个整体。陵墙随地形蜿蜒，其范围南北约 210 米，东西约 72 米。

（三）墓冢仍保持历史留下的形象加以修整补筑，墓冢为扁平的球形土冢。现状墓冢直径约 16 米，补筑后加大到 18 米，现状在墓冢上的三株古柏予以原地保存。土冢下部筑方形墓台作为台座。墓台边长 24 米。方形墓台用以烘托墓冢的神圣感，“上圆下方”也附合“天地相合”的传统观念。墓台四周以石墙围合，其内填土，表面植草，以保持包入墓台六株古柏的生态条件。保留的古柏与土冢相生更显苍古的气氛，也适应扫墓培土的习俗（图 6）。

（四）为求得陵区庄严静穆的环境气氛，陵区拟拆除墓前的现有祭亭，并在东西两侧增建钟鼓亭。

（五）陵园以海拔 994 米天然山峰为背景，山脚立有明代“桥山龙驭”碑。拟在峰顶建“龙驭台”，以供登高眺望作为谒陵的高潮。登高远望

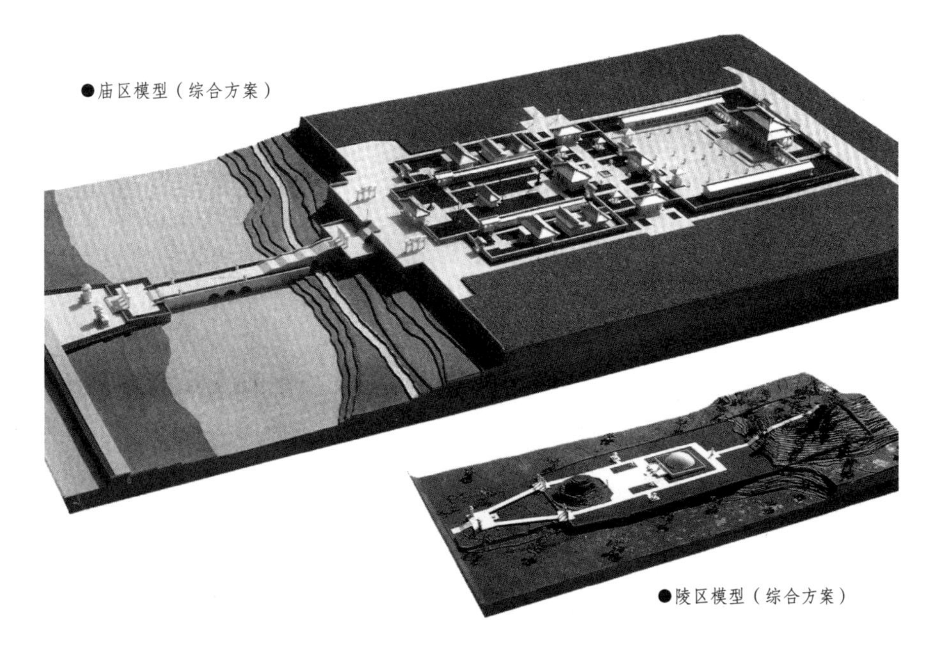

图9　黄帝陵重修规划设计（二）

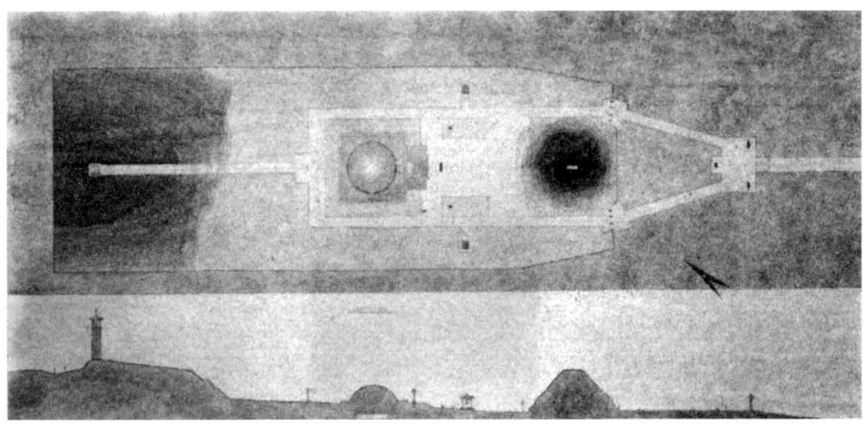

图10　陵园总平面

山水胜景使朝圣者把握整体山水的构成形态，并联想“驭龙升天”的传说，使人文内涵与自然景观一起激发朝圣者的心绪升华，启示种种联想和追求。

“龙驭台”也作为远望桥山时陵园所在的显著标志及防火瞭望台（图6）。

六、建筑的风格

“圣地感”的追求有赖于环境的高度统一性。陵区所有建筑和建筑小品，包括陵、庙、陵道等均力求风格的统一性，以统一性加强整体性，以整体性增强艺术表现力。它们是在参考中国汉代建筑形式基础上的再创造，而不拘泥于一定法式。选材以石料为主，不彩绘，不采用琉璃瓦，力求取得雄伟、庄严、肃穆、古朴的效果。

关于庙的建筑规格、等级，因庙为祭祀性建筑，其规格、等级应与祭祀的规格、等级相适应。因祭祀规格为国家级，其形式宜采取传统建筑中较高的规格、等级。至于陵园，作为氏族时期黄帝陵的象征，重要的在于体现历史的古远，风格力求庄严、古朴、肃穆、神圣。其雄伟气势在于利用自然环境，尤其是静谧的古柏林的烘托，而不必追求建筑形制的高等级、高规格。

我们认识到黄帝陵规划和建筑造型设计的难度，综合方案既不可能全面充分地反映和吸取已有各个方案的成果，而综合方案本身也仍处于初步的、粗胚型的探索阶段。为了接受各方面的意见和建议，仅以此奉献给海内外一切关心黄帝陵重修规划和建设的人们，望不吝赐教。

《陕西古塔》序

（载《陕西古塔》，陕西科学技术出版社，1994年）

《陕西古塔》集是陕西古塔建筑的一部翔实的记录，是包容佛教文化、建筑艺术与现代摄影的精美画卷。

在世界古代史上，许多灿烂辉煌的文化艺术往往与宗教不可分离。宗教不仅创造了宗教本身，而且创造了古代哲学、文学、建筑、绘画、雕刻和音乐。可以说，如果排除了宗教文化，任何民族的古代文化都将黯然失色。宗教文化无疑是古代社会的折射，是宗教虔诚和激情的产物，然而它也是古代人民心血、智慧和创造力的表现。

佛教是世界三大宗教之一，创立于公元前六世纪的古印度，而后向外传布，是较之伊斯兰教和天主教历史更早的宗教，尤其在东方民族中信仰极广。

印度佛教之传入中国，约在西汉末，始盛于东晋。隋唐是佛教的极盛时期。佛教在中国传布过程中逐渐吸取了中国传统的儒家和道家思想，因而产生了中国的佛教宗派，使佛教得以在中国社会中生根、发展，佛教文化艺术也随之中国化，成为中国古代文化的组成部分。

寺院和塔是佛教建筑的主要类型。塔，佛教建筑称“窣堵坡”“塔坡”，为梵语 Stūpa 和巴利文 Thūpa 的音译，在古代文献中还有称“佛屠”（浮图）。早在佛教产生之前的古印度吠陀时期，国王死后就建造半圆形的坟墓，成为“窣堵坡”。当佛教释迦牟尼弃世，门徒以香木焚尸，其遗骨及骨灰结成的颗粒，称“舍利”或“舍利子”，为释迦族等八国国王分得，乃建“窣堵坡”藏之，自此，“窣堵坡”遂具有了宗教的意义。

印度“窣堵坡”塔的造型，由台基、覆钵、宝匣、华盖四部分组成。台座，即塔的基座，其上为半球状的覆钵；覆钵顶为宝匣，形如方箱，中藏“舍利”；最上为华盖，作伞状；塔内实以泥土，不能登临。现存古印度最大的一座“窣堵坡”，为建于阿育王时期（250 年）的桑契大塔（Great Stūpa，Sanchi），用石砌筑。中国最早期的塔，当是东汉明帝永平十八年（75 年）所建的洛阳白马寺塔。据《魏书·释老志》载，“塔制度犹依天竺旧状而重构之”。在敦煌早期石窟中仍可见到这种印度“窣堵坡”式塔的形象。其后塔之构造，大多由石造易为砖、木，塔内常设佛龛，又置梯级以便登临，外部更绕以栏廊、覆以重檐，则与中国传统之楼阁建筑日趋雷同。

古印度的佛寺，称“伽蓝”或“招提”，皆以塔为中心。塔的周围，罗列经堂、禅室、僧房等。中国早期的佛寺，也大都袭用印度佛寺的布局形式，以塔为寺之主要建筑物。故此，汉、魏典籍盛称“浮屠”而不称“寺”。东晋以后，渐重佛殿，置本尊（释迦牟尼）像于殿中，以供祈祷膜拜，于是佛殿遂取代塔而成为寺的重心，塔退居寺的一侧或后部。其他法堂、禅房、经堂之类，皆依次配置于佛殿之前后，其制度实为中国院落之布局形式。可见，在中国，作为中国佛教建筑之代表的寺院和塔，虽肇源于古印度的佛寺和墓塔，但它们并没有照搬印度式寺塔的模式，而是在中国传统建筑中加入了佛教的象征物，创造了中国式的佛寺和塔。

中国佛寺中，山门、钟鼓楼、塔、佛殿、经堂、禅房的形制可以视为佛教内容与中国传统院落式建筑的结合。中国塔，也以多层的楼阁式和密檐式为主要类型，它们或为木塔，或为砖石塔，均具有仿木构的特征。除小型的墓塔外，大多可以登临，显然是由传统的楼阁式建筑演变而来，反映了佛教建筑的中国化和世俗化。在中国，仅有“喇嘛塔”较多的受到尼泊尔“窣堵坡”塔形的影响；“金刚宝座”塔可能传自印度佛陀伽耶寺（Buddgaya Temple）的形制，而其历史较晚，数量也较少。

中国塔作为奉藏佛经、佛像、“舍利”的所在，本是寺院的组成部分，但因迄今经历漫长沧桑岁月，许多寺院早已倾圮，唯有塔孑然犹存。故此，现存古塔远较寺院为多。在中国，还有一种“风水塔”，几与佛寺无关，所谓“壮风光，美观瞻，镇四方”，乃是中国古代城乡中建立的一种厌胜、禳灾的象征物，则完全是中国传统文化的一种表现。中国佛教的灿烂文化是佛教在中国传统文化的滋养下产生的。当然，如果没有佛教，就不会有装点中国河山间美丽的古塔和寺院。

塔是佛教建筑的辉煌巨构。高耸的塔，矗立在岗阜、山巅、崖旁、水畔，往往成为一城一地的重要标志和显著景观。塔堪称古代的高层建筑，不论在建筑技术上，还是造型艺术上都是古代建筑中的杰作，是融汇佛教、建筑与雕塑于一身的艺术，是中国古代建筑艺术的奇葩瑰宝。

陕西是华夏文化的发祥地之一。黄河哺育的三秦大地有过它辉煌鼎盛的历史年代，陕西的古代艺术放射出中华民族文化的灿烂光华，其中包括了古塔艺术。

本书作者程平先生是一位影视教育工作者，也是一位中国古代建筑的爱好者，多年来一直从事于建筑专业摄影。作者本着对艺术的热爱和执着的追求，在几年时间里，对陕西全省各地的古塔进行了广泛的实地调查和考察。为此，他常常身背干粮在荒无人径的山峁沟壑间徒步跋涉，去寻觅那些早被遗忘，或鲜为人知的古塔，其足迹所至遍及陕西 97 个县市，拍摄记录了 63 个县市境内仍存在的 204 座古塔。山阳天竺山的深沟，泾阳嵯峨山的险道，都没有使他却步。为寻找旬阳圣驾乡塔和羊山乡塔，他曾入山出山往返达十多日。作者是付出了远比别人更多的劳动，才得到如《陕西古塔》集所表现的丰硕收获，其中一些古塔可以说是他首次发现，也是首次记录的，因而是难能可贵的。

透过《陕西古塔》集的精美画卷，相信细心的读者将会注意到陕西古塔所具有的重要历史价值和艺术价值。

中国历史上最古最高的木塔，当推《洛阳伽蓝记》所载北魏熙平元年（516 年）的永宁寺塔，“九层浮图，架木为之，举高九十丈。上有金刹，复高十丈，合去地千尺。去京师百里，已遥见之”。以考古发现的基座复原推测，塔高应在 70 米以上。山西应县佛宫寺释迦塔为中国现存最古最高之木塔，建于辽清宁二年（1056 年），高 67.3 米，为楼阁式。北魏正光四年（523 年）建造的河南登封嵩岳寺塔则是中国现存年代最早的砖塔，高 39.5 米，为密檐式。

陕西古塔以唐塔居多，更早的为隋代塔，其寿命也已年逾千载。此外，宋塔、明塔也为数不少，其数量之多、历史之久远在全国各省区中是少有的，如著名的唐代西安大雁塔、小雁塔，宋代旬邑泰塔、蒲城崇寿寺塔，明代泾阳崇文塔等。它们有的雄伟稳重，有的简洁古朴，有的挺秀柔美，有的清丽精致，使我们看到了不同的历史风格、地方风格以及同时代塔的不同特色，百态千姿，各具异彩。

还有几座虽说已是残塔，但它不仅向人们诉说了它所经历的劫难，而且人们可以从局部中看到它的整体，可以想象到它本来的面貌和价值，作者也作了拍摄和录像。

诚然，对于今天的人们来说，古代建筑的艺术已是历史久远的过去了，对于它，除了艺术的鉴赏，更重要的还在于历史的审视。我们了解古代的文化，看到古代的技术和艺术成就，古代人民的智慧和创造，目的还在于现实和未来的追求，在于创造和发展新的一代的文化艺术。

古代的艺术，如果是真正的艺术，它是不会死亡的，它不仅包含着本来的活泼生气，而且会成为一种养分去滋养新的艺术的生长。中央音像出版社曾在京主持召开《陕西古塔》摄影及考察资料鉴定会。与会专家国家文物局罗哲文先生、中国摄影家协会左万昌先生等均给予很好评价，认为《陕西古塔》不仅“有较高的古代建筑学术价值”，而且“有较重要的历史文化研究、宗教研究及鉴赏和收藏价值”，建议予以出版。

我想，将《陕西古塔》集推荐给爱好艺术的广大读者和古建筑及历史文化工作者会是一件有益的事情。

中国传统建筑庭院探源

（载《建筑师》第75期·1997年，中国建筑工业出版社）

赵立瀛　宁奇峰

人类文明的脚步在不断开拓新领域的同时，也在不断地审视着已成为历史的昨天。因为昨天不但连接着今天，也预示着明天。

当我们面对中国建筑的昨天——传统建筑时，在惊叹其辉煌之余，更多的是疑问。其中最令人不解的是：传统建筑几乎只有相似的一种群体组合形式——“庭院”或称“院落”。

可以说，中国传统建筑的这种历史现象无疑是传统建筑的本质特征的表现。如果我们能深入地探寻这种特征之所以产生的历史根源和它所表达的文化含义，我们就可能把握住传统建筑发展的脉搏，为中国传统建筑的研究开拓一条新的思路。

“庭院模式”的疑问

在中华的古老大地上，从南到北，无论是朴素的民居，还是壮丽的宫殿，或是远寂的寺庙，都呈现着一种相似的面貌：它们都是由间构成幢，再由单幢建筑围成“三合”或“四合”的方形或长方形的院子，数个这样的大大小小的院子串联而成院落，它们以群体的方式水平地展现一种舒展和谐的空间形式和外貌。我们将这种贯穿于整个中国古代建筑历史的沿袭不变的模式称之为“庭院模式”（图1）。

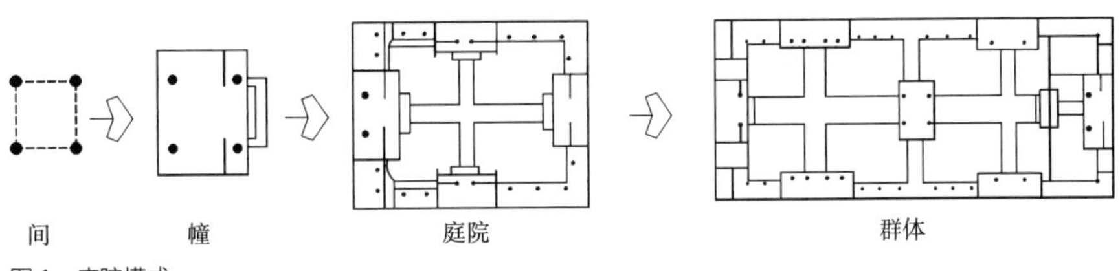

图1　庭院模式

早在20世纪30年代，我国老一辈建筑学家梁思成先生即提出了中国传统建筑的特点是以群体见长。时至今日，许多建筑学者以这样或那样的观点总结着中国传统建筑的特点。然而，他们不约而同地都将院落群体组合方式——庭院模式作为中国传统建筑最为显著及重要的特点。理论界对于传统的探索无疑是卓有成效的，然而对现象的揭示仅仅是研究的开始，更重要的在于揭示现象背后的原因。

众多的学者以他们的研究为庭院模式提供了种种解释：有人推论，庭院式的群体组合方式是由于建筑的功能要求以及物质环境使然，认为“院”这种性质的空间为人所必需。有了院子可以解决采光、通风等问题，也可以作为室内空间不足的补充，提供日常生活及特殊情况下，如庆典、祭祀活动等的场所。院落的形成还与中国所处地域的温暖气候适于室外活动有关。同时，封闭的院子具有防护功能，因为土木结构的房屋在这点上不能完全满足要求。

诚然，这些解释都是正确的，但它还不足以说明为何在民居、寺庙、店铺、衙署、宫殿等截然不同的功能要求下，以及湿热的南方与干冷的北方这种全然不同的气候环境下会出现相同或相似的布局方式（图2）。

也有的学者认为，采用庭院模式的主要原因在于中国人独特的空间观念，比如围合、虚实相生、阴阳交合、私密性、含蓄等。这种论点成功地解释了许多问题，然而它也还没有说明这种观念本身所以形成的文化原因。我们现知最早的“四合院”是发现于陕西岐山的西周早期建筑遗址，但中国传统建筑并非一开始就定型于庭院式的群体组合方式，在春秋战国至秦汉时代也曾追求高堂广厦，例如战国时代的秦咸阳、燕下都、赵邯郸、齐临淄的高台宫殿。但为何最终走上庭院模式的道路并形成如此独特的空间形式？从世界范围来看，庭院式建筑也并非中国人所独有。如古埃及、古希腊、古罗马，都出现过中庭式的类似的布局，然而为什么这样的形制并未像中国那样成为一种普遍的院落形制呢？还有一种解释认为，由于新石器时代，如西安半坡、姜寨村落遗址中的建筑群已经采取了一种“向心”（围绕一个中心：大房子或广场）的平面布局形式，而后来的庭院布局形式就是这种观念的发展和延续。不过考古发现在原

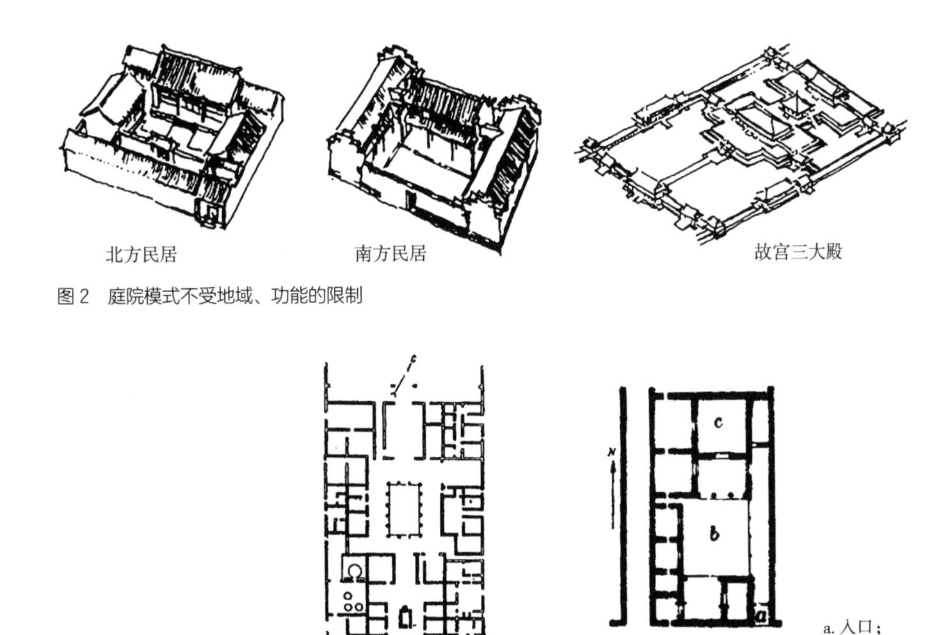

图 2　庭院模式不受地域、功能的限制

图 3　中庭式的布局

苏联境内基辅发掘的原始村落，其建筑布局也具有一种向心性，为何这种向心性远未发展成类同中国的庭院模式呢（图 3）？

看来，囿于建筑自身范畴的研究束缚了我们的思维。近年来，随着自然科学与社会科学，特别是各门学科的相互渗透，促使建筑理论的研究从自身封闭的系统转向文化的广阔角度，这种崭新的视角，使我们对理论研究，特别是对传统的反思跨入新的高度。

庭院模式与“天人合一”的理想

18 世纪的法国哲学家丹纳在其名著《艺术哲学》中曾论述了文化与艺术的关系。他认为，同自然界中环境决定动植物的特性一样，艺术的产生也是由精神方面的环境决定的。或许将建筑等同于艺术的观点在今天并不适用，然而丹纳所提供的研究方法却具有借鉴意义。从结构模式角度看，建筑与文化同构，即同时包括物质和精神两个方面。建筑既要满足人们衣食住行的物质需要，也体现着政治、哲学、宗教、艺术、美学观念等精神方面的要求，不同时代、不同地域、不同民族的生活方式、生产方式、思维方式、风俗方式、社会心理等要求。这种综合性使建筑成为人类文明各个历史阶段发展水平和成就的重要标志，构成一个国家、一个民族文明的历史形象，因而被人称之为“石头的史书”。对于典型建筑物的考古、研究和欣赏往往会对产生该建筑的社会文化有深入的和具体的了解。在拉波波特的《住屋形式与文化》及梁思成先生的论著中，都将社会文化作为影响建筑形式的决定因素。我们说，自建筑可以环视一个社会、一种文化；反过来说，可以自社会、文化来审视一种建筑，如此，我们便有一般人所没有的视野。当我们以这种观点来研究中国传统建筑的“庭院模式”便会得到较明晰的思路。

纵观人类的建筑活动，都是在一定的历史背景和条件下意图创造一个理想的生活环境。社会文化正是通过塑造一个民族共同的理想模式而实现其对建筑的影响和规限作用的。具有相同的文化背景会产生相同的理想模式。尽管物质条件不尽相同，但由于其共同的理想仍会产生相同的建筑形式，而在相同的物质条件下，具有不同文化背景的地区，由于理想模式的不同而出现建筑形式的差异也就不足为怪了。

因此，可以说庭院模式凝聚着中华民族对理想生活的憧憬，它印刻着产生这种共同理想的社会文化的标记，这是庭院模式赖以产生和存在的最根本的历史原因。当我们尝试着在建筑与文化之间寻求这种对应关系时，我们会发现，在中国传统文化中确实存在着一种理想生活模式，这就是渗透于中国传统文化各个层面的“天人合一”观念或称之为“天人合一”的理想。这种理想正是农业文明传承发展的产物。从旧石器时代起，由于生存方式的不同，人类文明的发展走上了不同道路，西方的先民在狩猎中发展了自己的文明，而中国的先民较早开始并延续了数千年“日出而作，日落而息”的封闭而稳定的农耕生活，并孕育了自己的史前文明，最终发展成为一种独特的、完整的、极具内涵和个性的文明体系。

对于中西两种文明特征的差别，考古学家张光直先生曾作了如此的论述：“我们从世界史前史的立场上，把转变方式分为两种……，一个是我所谓世界式的或非西方式的，主要代表是中国；一个是西方式的。前者的一个重要特征是连续的，就是从野蛮社会到文明社会许多文化、社会成分延续下来，其中主要延续下来的内容就是人与世界的关系、人与自然环境的关系。而后者即西方式的是一个突破式的，就是在人与自然环境的关系上，经过技术、贸易等新因素的产生而造成一种对自然生态系统束缚的突破。”[①]

比较一下中西文化的不同，可以看出西方文明是建立在人与自然分离的关系上，其理想是征服和改造自然，对自然采取主动的分析和研究，为其走上科学发展的道路奠定了基础。而中国的文明由于农耕生活的影响，更期望与自然建立和谐的关系，这种和谐的关系就是“天人合一”的理想，尽管在中国古代文献中，“天人合一”的理想并没有以明确完整的理论形式表达出来，但我们可以清楚地看到它对于中国传统文化和人们生活的各个层面起着深刻的影响作用。

对于中国传统文化和社会生活有着极大影响力的儒、道思想，同“天人合一”的观念不仅不是相悖的，而且可以说，“天人合一”观念也是儒、道思想的基础。孔子把“仁”——“仁者爱人”[②]——规定为人的自然本性，并以此作为“礼”“乐”（社会伦理的和谐）理想的基石。“志于道，据于德，依于仁，游于艺”[③]。孔子用他的一系列界定了基本内涵的“仁”的概念，表达出由史前时代至西周社会形成并延续着的注重宇宙自然（包含人类社会）整体性及事物间内在联系的有机自然观。当然，孔子更注重寻求的是人伦社会和个体人格的有机和谐，而他的理想仍是追求自然和社会整体的和谐。

以“绝圣弃智”“绝仁弃义”相号召的老庄“道论”，表面上看似与孔子（儒家）的“仁”相对立。而实际上其差别仅在于：孔子以三代（主要是西周）的“礼”为理想，宣扬人伦和谐的纲常伦理，老庄则系理想于三代之上，将史前时代人与自然的和谐演化而成以“道”为核心的观念形态，而其一脉相承的正是“天人合一”的共同理想。“儒”与“道”殊途同归，虽然儒家通过本体伦理化而使人伦成为关注的中心，道家也改变了万物有灵的原始自然崇拜而形成一种以“道”为本体的新的泛神论观点，但它们都不会促成人类与自然、主体与客体的分离、对立。对人类社会和谐秩序的追求及对人与自然和谐交融的追求在儒道学说之间架起了一道沟通的桥梁。如果说儒道学说是原始农耕文化传承中的必然选择，那么“天人合一”，可以说是我们的祖先从森林走向平原开始农耕生活的那一天起便憧憬着的理想之梦。

对理想生活的表达乃是建筑的永恒主题，“天人合一”的观念和儒道思想必将反映在中国传统建筑之中。

庭院模式的意义

庭院模式在中国的出现决非历史的偶然，其产生的根本原因是中国传统文化使然。庭院模式应能全方位地体现儒、道思想，体现“天人合一”的思想，否则，对理想的追求必将导致重新选择和建构其他更为完美的建筑形式。

一、传统思维的特质

思维是人类文明发展的基础，自然环境及生存方式的差异导致了文明的差异，也带来思维方式的差异。

由于农耕文明的影响，中国传统思维方式中，人与自然形成了一种不可分离的整体关系，天、地、人好像同处在一条发展规律的制约下，人们在把握这条规律时并不采用逻辑推理的方法，而是依赖直觉和顿悟。于是，有别于西方的逻辑分析思维，整体关联及意会性、模糊性的辩证思想成为中国传统思维的重要特征。

其中“整体关联”的特点可以说是原始文明的直接产物，其特点为“有机”和“关联”，以“整体关联”来把握客观世界，甚至不辨人类与自然，主观与客观混同为一，幻想和现实不加区分。这正是产生“天人合一”观念的思维基础。

风调雨顺带来了五谷丰登、国泰民安，这是以农为生的先民们对自然与人类关系的最直接的感受，于是人们很自然地把自然现象与人类活动联系在一起，如果天有不祥之兆，则会认为是人间的某些错误所致。

同样的，如果人们希望自然发生何种变化，便会进行一些他们认为与之相关的活动，比如祈天祭地等巫术活动。

对于建筑，人们也不仅仅把它看作是遮风避雨的场所。更重要的是，如果建筑按照某种神秘的自然法则建造起来，就会给人们带来安全和幸福。于是“象天法地”“风水堪舆”等成为建筑的重要原则，渴望实现“天人合一”的人们希望由此而永葆平安和繁荣。

其实，严格来说，西方式的思维方式也是整体思维，但他们对“整体”的认识是通过对个体的剖析达到的，而中国传统的整体思维方式是从客观事物的外部，通过此一事物与彼一事物之间的相互作用和关系获得的。西方的建筑形式采取的是重视个体的塑造方式。而中国的传统建筑则采取了重视个体之间关系的群体塑造方式。中国人是极擅长于群体布局的。

这种整体关联思维方式是如此重要，以致于它的深刻影响几乎随处可见，如果我们分析一下作为立国根本的儒家学说，它的伦理观念，不正是以人与人的关系为中心的吗？“君君、臣臣、父父、子子”[④]其实说的是一件事——人与人的关系。

不难想象，如果没有整体关联的思维基础，庭院模式不可能成为传统建筑的基础和核心，由间—幢—庭院—院落组群的建筑形式几乎就是一种可视的整体关联思维方式。这里注重的是群体的形象，每幢建筑仅是组成群体的个体，因而只剩下了简约甚至是千篇一律的形象。但是群体组合却具有可变性。每组群体内都存在着许多个体与个体、个体与群体所产生的位置关系。可以设想，如果将庭院建筑换成集中式建筑，将会失去多少有意味的空间位置关系，像贾母之类的封建家长将选取什么位置的房间来体现自己的尊严呢？

当然，对于庭院模式有影响的不仅是整体关联的思维方式，中国传统思维的另一特征——辩证思维也对庭院模式的建立具有重大意义。

辩证思维又可称为“矛盾和谐”，指对立的双方共存着、对抗着、互动着，从而形成一个生动、统一的整体。

中国传统文化的核心——儒、道思想，都带着浓厚的辩证思维的色彩。

试观《易经》中所谓的“生生之谓易”，“一阴一阳之谓道”。世界在充满矛盾的同时，又是一个和谐的统一体。而正是这些矛盾使世界生生不已地发展着。因此，解决矛盾的方法不是消灭矛盾，而是使其达到动态的和谐。“天人合一”便是一种最广泛意义的和谐。

辩证思维方式使中国人对矛盾有着独特的理解，对矛盾双方的辩证认识使传统思维对任何对象都给予相同的重视。因此，在中国传统的庭院式建筑中，室内空间与室外空间，人为空间与自然空间，虚空间与实体，都摆在了相同的地位，体现了中国人独特的空间构成的思维方式。

对矛盾双方的共同重视，使中国建筑在拥有室内空间的同时拥有了阳光蓝天下的庭院空间，矛盾重重的建筑终因有了庭院模式使追求矛盾和谐的中国人完成了建筑与文化的同构。

可以说，传统思维方式促使了“天人合一”理想的产生，也在建筑领域引发出庭院模式这样一种极贴切的表达方式。

二、伦理与秩序

翻开中国古代的历史，值得特别注意的是，与其他封建帝国不同，中国传统社会不仅靠法律和军队来维持，而且靠伦理这种文化的“软”性约束力量。因此，这种文化性对社会各个角落的渗透就显得十分重要，这种渗透力量与中国传统整体性思维结合在一起几乎形成了一种矫枉过正的现象，任何细微的末枝小节都被带上伦理的烙印。建筑也不可避免地成了反映伦理的重要工具。《黄帝宅经》中有一句经典的话：“夫宅者，乃是阴阳之枢纽，人伦之轨模。”这可以说是中国传统的建筑观。在先秦文献《礼记·礼运》中就有这样的论述：“范金，合土，以为台榭、宫室，……以降上神与其先祖，以正君臣，以笃父子，以睦兄弟，以齐上下，夫妇有所。”明确表达了建筑作为规范伦理的功用。这样，伦理的观念就通过生活中的礼俗习惯而影响着建筑的形式。这些礼俗的主要内容就是使每个人在日常生活中都要按自己的社会地位的高低贵贱关系应遵循的礼仪行事。这种生活方式与思维中对相互关系的注重联系在一起便形成了在建筑中注重以相互位置关系来组织空间的重要特点。

分区——《墨子》的“宫墙之高足以别男女之礼”或许是最早的将“礼”和“房屋”拉上关系的话。在传统伦理观念中，对男女之礼看得那么重要是十分容易理解的。

同样，区分尊卑、长幼、亲疏也是十分重要的。家长、祖辈的居室自然要占据某个重要的位置，更不能混杂在子孙们中间。

在中国传统社会中，聚族而居是主要的生活方式。这带有宗法社会的色彩，也是小农经济的结果。然而一个家族少则数十人，多则上百、数百人，复杂的功能要求使建筑处于困境中。可以想象，如果不以庭院式而以集中式的方式来解决这些问题，不仅最重要的礼仪无法满足，恐怕连基本的生活上的功能要求也满足不了。

中轴与方位——方位观念对于在建筑中体现等级秩序无疑是极重要的，这可以从中国古代先进的测量定位技术中略见端倪。作为四大发明之一的指南针就是确定方位用的，这是以农为本的民族为生活所需发挥的智慧。由于季节对农业的影响使人们习惯于观察天象，从天象中人们发现了宇宙运行有着极规则的秩序，三恒四象，二十八星宿，似乎是等级森严的天上宫殿。混沌的思维方式将这种景象又反映回到人的社会中，更加强了秩序的重要性，而北极帝星所处的北方也被确立为最尊贵的方位。于是在建宅乃至营国中首要的大事就是“辨方正位”。辨方正位实际上就是使尊贵的方位与地位统一起来，父昭子穆，昭左穆右，君南臣北，居中为尊，等等，都反映了这种方位观念。于是便形成一种王者（或尊者）居正，四周围绕的建筑格局。尊者一般是坐北向南的位置，一是有“天人合一”的意义，二是有伦理的意义，三是也符合中国的气候环境状况，北屋具有良好的朝向、通风、采光。这就是庭院模式的雏形。

一般庭院的平面形式多呈长方形，因为具有这种形状能使各边的建筑均处于明确的方位上，满足了方位等级的要求。同时长方形具有一种天然的方向性，使得重心位置一目了然，历来为尊崇等级的君主所青睐。因此，从中国传统住宅乃至城市的整齐的棋盘式格局中，可以深切感悟到伦理观念无可替代的深刻影响（图 4）。

长方形的平面不仅具有天然的等级意义，同时也极易形成中轴对称的格局。中轴对称可能是世界各民族早期共同的构图方式。这种方式具有完整、庄严而又主次分明的特点而被广泛运用。特别是在中国传统建筑中，对称的构图几乎无所不在，需要格外注意的是，中轴形式在中国传统建筑中得到了天才的发挥和运用。

我们知道，中国传统家庭一般都是三代、四代人共住，一个大家庭的人口是非常众多的。基于生活上的及礼仪上的要求，一个院落往往无法满足要求，于是几进院落组合在一起就是必不可少的。以中轴的方式，将数个院落串联起来可以在整体上达到规则有序。庭院将散落的单体建筑组织起来，中轴又将院落组织起来，这样一组一组地使建筑群的层次逐级地构成。庭院因此从被围合的空间这样一种被动地位上升到起组织的核心作用的积极地位。虽然西方建筑也有各种庭院，但却与中国传统庭院大相径庭。因为西方式的庭院不管多么华丽，仅仅只是建筑的附庸，而中国式的庭院却是建筑的核心。甚至即使是日本、朝鲜这些接受中国文化影响的东亚国家，由于没有形成中国式的伦理秩序，而仅仅在建筑个体的造型与中国传统建筑类似，而在深层的结构意义上二者是大不相同的，这只需比较二者的总平面即可看出。

中国传统建筑群体一般都由数进院落纵向串联而成。这是因为横向联结不适宜体现主要院落的重要地位。此外，一般院落均为南北向布置，横向联系不能体现北屋的尊贵地位。因此，庭院模式一般均采用纵向轴线发展的方式，形成了中国建筑独有的“庭院深深深几许”的情景。而最为壮观的明清北京城的中轴线，以 7.5 公里的长度贯穿南北，串起了无数进院落，体现了帝王的至尊，也为后人留下了堪称世界之最的建筑杰作（图 5）。

标准化（程式化）——对秩序的追求使建筑形式与规模被纳入一个

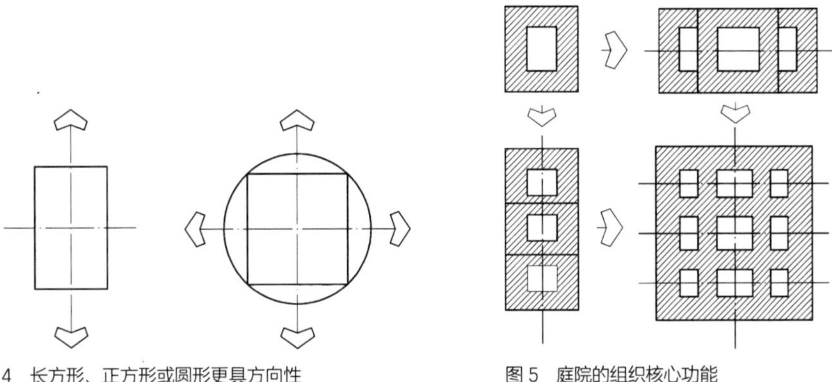

图 4　长方形、正方形或圆形更具方向性

图 5　庭院的组织核心功能

统一的规定之中，这导致了中国传统建筑走上标准化（程式化）的道路。

“天子用八，诸侯用六，大夫四，士二”[5]以及“天子之堂九尺，诸侯七尺，大夫五尺，士三尺，天子、诸侯台门”[6]都表明了标准的制定对于建立秩序的重要意义。但是要想对具有复杂功能的建筑做一个放之四海皆准的通用规定确实十分困难，但中国传统建筑的庭院模式却以极大的智慧解决了这一难题。

采用间—单体—院落—群体的庭院模式使标准化很容易得以实施。只要规定了间的形式、规模，单体建筑及至群体都得到了统一的控制。单体建筑平面也形成一些标准的形式：门屋一概都是三排柱的“分心槽”，厅房殿堂以不同规格而有“单槽”“双槽”“金厢斗底槽”等。单体建筑执行单一的功能，院落组合、布局却可以变化，而使复杂的建筑功能并不受标准化的局限。采用这样的形式，使设计、施工、改建、维修都十分便利，即使以现代的标准来衡量，这也是十分先进的一种建筑模式。

其实，在中国，不仅是建筑如此，中国传统生活中的许多方式都采用了标准化。比如服装，宽袍大袖的样式使不同的体型都能适用，这与庭院的弹性功能非常相似。服装的样式不多，通常是一种身份或官职等级的人都穿着同样式样，但不同的搭配也产生丰富的效果。可见，采用标准化似乎是注重伦理秩序的文化背景下的必然产物。

三、宇宙自然观

如果说中国传统社会的秩序主要有赖于儒家学说的伦理秩序观念，那么传统宇宙自然观更多的是受老庄道家学说的影响。虽然儒道两家各执一词，但追求和谐与秩序却是他们的共同目标，这也是为何能形成儒道互补来构成中国传统文化的根本原因。作为文化的物质载体的建筑必然交织着儒道学说的共同影响。

庭院——人与自然的中介：《世说新语》记刘伶放达，裸形坐屋中，客有问之者，答曰："我以天地为栋宇，屋室为裈衣。"这个回答似觉得诡辩无礼，但"以天地为栋宇"一语正道出了中国人的自然观的重要一面。

在中国人的宇宙观中，从来没有把人类社会与自然分隔开，人即是从自然中来，"天地合气、命之曰人"⑦，关于这一点世界著名科技史学家李约瑟有过一段精辟的论述："再没有其他地方表现得像中国人那样热心于体现他们伟大的设想'人不能离开自然'的原则。"

尽管由于气候温和及远古文化的影响使得中国人依然保持着开放式的户外生活习惯，文明的发展毕竟使人类有必要也有能力建造一个遮风避雨的场所。对自然的依恋之情使得中国人很自然地选择了以庭院模式来建造自己的庇护所。

庭院模式的内向性和完整性满足了秩序、伦理要求的同时，庭院这一空间又为人们提供了接触自然的机会。开放的庭院使人在室内也不感到封闭和压抑。庭院充当了自然与人类社会的中介，这个中介所产生的对人类社会秩序和对自然亲和的两个相当矛盾的要求的满足是其他建筑形式所无法达到的。这只有在将人与自然纳入同一种秩序的中国传统文化中才能产生（图6）。

由于整体思维方式的影响，中国人只有在相对关系的比较中才能准确找到自己在家庭、社会中的位置。同样的，人们只有在与自然的对话中，才能找到与宇宙的联系，才能感悟到"天人合一"的天道。

所以，不可想象中国人住在远离外界的高堂大屋中会感觉舒适。中

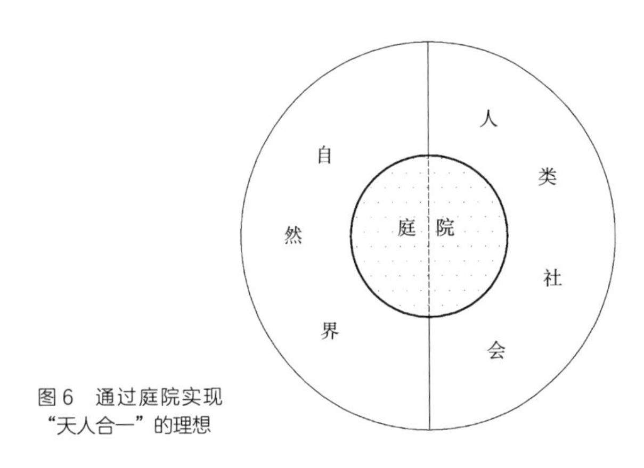

图6　通过庭院实现“天人合一”的理想

国人需要住在能听秋雨敲窗、秋虫啾哝，能看到斜阳西下、月洒庭阶，能嗅到花香果甘的房间中，要住在上尊下卑、父慈子孝，一切井然有序的房间中，要住在能引发其怀才不遇、忧国忧民或春风得意、意气勃发的房间中才会感觉自在。

而这一切，没有与住房紧密相连的庭院是无法得到的。即使在自然之中的离馆别业，也必有一围合小院，因为自然只能满足其自然属性的一面，而不能满足其社会属性的一面。

因此，实际上庭院充当的不仅是中介，更重要的是它还提供给人们以一种新的角度和观点来观察接触自然。否则我们将体会不出“窗含西岭千秋雪,门泊东吴万里船”或者“楼观沧海日,门对浙江潮”的意境了。庭院在这里，已经成为居者心灵动荡收放和名山大川灵气吐纳的聚汇点，成为自然精神和宇宙生气、节奏的聚集处，庭院在这里不再是冷冰僵死的空间，而是充满活力的生命之源。如果将宇宙自然作为我们共同的大空间，那么建筑仅是从中划出自己的小空间。很自然地，“围合”与“分割”就比“塑造”来的重要得多。以单体建筑，与宇宙大空间争高低显然是可笑的。

在传统庭院中，单体建筑的立面退而成为庭院的四壁。因此，中国传统建筑立面的装饰性远远胜过体块的雕塑感，最佳的视距也是近赏而非远观，但是无论单体建筑多么美丽，最终有用的仍是被围合的“空间”，这在老子的哲学中早已被精辟地阐明了。所以在庭院模式中，中心和焦点都在这蕴藏生死、阴阳交合的庭院空间中。由这样的观点，我们也可以更深入地理解传统建筑中的“风水”，它不过是将建筑扩展到更广阔的宇宙自然中，以构成相对完整、和谐的，符合中国传统审美观念的自然景象，形成与西方城市村落的自发、自由式的发展截然不同的面貌，可称得上是一种综合的环境观。于是宇宙自然中的山水、云雨，都成为建筑景观的一部分，匾额、楹联、盆栽、园艺、文学、书法等多种艺术都组织到了建筑之中，使得看似简单的庭院模式却蕴含了丰富的内容，构成了和谐、有序，而且极具个性、多姿多彩的建筑环境效果。

庭院——阴阳之枢纽：庭院并不是中国传统建筑独有的，但以一个极为完整的庭院空间为建筑的核心却是中国传统建筑所特有的。道家学说认为世界即为阴阳互动而成，而“和谐”则为最终理想，需靠阴阳中和来达到。

《黄帝宅经》中那句十分重要的话：“夫宅者，乃是阴阳之枢纽，人伦之轨模。”可以说是从阴阳五行的角度为建筑下了定义。如果以阴阳的观点来分析，室内为阴，室外则为阳。重阴或偏阳都会引起不适。《吕氏春秋》中说：“室大则多阴，高台则多阳，多阴则蹶，多阳则痿。”《春秋繁露》中也论到：“高台多阳，广室多阴，远天地之和也，故人弗为，适中而已矣。”

因此，理想模式应该做到“负阴而抱阳”，“阴阳合道”，方能使人居住适宜。庭院模式从这方面说几乎完美地满足了“负阴抱阳”的理想。天、地、人、建筑在庭院这一空间内阴阳交汇、中和，达到完美的和谐。庭院充当的正是“阴阳之枢纽”的重任。有了这样一个枢纽,才能担当起维系数进或十数进院落的重任。使人类与自然,与“道”合拍。

“无”一向是老子哲学中很费解的概念。这个“无”绝不是空无一物，而是无所不为的“无”。用它来代表庭院是很恰当的。正是因为庭院的无所不为，才可能胜任“阴阳之枢纽”，人与自然的中介及结构的核心这样一系列的重任。无顶的庭院不仅不依附于有顶的建筑而存在，甚至他们的关系还须颠倒一下，因为“有”生于“无”了，当然没有“有”也无

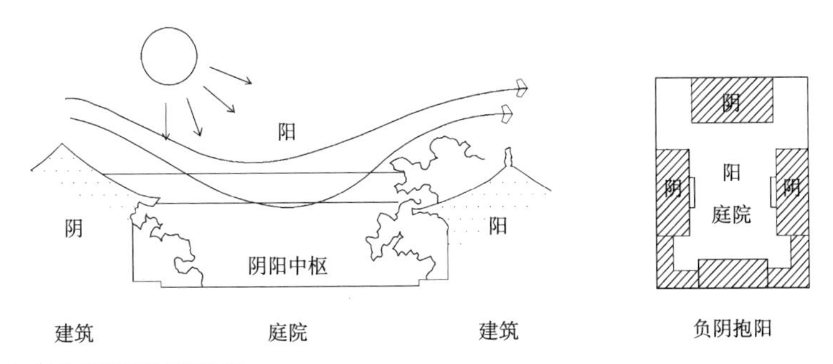

图 7　庭院是调节阴阳的重要工具

所谓“无”了，因此庭院空间必须围合起来，这是与西方式的庭院根本不同之所在。

由于庭院的限制较室内空间为少，因此而形成了类似于现代多功能大厅的特点。诸如婚丧嫁娶、祭天祀祖、家务游憩均可在庭院中进行，这些便利使得中国人更加离不开庭院（图 7）！

四、中庸合度的审美观

比较一下中西方传统建筑，会发现在造型、体量、结构形式与空间创造方面都表现出截然不同的特征。西方建筑追求巨大的体量与超然的尺度，朝竖直方向发展，追求向上腾飞之势。中国建筑则“适形而止”，向平面方向发展，依存于大地，体现了西方人以情感的激越为美而中国人以平和含蓄为美的不同审美情趣。虽然在历史上，中国建筑也有过向高层发展的尝试，如早期的“高台层榭”和后来的楼阁高塔。但在总体上仍是一种水平的方式，低平适中的尺度，同时，由一座座单体建筑形成的庭院，造成一种使建筑物匍匐于大地的感觉。一些楼阁高塔建筑也强调的是层层的水平线条、檐口、平座等，在构图上是水平线打断垂直线，而不是垂直线打断水平线，使这种高耸而起的建筑所特有的脱离大地的升腾感得到了抑制。

可以设想，如果单体建筑的体量高大，则为了视距的需要，作为主要观赏场所的庭院尺度必将相应地扩大，而当它超过一定的限度后，庭院空间就将受到破坏。在一个空旷的院子里将感受不到应有的空间围合感，同时，如果建筑体量向着高大宏巨发展，重心就会转向实体的建筑而使庭院失去其核心地位，则庭院模式将会最终解体（图 8）。

是什么力量使中国建筑没有向高大的体量发展，而保持了庭院模式的平衡状态呢?

很久以来，我们一直把这种中国建筑与西方建筑的差异归于技术上的原因，然而如果我们注意一下史料记载，就会发现，建于 1056 年的应县木塔高 210 尺，建于 1174 年的比萨斜塔高 151 尺 3 寸。在汉代墓葬中拱券与穹窿技术已用的相当熟练，隋代的赵州石桥，跨度已达 37 米，可见，中国传统建筑技术无论在高度、跨度上都不存在无能为力的问题。因此，只有从文化上才能找到根本的原因。在前面我们已经讨论过伦理秩序、自然观念等问题。这些传统观念对抑制建筑向高大的方向发展都有直接的作用。比如自然观念中，对自然的亲和之情及阴阳中和的观念，使人们不能居住到远离自然的封闭空间中去，除此之外，中庸合度的美学思想对保持中国传统建筑的宜人尺度也起了不可估量的作用。

中庸美学思想的直接来源是崇尚和谐的儒教。中庸之道追求矛盾的和谐而并不妄图消灭矛盾，并非被曲解的那样，中庸就是折中与调和，实际上中庸代表着一种辩证的思维方式。此外，中庸的美学观念还有极强的伦理色彩和追求秩序与和谐的功利性质。如果不以中庸合度为审美取向而追求情感的狂热和激越，必将引发“越规”“逾矩”的行为，这是为伦理秩序所不容的。正因为这个原因，中国传统文明中一直没有发展出带有迷狂色彩的宗教，也抑制了建筑中追求单体体量的审美意象。可以对比一下西方中世纪的建筑，正由于人们对宗教的迷狂，使得教会有可能汇聚全部的财富与智慧建造出那些高耸入云的不朽的教堂。尽管，在中国历史上也出现了一些高大的建筑，一般均为宗教建筑，追求一种纪念性的效果。在这种情况下，庭院的布置通常是如图所示，而堪称庭院模式的特例（图 9）。

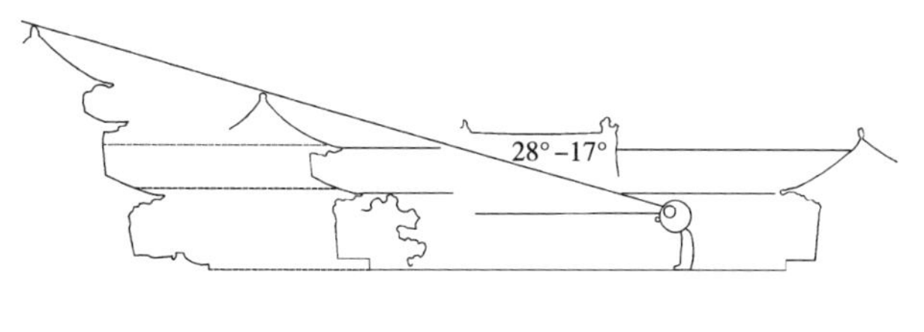

图 8　庭院尺度与视距的关系

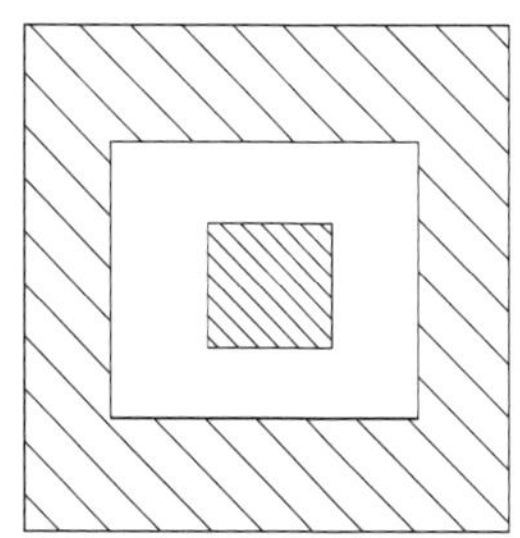

图 9　庭院模式的特例

其实，作为封建集权的最高统治者，皇帝何尝不想耗天下之财力、人力来营造高耸、壮丽的皇宫以代表至高无上的权势？但当儒教成为统治人心的国教以后，中庸思想终于抑制了这种无限膨胀的欲望。其中还有一种便生思想也是产生抑制作用的重要原因。所谓便生就是注重今世。《墨子·辞过》中有："是故先王作为宫室，便于生，不能为观乐也。"《北史》中记载了隋炀帝在营东都洛阳的诏书中也提到："夫宫室之制，本以便生人，上栋下宇，足以避风露，高台广厦，岂曰适形"。于是，所有的"真龙天子"都学得非常世故，与其花大半辈甚至一辈子盖一个"享之不尽"的高堂大厦，不如建个舒适合宜的居所，趁有生之年好好享乐。

这种便生的观念对中国建筑的材料的选择也有很大影响。虽然木材比之石材寿命短得多，但它服务一个人的一生是足够的，加之施工上的便利而备受中国人的青睐，只有在陵墓建筑中，才会用坚固耐用的石材来营造另一个世界里的住所。

此外，道家无为思想和阴阳观念也加深了建筑上追求便生的倾向。适可而止，随遇而安，不去追求偏执的极端目标。阴阳八卦中的太极图便是这种思想的写照。于是中国人的审美以不尽处为最美，含蓄才能更为幽远绵长。美到极致反而会转向其反面。

欲在建筑中表现这种半藏半露的含蓄美，庭院显然是最佳的舞台。一进进围合的庭院，使你在看到下一番景色之前都经历了足够的空间过渡及感情上的酝酿。很显然，一目了然的西方建筑不会引起中国传统建筑中的那种美感。这种含蓄美带给你的是平和的愉悦而非一时感官的刺激，是反观内心而非外露的。可见，中庸合度的美学观仍是服务于传统文化的最根本的使命——维持秩序，也保证了传统建筑依然在庭院模式的构架内发展而没有走向发展单体的道路。

庭院模式的功能性

作为建筑，在满足了精神的功能需求的同时还必须满足物质的功能需求。前面我们着重论述了庭院模式如何全方位地体现了“天人合一”的理想和伦理观念，我们也能清楚地看到庭院模式同样在满足物质的功能需求上也有较强的适应性。比如在不同用途的建筑中，诸如宫殿、寺庙和民居，庭院模式由于其在平面上的可延续性及良好的分区性能而均能很好地满足不同的使用要求。甚至同样的庭院在最初用做民居或官署之后，不加改造就能“舍宅为寺”为寺观所用。在不同的地域环境下，庭院模式也可由庭院的空间形状的稍加改变而适应不同的气候条件。在北方，庭院稍大以接纳更多的阳光，同时单体建筑也更加封闭而厚实。南方的庭院就稍窄以获取更多的阴凉空间，并形成风道而调节空气的温湿度，单体建筑通透而开敞。在西北地区，即使使用窑洞这样独特建筑形式也不影响仍然采用庭院模式而形成独具特色的地坑院。因此，庭院模式可不受地形、地貌、气候、环境甚至单体建筑形式的影响而成为中国传统建筑组织的唯一方式。

虽然庭院模式是一种很简约的构成形式，而且通用于任何对象，但传统建筑并没有因此而显得单调，由于综合环境观及对不同对象的侧重点不同，使传统建筑依然呈现出千姿百态、万象纷呈的景象。比如宫殿建筑，可采用层层庭院的收放组合形成极富韵味的序列空间，以群体的方式来表达当权者的至高无上。民居建筑就可以随着地势而构筑一处小巧院落，充满生活情趣，并因不同地域的差异而形成各具特色与个性的庭院建筑群。

传统的价值与生命力

五千年灿烂辉煌的历史已如过眼云烟，祖先留下的宝贵遗产一度成为我们的沉重负担。很长时间，我们一直摆脱不了传统的羁绊，忽而全面复古，忽而“中西合璧”。今天，我们已经不再怀疑传统之于我们的重要意义，我们也坚信未来的道路应该继承过去有价值的传统。然而如何继承传统？又如何评价传统的价值？显然，正确的理解传统是我们必须要走的第一步。

很久以来，我们已经习惯于用西方的价值观念和西方建筑科学的分析方法来品评中国的传统建筑，我们不能说这样得出的结论是完全错误的，但这显然不能完整地再现中国建筑传统的风貌，我们也无法藉此作出正确的评价。所以，我们要理解传统，将传统建筑放回到它存在的传统文化中来观察和研究，可能是正确、深刻、全面地理解传统建筑的可行之路。只有这样，我们才可能将如何继承传统的讨论放在一个比较踏实的基础上。

传统形式是传统文化的产物，而传统文化从整体上讲在今天已经失去存在的土壤，因此，仅仅恢复古典的形式如同栽了株无根之木，虽可能叶绿一时，最终还是要枯死的。为此，许多地方在重建复古建筑的同时，以经营传统商品、传统食品，甚至服务员也穿起传统服装来努力创造出一种传统文化的氛围。这也许在个别旅游地尚能存在，但在更大的范围内就失去了其现实意义。

对此，我们的理解是：一个社会、文化变革的时代，无疑地同时带来建筑的变革，全面地保持传统显然是不可能的，因为它等于保存产生这个传统的社会和文化。

传统的东西终究要被淘汰，但是淘汰的并不是传统的全部，而是传统中已经过时的东西，不合时代的东西。传统中具有长久价值的东西，即使它所依附的形式已不存在，它的价值即使一时被埋没，也会重新复活，在新的形式中再生。因为文化的价值不是一天就被发现、被认识的。

在传统形式无延续可能时，也并不意味着传统的消失，它将可能以另一种现代的即合理的方式表现出来。

如果我们不是从狭隘的形式角度，而是从文化的广大角度来理解传统建筑，我们就会从中发现许多对于今天仍然有价值的东西！

参考文献

①张光直：《考古专题六讲》
②孔子：《论语·颜渊》
③孔子：《论语·述而》
④见②
⑤董仲舒：《春秋繁露》
⑥《左传·隐公五年》
⑦《素问·室命全形》

简述先秦城市选址及规划思想*

（载《城市规划》1997年第5期）

赵立瀛　赵安启

【摘　要】先秦城市建设思想对于中国古代建筑文化有着极其深远的影响，本文简要探讨了先秦城市选址和规划思想及其现代意义。

【关键词】先秦；城市选址；城市规划

中国传统建筑文化与其他文化艺术一样，都有一个萌生、发育、形成的历史过程。在中国文化史上，先秦是一个重要的时期。“诸子百家”就产生在这个时期。先秦时期的思想文化对于中国古代历史，包括中国古代建筑历史都有着极其深远的影响。

一、先秦城市选址思想

在中国先秦时期人们已经十分重视城市和村落的选址问题，在典籍中多有论述。古人在长期的选址实践中，积累了丰富的经验，形成了一些城市选址的基本思想。它们可以概括为以下三个方面：

（一）“择中”思想

“择中”即“择天下之中而立国”（《吕氏春秋·审分览》），这是先秦都城选址的一个基本原则。这种观念可能发端于传说中的尧舜时代。《史记·五帝本纪》：尧崩，舜“夫而后之中国践天子位焉”。《史记集解》

* 国家自然科学基金资助课题的子课题。

引刘熙曰："帝王所都为中，故曰中国"。帝王之所都就是"中"，所建的城邑就叫"中国"。说明"择中"建都的观念在这时已经形成。在商代的甲骨文中有"中商——大邑商居土中"之说，"土中"即四方的中心，殷人的"择中"意识也相当强烈。传说周武王、周公旦都热衷于考察四方，寻找"土中"。东都洛邑建成后，周公旦说："此天下之中，四方入贡道里均"（《史记·周本纪》）。史念海先生认为，按照当时的情形来说，这"天下之中"是不错的。由洛邑东至齐、鲁，西至秦的西垂，距离相当。就是南至汉诸姬，北至邢、卫也差不多。以这样居于全国中心的都城控制当时的诸侯封国，就周王室而论，乃是最为合理的事情[①]。尧舜以来的"择中"传统，在春秋战国时期有了进一步发展。《吕氏春秋·审分览》说："古之王者择天下之中而立国，择国之中而立宫，择宫之中而立庙。"已把"择中"作为都城选址，确定宫城、宗庙位置的基本原则。越国著名的政治家范蠡更把"择中"原则推广到商业城市的选址方面。他辅佐越王勾践消灭吴国后，乃乘扁舟，浮于江湖，辗转到了陶（今山东定陶县），"以为此天下之中，交易有无之路通，为生可以致富矣。"（《史记·越王勾践世家》）范蠡所说的"天下之中"不是指政治中心而是指经济中心，陶是诸侯国之间往来的交通枢纽，也是一个富庶区域的中心。所以他在这里经营商业获利甚丰，为当时和后世所称道。

先秦政治家、思想家们之所以热衷于把都城建在疆域的中央，大体出于三点考虑：其一，把国都建在疆域的中央，有利于形成"四方辐凑"式的政治、军事中心，便于发挥中央政权对周边地区的控制作用，有利于人心归附，形成较强的向心力、凝聚力；其二，"择中"建都与古人的方位尊卑观念密切相关。古人认为居中为尊，右、左次之。《象》释履卦说："刚中正，履帝位而不疚，光明也。"《左传》桓公五年："王为中军，虢公林父将右军，蔡人、卫人属焉，周公黑肩将左军；陈人属焉。"《左传》昭公三十三年："吴为三军以系于后，中军从王，光帅右，掩余帅左。"《荀子·大略》也说："欲近四旁莫如中央，故王者必居天下之中，礼也。"可见在先秦时期，以中为尊的观念已根深蒂固，并由此生发出"王者必居天下之中"的礼制规定；其三，"择中"建都与古代天命神权观念也不无关系。古人认为“天有九野，地有九州”（《吕氏春秋·有始览》），天界与人间是对应的。天的中央称为“中宫”或“紫宫”，是天帝常居的宫室；地上的帝王要证明自己是真命天子，就要“取象于天”，把都城建在与“中宫”相对应的“天下之中”。

（二）“形胜”思想

“形胜”即山川形势优越足以胜人，强调都城周围要有天然险阻作为屏障。这是先秦从军事防卫需要出发所提出的又一城市选址的基本思想。《吴越春秋》：“鲧筑城以卫君，造郭以守民，此城郭之始也。”中国古代的城邑一开始便带有明显的防卫色彩。城市防卫既要有由城郭沟池构成的城防体系，又要利用天然险阻作为屏障，因此西周便设置了掌管修筑城郭沟池的“掌固”官和“掌九州之图，以周知其山林川泽之阻”的“司险”官，并把“若有山川，则因之”（《周礼·夏官》）作为城市建设的基本原则。春秋战国时期，诸侯争霸，战争频繁，各国统治者更加重视山川形势。魏武侯把“山河之固”看作是“魏国之宝”（《史记·孙子吴起列传》）。商鞅把“秦据河山之固，东乡以制诸侯”的山川形势看作是秦成就“帝王之业”的战略条件（《史记·商君列传》）。荀况则明确提出了“形胜”概念，他在分析秦国的情况时说“其固塞险，形势便，山林川谷美，天材之利多，是形胜也。”（《荀子·强国》）这种注重山川形势的思想对先秦的城市选址产生了深刻的影响，如齐都临淄东临淄河，西依泥河，南有牛山和稷山，东、北、西三面皆为大平原，不仅自然条件相当优越，而且以淄河等自然河流为护城壕，起到了“用力不劳，而为备也易矣”的作用。燕下都位于北易水和中易水之间，易水既是天然的防御壕沟，又起着供水和美化城市的作用。秦都雍城北、西北面高山环绕，东有纸坊河，南面、西面有雍水河，城市周围土肥水美，对周围自然环境的选择独具匠心。

先秦的“形胜”思想对后世影响也很大，西汉建都长安，就是因为“秦，形胜之国……地势便利，其以下兵于诸侯，譬犹居高屋之上建瓴水也。”（《史记·高祖本纪》）

（三）因地制宜的实用思想

我国是一个以水为生、以农立国的文明古国。我们的祖先在长期的生存斗争中直接感受到人对自然的依赖关系。西周末年，伯阳甫提出“国必依山川，山崩川竭，亡国之征也”的观点（《史记·周本纪》），他把都城周围自然环境的恶化看作是导致国家衰亡的重大因素。正是由于古人非常重视人的生存环境，因而也十分注意城市、特别是都城的选址问题。春秋战国时期，随着城市建设的繁荣，城市选址思想也日益成熟，《管子》一书的作者提出了一套较为实用的城市选址和规划思想。《管子·乘马》：“凡立国都，非于大山之下，必于广川之上。高毋近旱，而水用足。下毋近水，而沟防省。因天材，就地利，故城郭不必中规矩，道路不必中准绳。”这里不仅提出了城市选址的基本原则，而且强调了城市选址和城市形制的规划设计，不应完全按照礼制思想要求使城郭的形状方方正正、城市的道路端正笔直；而应从地形的客观实际出发，因地制宜，灵活处理。这是对先秦城市选址经验的深刻总结。据考古发掘，春秋战国时期的不少城市并不规则，如郑韩故城是依新郑县城关一带的双洎河和黄水河之间的自然地势修筑起来的，城墙曲折，极不规则。再如赵邯郸、燕下都、齐临淄、淹城等故城的形状也都不很规则。

二、先秦城市规划思想

先秦城市规划深受当时的礼制思想、哲学思想、宗教观念的影响。

（一）礼制规划思想

“礼”起源于远古时代，西周时期已发展为比较完备的伦理政治体系。它几乎囊括了国家政治、经济、军事、文化一切典章制度、伦理道德、行为准则等各方面。“礼”以宗法等级制度为核心，讲求等级秩序的稳定与社会的和谐。“礼”对“君臣朝廷尊卑贵贱之序，下及黎庶车舆文服宫室饮食嫁娶丧祭之分”(《史记·礼书》)都作了详细的规定，从而与我国古代建筑结下了不解之缘，使古代的城市布局和建筑形制带有浓厚的礼制色彩。

《考工记·匠人》记载的西周王城规划制度就较全面地体现着礼制精神。“匠人营国，方九里，旁三门。国中九经九纬，经涂九轨，左祖右社，面朝后市，市朝一夫。……王宫门阿之制五雉，宫隅之制七雉，城隅之制九雉。经涂九轨，环涂七轨，野涂五轨……”[②]这种规划制度贯穿着多方面的礼制思想。把宫城规划在王城的中央象征着王者至尊；“左祖右社”表达着“敬天法祖”思想，“左者，人道所亲，故立祖庙于王宫之左；右者，地道所尊，故立国社于王宫之右”[③]，“面朝后市”体现着重义轻利的观念。“朝者义之所在，必面而向之，故立朝于宫之南。市者利之所在，必后而背之，故立市于王宫之北”；[④]规划尺度都用“九”“七”“五”之数，贯穿着奇偶阴阳尊卑观念。郑锷解释说：“雉涂皆以九、七、五者，盖阳数奇，阴数偶，天子体用九，故数以九，而七、五以差，皆奇也。”[⑤]

“礼有以多为贵，有以大为贵，有以高为贵，有以文为贵”(《礼记》)。城市的大小，建筑的多少、高低、素华是显示人的尊卑贵贱的重要标志，因此，礼制便对王城、诸侯城和卿大夫采邑的城墙高度分别规定为九雉、七雉、五雉（一雉高为一丈）；王城内的道路宽度为九轨、诸侯城的道路为七轨、采邑的道路为五轨（一轨宽为周制八尺）。这些规定不容违背，否则就是“僭越”，大逆不道。《考工记》记载的王城规划制度是否付诸实施，目前尚无法确证，但它确实反映了西周以来的城市规划思想，符合古代统治者的政治需要和帝王们的心理要求，因而被后世的封建王朝所效法。

（二）“象天法地”规划思想

李约瑟在谈及中国建筑的精神时说：“再没有其他地方表现得像中国人那样热心于体现他们伟大的设想‘人不能离开自然的原则’，这个‘人’并不是社会上可以分割出来的人。皇宫、庙宇等重大建筑物自不在话下，城乡中不论集中的或散布于田庄中的住宅也都经常出现对‘宇宙的图景’的感觉，以及作为方向、节令、风向和星宿的象征主义。”[6]中国古代的这种建筑精神，在春秋战国时期突出地表现为“象天法地”、“象天立宫”的城市规划思想。据《吴越春秋》记载：伍子胥“相土，尝水，象天法地，造筑大城，周回四十七里。陆门八以象天八风。水门八，以法地八聪。筑小城，周十里。陵门三，不开东面者，欲以绝越明也。立阊门者，以象天门，通阊阖风也。立蛇门者，以象地户也”。《吴地记·阖闾城》也说：阖闾城“陆门八，以象天之八风。水门八，以相地之八卦。”正如李约瑟所说，吴国阖闾城的布局是对当时人们心目中“宇宙图景”的再现。越国都城的规划也具有这种特征。《吴越春秋》:“范蠡乃观天文，拟于紫宫。筑作小城周千一百二十一步，一圆三方。西北立龙飞翼之楼，以象天门。东南伏漏石宝，以象地户。陵门四达，以象八风”。这种体象天地的规划方法，不是一种简单的比附，而是古人对天、地、人之间某种同形同构关系的把握。它与古人的思维方式和“天人合一”的世界观密切相关。《周易·系辞下》:“古者包牺氏之王天下也，仰则观象于天，俯则观法于地，观鸟兽之与地之宜，近取诸身，远取诸物，于是始作八卦”。“象天法地”“象天立宫”正是古人通过“近取诸身，远取诸物”的广泛联想类比，从自然界获得的灵感和启迪。在远古时代，先民对天地万物怀着敬畏心理，十分注意顺应自然。传说轩辕黄帝时“官名皆以云命，为云师”，“顺天地之纪”。尧“敬顺昊天，数法日月星辰，敬授民时”(《史记·五帝本纪》)。这种古老的传统观念在春秋战国时期演变为一种主张天人一体，人效法自然，与自然协调发展的哲学学说。《老子》:“人法地，地法天，天法道，道法自然。”《管子·五行》篇认为人“以天为父，以地为母，以开乎万物，以总一统。”“人与天调，然后天地之美生。”《周易·文言》也主张“人与天地合其德、与日月合其明，与四时合其序，与鬼神合其吉凶。”“象天法地”“象天立宫”正是这种“天人合一”的宇宙观在城市规划方面的体现和运用。

三、先秦城市选址和规划思想的现代意义

先秦城市选址和规划思想不可避免地带着历史的局限性，但同时也包含着合理的成分，对我们今天的城市建设仍有借鉴意义。

（一）城市选址的环境自主意识

先秦时期人们从政治、军事和经济发展需要出发，注重对城市周围的山川形势、水文地质、自然资源进行综合考察，十分审慎地选择城址，特别是都城地址，这种强烈的环境自主意识无疑是合理的，所形成的选址思想是当时人们智慧的结晶。我国正处于城市化的过程之中，在新建城市的选址方面，也可以借鉴古人的经验。比如“择中”的原则，将城市建在某一地区的中央，有利于使城市发展成为地区经济、文化的中心，发挥城市的辐射作用。城市建设必须解决用水和防洪问题，“高毋近旱，而水用足。下毋近水，而沟防省”的古训和重视城市的“形胜”思想并未过时。

（二）重视城市文化内涵的建设思想

先秦城市规划带有宗法等级制度和天命神权的色彩，然而，先秦注重城市建筑作为文化载体及传播媒介的精神功能，赋予城市的外形和建筑布局深刻的象征意义，应当说是可取的。如果我们的建筑师们有强烈的文化意识，能把现代人文精神与城市规划科学有机地结合起来，赋予城市建筑深刻的文化内涵，那么，我们的城市将更美妙，更能满足人们物质生活和精神生活的需要。

（三）人类与自然协调发展的规划思想

先秦城市选址和规划思想的“合理内核”是天人一体，“人与天调”即把人看作是自然界的一个有机的组成部分，强调人依赖自然，主张应当尊重自然，顺应自然演化的规律，注重人与自然的协调发展。在当前世界人口爆炸、环境污染、资源枯竭的三大危机日益严重的条件下，这

种自然观、环境观显得十分宝贵。中国古代的这种传统思想受到了现代西方景观建筑学和生态建筑学的推崇，被称为是需要“重新学习的旧日的真理。”⑦我们的建筑师们更应当继承发展自己的传统，在城市规划过程中努力缓解人与自然的矛盾和冲突，追求人与自然的协调发展，为中华民族和人类的持续发展作出贡献。

参考文献

①史念海 . 河山集 [M]. 北京：生活・读书・新知三联书店，1963：110.
②林尹 . 周礼今注今译 [M]. 北京：书目文献出版社，1985：471.
③④⑤转引自李国豪 . 建苑拾英——中国古代土木建筑科技史料选编 [M]. 上海：同济大学出版社，1990：91-93.
⑥转引自李允鉌 . 华夏意匠——中国古典建筑设计原理分析 [M]. 北京：中国建筑工业出版社，1985：42-43.
⑦转引自王其亨 . 风水理论研究 [M]. 天津：天津大学出版社，1992：241.

寻求传统的现代价值

（载《建筑百家言》，中国建筑工业出版社，1998年）

即将过去的20世纪，是中国古代建筑历史终结，现代建筑兴起和发展的历史交替时期。

观察中国百年的建筑和城市，我们可以看到一个特殊的现象，那就是中西文化交织，传统与现代交错。

20时间的中国新建筑，普遍地引进了西方建筑的形式、风格、样式和工程技术，也引进了新的设计理念、思维。同时，历史也向人们提出了创造中国特色的现代建筑的新课题。20世纪30年代的“中国固有形式”建筑，20世纪50年代的“民族形式”建筑，以及后来的“民族风格、地方特色、时代精神”建筑的提法，就是这个创作过程的表现。然而，中国建筑已经脱离旧有传统的羁绊，建筑创作中多元文化的概念和多种取向，伴随着中国社会的发展和开放，已经成为建筑历史的趋势。

现代建筑的生命力，在于不断地提高人们工作和生活的品质，使空间获得更大的使用弹性，并且延长建筑的寿命，以及对于环保的考虑，它首先是理性的、功利的。而同时也应包含民族性和地域性的人文和自然特色，它又是感性的、非功利的。

民族性和地域性是一种自然的、社会的文化现象。建筑应配合所在环境的特性，由不同的地点启发出不同的创作。地域性就是对于环境的人文和自然特性的反应。而民族性则更多的包含人文的色彩。

中国特色的现代建筑，或者说民族性和地域性特征，曾是20世纪20年代以来许多中国建筑师的创作追求。他们的设计理念是意图在传统与现代之间寻求某种妥协和契合点，以求延续中国传统建筑的审美价值，并且寄托着一种对于民族建筑文化的情感。然而，他们中较多的作品所

黄帝陵

依传统“风水”思想规划及仿汉代风格设计整修后的黄帝陵，桥山、沮水及庙前区面貌

采取的方法和着眼点在于摄取具体的传统图形、符号，将这种可视、可读的图形、符号装饰在建筑物的基本造型上，或者加以形式重组，借以传达某一历史存在的信息。这种创作方法，虽也产生了一些美好的作品，但在表现形式上常常陷入语汇贫乏的尴尬。

因为许多人对于传统的了解仍停留于形式和表层。他们的创作还很少能以自身独到的理解，由直观和感悟、具象和意念、表征和隐喻，多重层面地表达对于传统、时代、地域的认知，去建构新的空间、环境和形式。

我们常说，中华几千年的文化，源远流长，博大精深。建筑也是同样，我们应不仅从形式的角度，而且从文化的深度来理解传统，譬如：属于第一层面的，传统建筑中古典美的屋顶、斗栱、柱廊的造型特征，诗文、书画与工艺结合的装修形式，以及各式门窗菱格、装饰纹样；第二层面的，庭院式布局的空间韵律、自然与建筑互补的环境设计，诗情画意、充满人文精神的造园艺术，形、数、色、方位的表象与隐喻的象征手法；第三层面的，“天人合一”的自然观和注重环境效应的“风水”思想、阴阳对立、互动、相应的哲学思维和“身、心、气”合一的养生观，等等。他们之中蕴含着丰富的内涵、深邃的哲理和智慧。传统对于现代的价值还需要我们在新建筑的创作中去发掘，去感知。

在历史的发展过程中，以往时代创造的传统会随之被淘汰。但被淘汰的不应是传统的全部，而是传统中已经过时的、不合时代的东西。传统中具有长久价值的东西，即使它所依附的形式已不存在，它的真正价值即使一时被埋没，也会重新复活，在新的形势中再生。历史本身会作出筛选，将那些表现肤浅特征的作品连同那些肤浅的特征一并淘汰。

寻求传统的现代价值应成为我们的创作的一个永恒的话题。同样，“具有中国特色的现代建筑”应成为我们的创作的不倦的追求。这将是使我们的创作走出困顿的必由之路。

对咸阳城市形象设计的认识

（1998年4月·在陕西省咸阳城市建设座谈会上的发言，载1998年4月30日《咸阳日报》）

咸阳是我国历史上第一个统一帝国秦朝的都城所在地，是久负盛名的历史城市。建城之始距今已有两千多年，历史积淀深厚，文化内涵丰富，城市傍依渭河，拥有宝贵的渭河自然生态和景观资源，可望建设成为一座既现代化、又具历史感和地域特色的优美城市。

城市形象是城市内在品质和特性的体现，其根本目的在于提高城市生产、生活质量。形象设计要和城市的生产、生活、环境建设统一起来。

城市形象建设，首先要让城市绿起来，这符合现代城市的可持续发展，要把人与自然提到第一位。

交通规划，也属于城市形象设计范畴。现代化城市交通要通畅，井然有序。它反映一个城市的形象。

咸阳城市景观的空间构成从区域上有工业区、中心区、明城区、原上历史文化区，时间上从周秦一直到明清，区域上有它的特色，时间轴也可以建立它的特色，然后再考虑它们的衔接。具体有以下建议：

1. 渭河景观。渭河水的治理，首先要控制排污。渭河绿化带应该是开放的，要从视觉走廊上与城市形成通视。

2. 大门景观。城市出入口，渭河桥头路口要有标志性设计，要有小的街心花园、桥头花园，不要用建筑搞得很死。

3. 街区景观。要建设一些街心花园，小的休息的空间广场，城市雕塑，供人们停留休息。小广场可与城市雕塑结合起来。另外对市树、市花的选择，爱护也要重视，真正把它当作一个城市的标志来建设。

4. 建筑景观，即建筑形象。一个城市起码要有几座有特色的、规模较大，特别是有文化氛围的建筑，来体现城市形象，如博物馆，一定要体现特色，要有高水平的设计，这样可以带动周围环境建设，可以把城市形象提起来。

5. 历史景观，即历史形象。除了前面提到的城雕外，对原上历史文化遗存的保护建设，对城区的旧城保护，特别是明清城，一定要做好。要换一种思路，层数不一定高，但质量要高，环境风貌要好，不是像一个普通的住宅区来对待，这样有利于控制高度，也有利于付诸实施。

这里需要特别强调的是，渭河生态、景观带的建设，应当归咸阳全体人民共享，绝不能划给任何单位所有或者作为房地产开发用地。城市道路系统应当很好地绿化、美化，形成一个绿色的网络。

当然，还有重要的是人的因素。我们应当大力提倡人人做“文明市民”，自觉遵守公共道德、公共秩序、公共卫生。城市的美好形象需要广大市民来建设，也需要大家来维护。

（根据录音整理）

黄帝陵整修规划与古代“风水”文化及陵墓制度

（载《祖陵圣地——黄帝陵历史·现在·未来》，中国计划出版社，2000年）

黄帝陵是中华民族始祖轩辕黄帝的陵墓所在，是海内外华人祭祖的圣地。黄帝陵的存在已有久远的历史，历代均有修缮。今天进行黄帝陵的整修，乃是黄帝陵历史的一次延续和发展，也是在当代进行的规模空前的大整修活动。

纵观中国几千年的古代建筑史，可以看出，决定古代陵墓建筑的主要因素，一是葬地“风水”，二是陵墓制度。古代陵墓建筑的规划设计往往就是这两者的结合。葬地“风水”是中国古代自然观及风俗文化在陵墓选地上的反应；陵墓制度则是中国古代礼制文化在陵墓建筑上的体现。今天我们进行整修黄帝陵的计划，要体现黄帝陵历史的延续和发展，也就不能不对它与古代“风水”文化和陵墓制度相关的问题进行探讨。

一、关于“风水”文化

黄帝陵坐落在今陕西省黄陵县桥山上，这里地处陕北黄土高原。当我们从关中平原北上，越过一道道土塬、梁峁、沟壑，进入黄陵县境的沮水河谷，便会望见一座柏林覆盖、葱茏苍郁、一片黛色的山。它就像浩瀚的黄土海洋中的一块绿洲，像苍茫的黄土地上镶嵌的一块碧玉，这就是黄帝陵冢所在的桥山。沮水像一条金带三面环绕着桥山，周围山塬回抱。人们会感到，这里的大自然有一种神秘，一种神奇。当我们跨过沮水，爬上桥山，置身于茂密的古柏林海之中，又会感到它的庄严，它的静穆，感到大自然所蕴藏的强大的生命力。

可以这样认为，黄帝陵的神圣和伟大，不仅在于黄帝在我们华夏民族历史和人们心中的地位，而且在于黄帝陵所处的大自然所显示出的特有的气势和氛围。

而当我们进行整修黄帝陵规划，更深地去审视这里的山和水，审视它们与周围环境的关连时，则会发现，原来黄帝陵的山水恰恰典型地体现了中国古代的“风水”文化。可以说，正是黄帝陵的“风水”，造成了其所以为黄帝陵，而非其他陵的固有特征。

不论从历史的角度，还是从环境的角度，“风水”都是整修黄帝陵规划中不能不认真地加以认识和对待的重要因素和一个无可讳避的传统文化问题。

我国古代极重居地和葬地“风水”，把它视为吉凶休咎攸关的大事。这个传统文化早始于商周时代的卜宅。以今天的观点来看，风水是以中国古代的自然观，天、地、人合一的观念，寻求人与自然的和谐，共生共存。它是一种神秘色彩、朴素思想、合理内涵混杂的传统文化积淀。风水在中国古代陵墓建筑中担当着极为重要的角色。决定中国古代陵墓建筑的主要因素，一是陵墓制度，二就是“风水”，这就是建筑历史的事实。

但在整修黄帝陵规划中，我们并不是要全面地来讨论“风水”本身的真伪问题、科学与迷信问题，因为这个问题太庞杂，非我们的学识和精力所能及。我们的工作不过是发现它，并把它作为历史存在的事物，在规划中力求尊重它和利用它，使之不致由于我们的无知而受到不应有的破坏。

按照史书的记载，黄帝生活的时代，当是我国原始氏族社会的末期。桥山的西南，也就是今皇陵县城的所在地，是一块缓坡伸向沮水的阶地，在这里曾陆续发现几处新石器时代晚期的仰韶文化遗址，这绝不是偶然的。因为这样的自然环境恰恰是适合于原始农耕氏族的聚居地，它也可能曾是黄帝氏族部落最初生活的一块地方。

司马迁《史记·五帝本纪》说：“黄帝崩，葬桥山”，以及《史记·封禅书》说：“汉武帝北巡朔方（汉朔方郡，今陕西以北，内蒙古境内黄河以南之地），勒兵十余万还，祭黄帝冢桥山”，是关于桥山黄帝冢最早的权威性的记载。然而，桥山黄帝冢的存在究竟始于何时，今已不可考。

追溯墓葬的历史起源，墓地作为死者的归宿之处，受到人们的重视，而产生“墓地”的观念，大概从旧石器时代中期就开始了。旧石器时代中、晚期，人们一般还居住在天然洞穴里，同样，洞穴也就成为死者的墓地，如北京山顶洞人洞穴墓地。在世界许多国家，如苏联、法国、英国、德国、西班牙等都有类同的发现，考古学称为“居室葬”。石器时代，人们营建村落聚居生活，已知道将墓地选择在村落附近的高亢之地，例如西安半坡、临潼姜寨、宝鸡北首岭、华阴横陈村的氏族公共墓地。秦汉以后，墓地“堪舆术”（“风水术”）兴起，墓地的选择便成为埋葬死者的头等大事。

桥山黄帝冢，即使是如《史记・封禅书》所说：“黄帝已仙上天，群臣葬其衣冠”的“衣冠冢”，它所处的环境特征，必是反映了古时人们的墓地观念，也就是后世所谓的葬地“风水”。

我国古代“风水”文化的起源、形成和发展有一个相当长的过程。因此，我们要讨论黄帝陵的“风水”，也应当是引用我国早期“风水”文化的观念，来加以对照、印证，才能与黄帝陵的历史相贴近。

什么是“风水”？“风水”二字，现知最早出现于晋人所撰、托名郭璞的《葬书》。汉时不称“风水”，而称“相地”，也称“堪舆”，如《史记・日者列传》中就曾记载由“五行家”“堪舆家”等就择日问题进行的一场辨讼。在班固《汉书・艺文志》中，又把相地称为“形法”，有《宫宅地形》二十卷，今已不存。

后世研究“风水”者均认为，郭璞的《葬书》当是集先秦及两汉以来“风水学”之所成，还有作者佚名的《黄帝宅经》一书，是论中国古代“风水”之流传最广、留存下来最早的经典性文献。

按《葬书》所说，“葬者，乘生气也。气乘风则散，界水则止。古人聚之使不散，行之使有止，故谓之风水。”

“乘生气”，就是寻觅和利用“生气”。“生气”或“气”，是中国古代的一种哲学概念。《易・系辞》疏说：“阴阳精灵之气，氤氲（气旺盛）积累而为万物。”就是说，这种“气”，是万物赖以生长发育的元气。而这种“气”是不可见的，但“气”随着“形”（山形水势）而行而止，相宅也好，相墓也好，都是要寻求“聚气”的地方。以《黄帝宅经》和《葬书》的说法，这样才能“感通天地”，“鬼福及人”，得到“安”“昌”。

“气”之说，是“风水”的核心，它也使“风水”罩上一层神秘的色彩。

那么，这种“生气”聚结之地，人们又如何“循地理而求之”呢？

《葬书》讲：“地势原脉，山势原骨，委蛇东西，或为南北。千尺为势，百尺为形。势来形止，是谓全气。全气之地，当葬其上。”

就是说：平地看土垅的脉，山地看峰岭的脊，看其走向，东西或南北。千尺之外远观其势，百尺之内近观其形。“气”依形势而行而止，势行形止，就是聚气的地方。聚气的地方，就应当安葬在这里。

又讲：“宛委自复，回环重复，若踞而候也，若揽而有也。欲进而却，欲止而深。来积止聚，冲阳和阴。土高水深，郁草茂林。贵若千乘，富如万金。”

说的是：山势要蜿蜒盘亘，层叠环抱，像（尊者）端坐着而有所等待，像双手向前揽抱而有空余。有山趋前拱卫而不僭逼，有水在此停留而不泄。气贯通于山川之中，在行中积蓄，在止中聚结，阴阳相交而调和。土厚水深，草木茂盛。这样的地方，真是贵如千乘诸侯，富如万金富豪！

《葬书》又讲，好的山形是：“玄武（北面）垂头，朱雀（南面）翔午，青龙（东面）蜿蜒，白虎（西面）驯俯（俯伏）。”好的水势是：“潴（聚）而后泄，洋洋悠悠，顾我欲留。其来无源，其去无流。”

我们可看出，这样的山形水势，就是一种山环水抱、均衡格局的封闭型空间环境，“风水”中所谓“藏风聚气”的宝地。这种山川发育的形态，在古代作为居地，是适于农耕人们生存的自然环境；但作为葬地，则并无任何的人的生存意义。不过当我们排除葬地风水所包含的神秘色彩和迷信成分，无疑仍具有一种风景景观价值和生态环境意义。

黄帝陵的山水形势，也就是古人按照当时的葬地“风水”观念所选择的一块具有风景景观价值和生态环境意义的宝地。

黄帝陵所在的桥山，发端于陕西、甘肃省界的子午岭，自西北向东南伸延，至黄陵县境孟家塬突入沮水河谷。沮水也发源于子午岭，自西

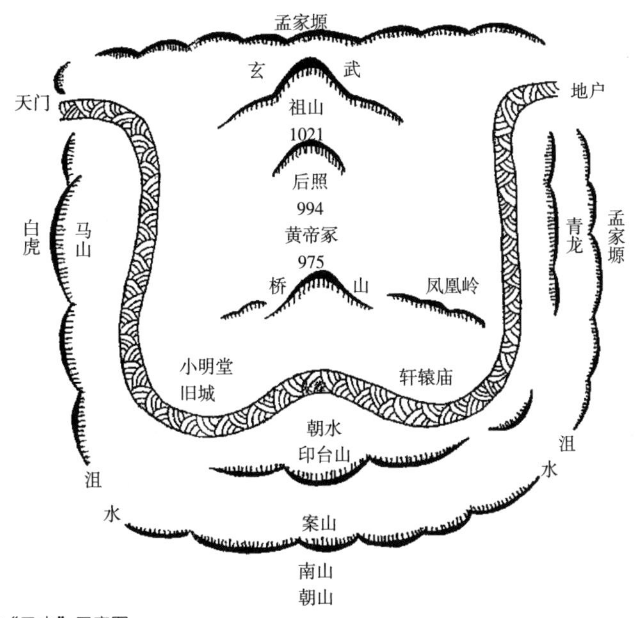

图 1　黄帝陵“风水”示意图

向东流，注入洛河。从小环境来说，桥山是沮水与孟家塬之间的一座山。黄帝冢位于山上海拔 972 米处，其北有海拔 994 米、1021 米两座山峰为依托，在后世“风水”中称“后照”或“后屏”。桥山山脊分水线的走向为南—北，偏东 32° 。“沮水至此，屈曲流过”，三面环抱桥山。山南有山，隔河与桥山相对，称“印台山”。桥山如尊者，“若踞而候”，在后世“风水”中称“祖山”；印台山处于朱雀方位，“欲进而却”，在后世“风水”中，近者称“案山”，远者称“朝山”。沮水屈曲环流，若“顺我欲留，其来无源，其去无流”。桥山周围，马山、南山、孟家塬呈回抱之势。桥山，“土高水深，草木郁茂”，林木覆盖面积 86.67 公顷，有柏树 8 万余株，其中千年以上古柏 3 万余株，蔚为壮观。黄帝冢就深藏于桥山之怀的古柏林中（图 1）。从规划角度来说，黄帝陵的“风水”，正是它的天然优势和特色所在，它的“风水”格局，应该成为我们进行建筑规划的基本依据。我们的任务在于通过建筑规划的手段去保护它、提示它，而不是抛开它、削弱它。其最重要的特征，是黄帝陵冢所在的桥山山脊分水线的走向，恰恰连接着陵冢、冢前的“汉武仙台”、冢后的海拔 994 米桥山峰与印台山峰顶所构成的轴线，我们称之为“风水轴线”。这是历史形成的，大自然所固有的陵轴线。古代陵园的方向皆依山川形势而定。整修黄帝陵总体规划，将神道、神道起点的“功德坛”布置在这条陵轴线上，并没有去另辟一条新的轴线，而改变黄帝陵的墓向和固有的山水格局，就是尊重和保持古人对于黄帝陵“风水”的选择。

我们说，规划中一些看来重大而复杂的问题，其分析结果的答案，往往却是十分的简单。不知是历史的巧合，或者古人有意的安排，桥山东麓的轩辕庙庙院的轴线为南—北偏西 16° 。庙背靠桥山支脉凤凰岭，南面隔河也与印台山相对，使印台山成为陵轴线与庙轴线的交汇点。

整修黄帝陵规划，将陵区入口广场设在印台山北两条轴线的交汇处，由此向北,可同时展望陵山和庙院,也是出于对这个“风水”格局的思考。这就构成了“两线一点”的总体规划的基本结构。规划还利用桥山南面的沮水故河道滩地蓄成广阔的湖面。这是整修规划中的一大手笔。《葬书》讲:“风水”以“得水为上,藏风次之。”水是“风水”之第一要素,所谓“气之来，以水以导之；气之止，以水以界之。”在后世“风水”中更有“塘之蓄水，足以荫地脉，养真气”之说，称“聚水”或“风水池”。它不仅是对“黄陵八景”之一“桥山夜月”历史景观的恢复，使黄帝陵之灵山圣水愈显得纯净而静谧,而且有利于生态环境的改善,是对黄帝陵“风水”的补充和发展。

黄帝陵的古代“风水”，是一个包括桥山、沮水、印台山及周围山塬，范围广大的地域概念。这与今天整修黄帝陵规划中，对于黄帝陵的景观环境和生态环境保护的设想及保护范围的划定也是一致的（图 2）。

二、关于陵墓制度

整修黄帝陵的规划，除陵区的总体规划外，还包括陵园和庙院的整修和扩建规划，它既要考虑到现实的活动需要，也要考虑到历史存在的状况，体现传统文化和历史的延续和发展。这就不能不涉及对于古代陵

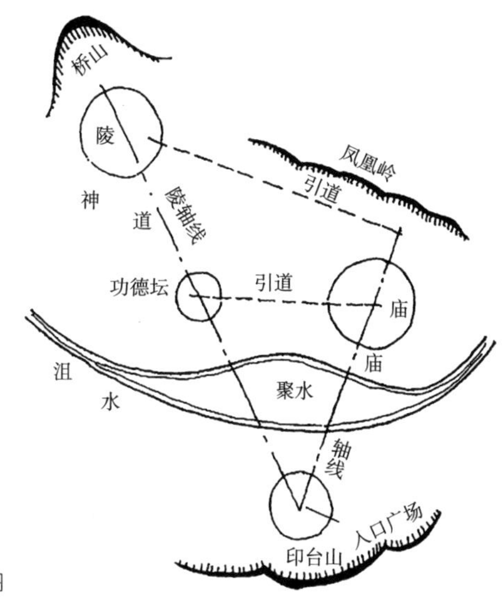

图 2　黄帝陵规划结构与山水关系图

墓制度的探讨。

黄帝生活的时代，是原始氏族社会的末期。而历史留下的黄帝冢，是一座圆形的土冢。

以古代文献及考古资料来说，在我国北方地区，殷周时代的墓葬仍是没有坟丘的。《易・系辞下》说；“古之葬者，厚衣之以薪，藏之中野，不封不树。”坟丘式墓在北方地区出现于春秋晚期。目前所知的实物，是河南固始侯古堆的“句敔夫人”墓。《礼记・檀弓上》记载，当孔子把他的父母合葬于防的时候，说过：“吾曾闻之，古也墓而不坟，今丘也，东西南北之人也，不可弗识也。于是封之，崇四尺。”孔子（公元前 551~前 479 年）是春秋晚期的人。他所说的“古也墓而不坟”，当指春秋以前的殷周时代。孔子因为自己是东西南北各处奔走的人，为了便于识别父母的墓，于是起坟丘，高四尺。当然，这并不能说，坟丘墓是从孔子时才有的。《礼记・檀弓上》又载，孔子死后，他的弟子子夏曾回忆说：“昔者夫子言之曰：吾见封之若堂者矣，见若坊者矣，见若覆夏屋者矣，见若斧者矣。从若斧者焉，马鬣封之谓也。”孔子生前见过的坟丘形式，已有像房屋的“台基”，像“坊”（堤），像房屋的顶，像“斧”的。像“斧”的坟丘，也称“马鬣封”。

春秋以前的史籍都称墓葬为“墓”，而不称“冢”“丘”。战国开始才称“冢”，称“丘”，正因为它有高起的“封”（坟堆），像“冢”“丘”（山、垅）。司马迁《史记·封禅书》称黄帝墓为“黄帝冢”，说明当时的黄帝墓已是一种坟丘式墓。战国时，君王墓称“丘”的，如楚昭王墓称“昭丘”，赵武灵王墓称“灵丘”，吴王阖闾墓又称“虎丘”。

战国中期以后，君王墓开始称“陵”，如《史记·赵世家》记载，越肃侯“起寿陵”;《史记·秦纪》载，秦惠文王“葬公陵”、悼武王“葬永陵”;《史记·楚世家》载，秦将白起“烧先王墓，夷陵”。秦始皇陵又称“丽山”。《史记·秦始皇本纪》载:“始皇初即位，穿治丽山。”《水经注·渭水》说：“秦名天子冢曰山”。在秦始皇陵西侧建筑遗址中曾出土陶壶盖两件，一件陶文作“丽山饲官·左”，一件作“丽山饲官·右”，也可为佐证。《史记·秦始皇本纪》载，始皇陵“树草木以象山”，《吕氏春秋·安死篇》说:“世之为丘垄也，其高大若山，其树之若林”。当时把秦始皇陵称作“丽山”，可能比喻其坟丘之高大若山。

因此，我们说，黄帝冢既为坟丘式墓，不知在何时它曾经后人培土整理过的可能性很大。黄帝冢的象征意义要比坟墓实物本身重大得多。黄帝冢为国家重点文物，古墓葬第一号，我们进行的整修规划，无疑只能加以保护，而不应改变它的圆形土冢的形制和草木丛生的苍古面貌。

中国古时的信仰，是以祖先崇拜为中心。祖先崇拜起源很早，大约在原始氏族社会晚期就可能产生了，它是人们对自己有血缘关系的死去先辈的信仰。随之，祖先的墓葬也就成为族众长期崇拜的对象，而产生祭祖的习俗。从古代文献来看，在春秋时代，随着坟丘式墓的出现，也就有了墓祭，如《礼记·曾子问》记载孔子说的“望墓而为坛而时祭”。而以考古学的资料来看，墓祭的出现可能要比坟丘式墓的出现早得多。

近年，考古工作者在辽宁牛河梁发现的红山文化积石冢群内，有一个用三圈淡红色的石桩围成，三层迭起的“圆坛”，表层积土中出土三具人骨架。发掘者认为，它可能是原始氏族“墓祭”的遗存。在甘肃永靖大河庄齐家文化墓地也发现过四处石圆圈，均用天然砾石排成，直径约

4 米左右。石圆圈周围分布着许多墓葬以及牛羊骨架和人骨，认为这也是在墓地举行祭祀活动的遗迹。如果是这样，那就推翻了汉代文献中蔡邕、王充等人关于“古不墓祭”的说法。但历史界有人认为，这种“坛”是在墓旁祭祀天神或地神，而不是祭祀墓主。

“墓祭”的建筑形式就是“坛”（台），如孔子所说：“望墓而设坛而时祭”。因此，黄帝陵的整修规划，在陵园内墓前设“坛”（台），是适应现实的“民祭”（民间祭祀），“时祭”（随时祭祀）仪式的需要，也是符合古时墓祭制度的。

黄帝陵陵园内墓前现有亭，称“祭亭”，既作为主持墓祭仪式的“台”，同时也是保护墓碑的，实际上是后世所建的“碑亭”，它并不是历史考古界所谓的“墓上建筑”。

现在所知，最早在墓上建造建筑的是在商代。殷墟妇好墓和安阳大司空村的几座大墓，都是在墓圹口的上部发现有夯土台基及柱洞、砾石柱础等建筑遗迹。春秋时期秦国国君墓上也有同样的建筑遗迹。战国时代，墓上建筑有了较大的发展。河北辉县固围村发现的三座魏国王室墓，上部都有建筑遗迹。邯郸、永年境内赵国王陵封土上也可见有建筑遗迹。特别是在河北平山县中山王墓发现的建筑遗迹和墓内出土的“兆域图”，对我们认识战国时代墓上建筑的形制有着重要的价值。按“兆域图”所示，在长方形的坟台上整齐地排列着五座“堂”，王堂居中，两侧依次为王后堂、夫人堂。但这些墓上建筑的性质和用途还不清楚。坟台之外绕以两重墙垣，称“内宫垣”“中宫垣”，似乎应该还有“外宫垣”，即为三重墙垣。考古中在陕西凤翔发现的春秋战国时期的秦公陵园，则以“隍”（壕沟）作为保护陵园的设施，有“内隍”“中隍”，还有“外隍”，为三重隍。看来，陵园内有墓上建筑，在我国起源很早。但由于墓祭习俗的兴起和发展，而促使墓园内建筑设置的增加和扩大，那是春秋战国以后的事。汉代陵墓四周设“周垣”或“行马”（围栏），四面辟门，门外有“阙”。西汉中期以后，在大墓前建造祠堂之风渐盛，至今在山东、河南等地仍有东汉祠堂存在，如山东历城孝堂山郭巨祠、嘉祥县武氏祠。现知最早的黄帝像，就是出自东汉建和元年（公元 147 年）嘉祥县武梁祠内的石刻画像。这种祠堂，为石造，在祠堂前也多建有阙，起标志和显示墓葬等级的作用。

《续后汉书 · 礼仪志》载当时的“上陵礼”:“钟鸣，谒者治礼引客，群臣就位如仪”；在山东沂南东汉画像石墓中的祠堂图上也可见到门前有大鼓（悬挂于鼓架上），说明当时是以钟鼓声作为墓祭礼仪开始的信号。

所以，我们说，整修黄帝陵墓园规划中设置钟鼓亭，至少可以从汉代陵墓制度中找到它的历史依据。

关于墓阙的起源，《周礼 · 天官》所称“象魏”（官府前悬挂布告法令之建筑物）和《礼记 · 礼器篇》所称的“台门”（起土为台，台上架屋之建筑物）似为后来的“阙”的初型。秦汉时，阙已具有“标表宫门”的作用，如《史记·秦始皇本纪》载：阿房宫“表南山之巅以为阙”;《汉书 · 高祖本纪》载：萧何“营作未央宫，立东阙、北阙”。西汉陵墓多有阙。现存的汉代石阙在今四川、河南、山东等地仍有 20 多处，遗物均为墓阙，而以山东平邑县黄圣卿阙，年代最早，为东汉元和二年（公元 85 年）。按照这些墓阙上的题刻，有“阙”，有“大门”，多数是“神道”，可见阙在陵墓中乃是神道和大门的标志物。整修黄帝陵规划在墓园前立阙，至少是符合汉代的陵墓制度。

我们说，墓园中最为重要之物，还应当是墓碑。它标志墓冢之所在，所以，古时也称“墓表”。碑，秦称“碣石”，汉称“碑”。《礼记 · 檀弓》中有称“丰碑”者“公室视丰碑”。郑玄注说：“丰碑，斫大木为之，形如石碑。于椁前后四角树之。穿中，于间为鹿卢，下棺以纤绕。”历史界多认为，后来的碑碣，即起源于最早的“丰碑”。

黄帝冢前，现有石碑一座，题名“桥山龙驭”，为明代所立。“黄帝陵”大碑，则为中华人民共和国成立后所制，由郭沫若手书，但有不合传统碑制之处，整修规划拟予以更换，重新设计制作。

今存可供参考之古碑，最早者为东汉碑。东汉石碑，碑额有圭形（尖首）、半圆形、方形三种，圭形和半圆形的大都在碑身上部有一圆孔（碑穿）。有人认为，这个圆孔可能是反映了石碑起源于原来“丰碑”所留下的痕迹（图 3）。以西安碑林所存石碑为例，有：

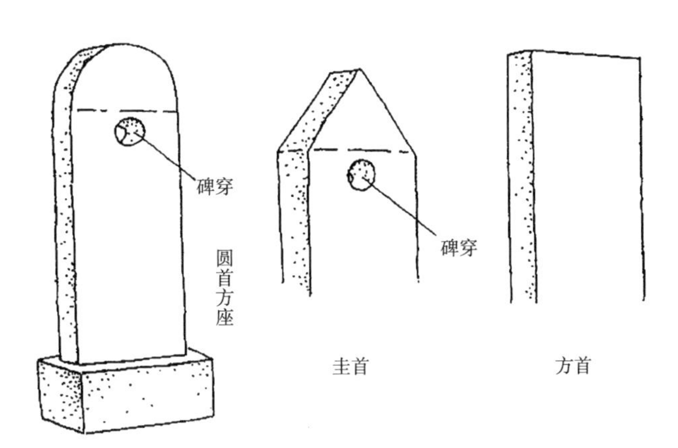

图 3　东汉石碑形制

唐公房碑，东汉（公元 25~220 年），原在陕西城固县，为半圆首，碑身上部有“碑穿”（圆孔），似保存了碑石的早期形制。

仓颉庙碑，东汉熹平六年（公元 177 年）。仓颉为传说中黄帝的史官，汉字的创造者。碑原在陕西白水县史官村，形制为圭首（三角尖形），碑身上部有“碑穿”。

东汉石碑形制还有：武都太守残碑，东汉（公元 25~220 年）。原在华岳庙内，碑首已残，形制不明。

曹全碑，东汉中平二年（公元 185 年）。曹全为陕西合阳县令。碑首不存，形制不明。

年代在东汉之后的古碑有：司马芳碑，西晋（公元 265~317 年）。形制为半圆形碑首；邓太尉祠碑，前秦苻坚建元三年（公元 367 年）。原在陕西蒲城，形制为圭首，碑身上部也存碑穿；广武将军弓产碑，前秦苻坚建元四年（公元 368 年）。原在陕西白水县。碑首为梯形。

东汉及前秦时期的碑座均不存，其形制不明，推测可能为方座。

年代较晚的隋唐碑中，仅有美原神泉诗碑，唐武则天垂拱四年（公元 688 年）。原在陕西美原县（今富平），形制为圭形尖首，方座。其他，均作“螭首龟趺”。按唐朝葬令，五品以上为“螭首龟趺”，五品以下为“方趺圆首”。

我们认为，半圆形碑首，方座，是黄帝陵碑设计可以采取的基本造型。

三、关于轩辕庙规划设计

轩辕庙位于桥山东麓，黄帝冢的东南方，是历来举行重大祭祖典礼的场所。史载，庙始建于汉代，原址在桥山西麓，因避洪水之患，于北宋开宝五年（公元972年）迁于现址。

历史留下的庙院，依中轴线布置，自南而北，现有照壁、庙门、“诚心亭”、碑亭、大殿。所有建筑均为近代所修，更早的历史状况已不可考。庙院西邻为保神宫旧址。

庙院内有古柏16株，其中有称“黄帝手植柏”的，被誉为“世界古柏之父”。参天古柏的巨大躯干和强大的生命给人一种神秘感和神圣感。

但现存庙院已不能适应较大规模的祭祖活动的要求。庙院规划的一个重要任务，无疑是要保护院内古柏，为古柏创造良好的生长环境和观赏条件。

以中国古代的礼制，重大的祭祖仪式是在宗庙进行。先秦时的宗庙均建在都邑中。《尚书·顾命篇》对西周宗庙有非常生动而具体的描写。《史记·秦始皇本纪》载：“先王庙或在西雍（陕西凤翔雍城），或在咸阳”；又载：“诸庙及章台，上林皆在渭南”。汉高祖的庙，原来也在长安城内，后来把它迁到陵园附近，从此，产生了西汉“陵旁立庙”的制度。东汉以后，迄至明清，帝王宗庙仍建在都城内，称“太庙”。重大的祭祖仪式仍是庙祭，而不是墓祭。

我们说，轩辕庙的性质，如同古代陵墓制度中的“庙”，大殿就是安放黄帝神位的地方。它建于桥山东麓，黄帝冢的东南方，犹如西汉“陵旁立庙”的制度。一座门、一座殿（献殿）就是“庙”的基本组成，或一门二殿（献殿、寝殿）。后世的太庙和祠庙也是如此。它并不像宫殿、寺庙那样的重门复殿。

今轩辕庙内，古代历史的遗存，除了碑石而外，已无任何遗物和遗迹可考。它的建筑仅是近百年历史留下的现状，因而在整修规划中是拆是留，存在着不同的意见。

我们认为，虽然近百年的历史很短，但它也是轩辕庙历史中的一个段落，这一段历史是不应在整修规划中被一笔抹掉的。况且这个庙址，甚至可能包括它的建筑布局形式，自北宋至今也有一千年的历史。体现轩辕庙历史的延续和发展，同样应是庙院整修规划的一条基本原则。它只能是在原有的基础上加以扩建和改建，使历史的东西成为整修后的庙院的有机组成部分。

按照中国古代建筑的传统做法，增加群体建筑的深度是最为常用的扩建方式。因为中国传统建筑的气势和礼仪程序，主要是通过纵向的序列和空间的层次来达到的。

所以，我们认为，整修规划将现有庙院加以保留，它的主要功能是保护古柏和保存碑石，并且提供一个前导性的空间；再在旧庙之北，开辟一个新的较大规模的祭典空间的方案是可取的。“庙祭”的建筑形式，无疑地应区别于墓祭。它不是“坛”，而是殿堂与庭院结合的传统空间形式。这个庭院，应能容纳较多的群众和较大的场面，构成一个纪念性的空间。它的建筑形象也不应脱离传统，并且具有古远和永恒的意义、庄严而神圣的氛围。它的外围空间环境应融入桥山大自然的怀抱之中。

祭典大殿是整个庙院的最重要的中心建筑。祭典大殿的设计，在历史上可以作为创作构思参考和借鉴的，有关于“黄帝明堂”的记载。

古代文献中关于“明堂”形制的记载，早者如《史记·封禅书》《汉书·郊祀志》，晚者如《唐书·礼仪志》，但在历史上对于“明堂”制度的争议，从汉武帝（公元前 140~ 前 87 年）到唐武则天垂拱三年（公元 687 年）修建洛阳明堂为止，已七八百年。在此不妨略举如下：

《汉书·郊祀志》载：汉武帝“欲治明堂奉高旁，未晓其制度。济南人公玉带上黄帝明堂图。明堂中有一殿，四面无壁，以茅盖，通水，水圜宫垣。为复道，上有楼，从西南入，名曰昆仑，……”

《唐书·礼仪志》载：隋文帝开皇中，将作大匠宇文恺依月令（《礼记·月令》）造明堂木样（模型），“诸儒争论不定，竟议罢之”。

“炀帝时，恺复献明堂木样”，“又不就”。唐太宗时，又“命儒议其制”。按颜师古所说，“明堂之制，始于黄帝，降及有虞，弥历夏殷，迄于周代”。明堂，“夏曰世室，殷曰重屋，姬（周）曰明堂，此三代之名也。明堂，天子太庙，所以宗祀其祖，以配上帝。”魏征认为，“稽诸古训，参以旧图，其上圆下方，复庙重屋”。

至唐高宗时，仍然“诸儒纷争，互有不同”。有人说：“明堂之制，当为五室”；也有人“以为九室”。

按“九室样”：“堂基三重（台基三层），每基阶各十二（四面安十二阶）”，“每面三阶，周回十二阶”。按《汉书》“天有三阶，故每面三阶；地有十二辰，故周回十二阶”。

“太室在中央，其四隅之室谓之左右房。当太室四面：青阳（东）、明堂（南）、总章（西）、玄堂（北）”。

“基之上为一堂，其宇（屋顶）上圆下方”，“璧，圆以像天，故为宇上圆”。

又说：“其屋盖形制，据《考工记》改为四阿（四坡顶），并依礼加重檐”。

“堂每面九间。地有九州，故立九间”；“堂周回十二门。一岁有十二月，所以置十二门”；“堂周回二十四窗。天有二十四气（节气），故置二十四窗”。

“明堂院，当中置堂，每面三门，每门舍五间，四隅置重楼，其四墉（墙垣）各依方本色”。“按《礼记·月令》，水（北、黑）、火（南、红）、金（西、白）、木（东、青）、土（中、黄）五方各异其色，故各墙各依方本色”。

工部尚书阎立德主张：“以五室为便，议又不定”。

至唐武则天时才于洛阳建明堂。“垂拱三年（公元687年）春，毁东都之乾元殿，就其地创之”。“四年正月五日明堂成。凡高三百九十四尺，东西南北各三百尺。有三层：下层，像四时，各随方色；中层，法十二辰，圆盖，盖上盘九龙捧之；上层，法二十四气，亦圆盖。亭中有巨木十围，上下贯通”（中心柱结构）。

“明堂”，作为古代最隆重的礼制建筑，其形制尽管历代众说纷纭，但可以看出它们的共同点是：

（1）建筑位于庭院的中央；

（2）四面围以垣墙，正中辟门；

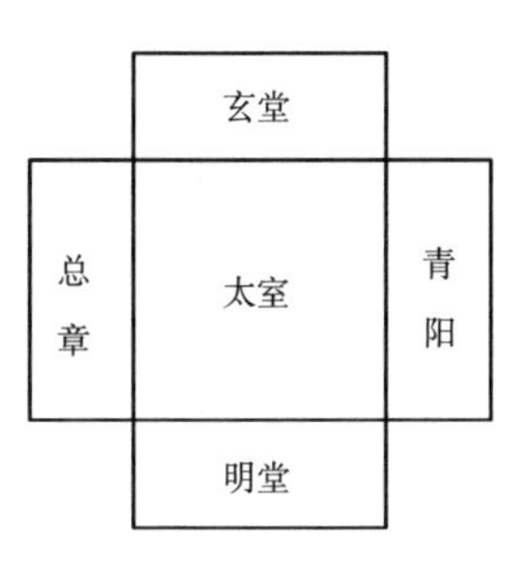

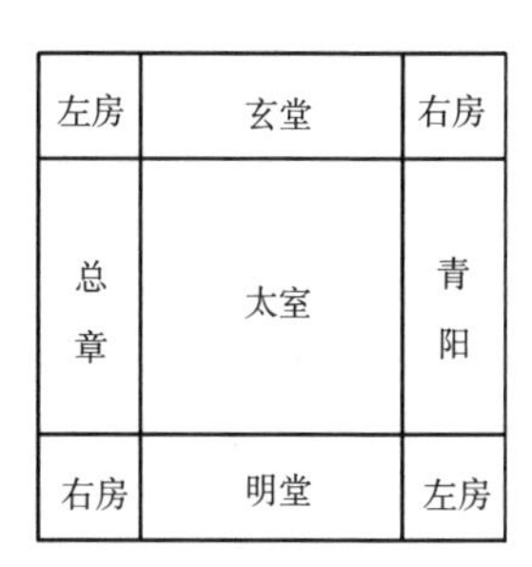

图 4　古代“明堂”平面示意图

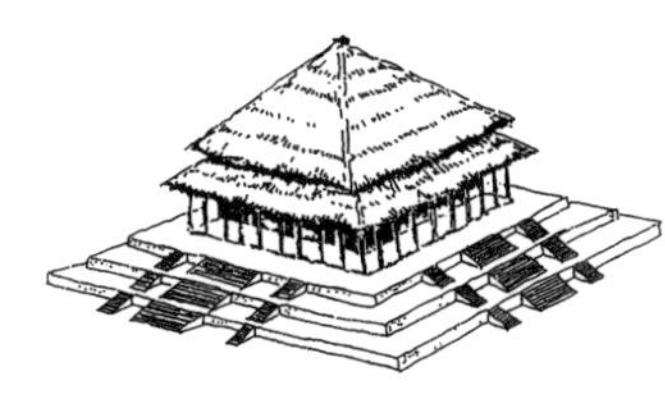
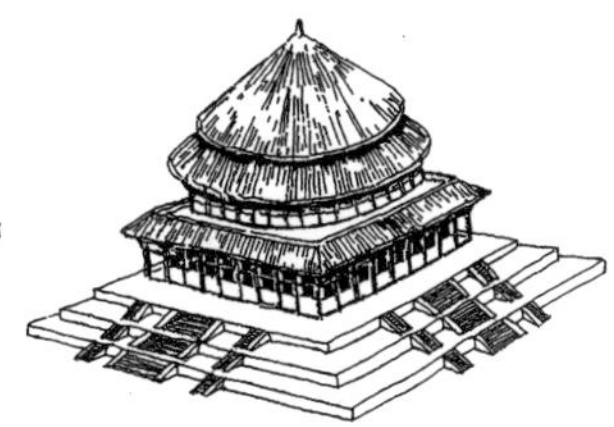

图 5　古代“明堂”想象图

（3）三层台基，每面三条台阶；

（4）建筑平面为方形，有东、西、南、北、中五室，或加四角为九室；

（5）建筑为两重或三重檐，上圆下方，或为重檐四阿顶；

（6）四面无壁，可以理解为围廊式；

（7）建筑色调，按东、西、南、北、中，五方各依本色（青、白、红、黑、黄）。

我们了解古代的制度，重要的不在于其形制本身，而在于了解这种形制所包含的传统文化观念，在于它所表达的象征意义，可以作为我们今天创作的启示，以体现建筑文脉的延续（图 4、图 5）。

整修黄帝陵的规划设计是一项特殊的任务。这不仅因为它是中华民族始祖的陵园，而具有深远重大的纪念意义，而且因为它的建筑创作应该使中华传统的建筑文化与现代建筑学结合起来，而产生出源于传统、高于传统的作品。因而它的规划设计也是一项十分困难的创作任务。本文对一些与黄帝陵规划设计相关的传统建筑文化问题，作了一点初步的探讨，希望对于黄帝陵的规划设计工作，能够起到一个“抛砖引玉”的作用。

自然与历史——将军山公园规划设计的思考

（《开漳祖地·云霄——将军山与将军山公园》序，西安地图出版社，2002年）

1998年11月间，我在西安接到来电，云霄县拟建设将军山公园，特邀我商议规划设计事宜。

我虽系闽人，但年少离乡，而后一直在外工作，对闽地人文历史、自然地理知之甚少。云霄和将军山还是初次听到。

不日抵云霄，受到县委、县政府及建设局领导的热诚接待。我深感云霄县委、县政府对将军山公园建设非常重视，云霄人民对将军山公园寄予热望。然而将军山公园规划设计，对于我来说，当时还是一件完全陌生的事情。

不过，经验告诉我们，欲做好任何事情，首先取决于对该事物的认识，在于了解事情的方方面面。我便向县上同志请教关于云霄的历史、将军山的由来，于是引出了闽地1300年久远而波澜壮阔的开漳历史故事，并且留下了将军山陈政墓园等众多历史遗迹，使我认识到，今天在开漳历史发祥地及开漳始祖安葬之地来建设将军山公园具有的历史与现实的双重意义。

当时，县上同志仅带来1 ∶ 2000的公园用地地形图。这是一块将军山与小将军山、石交椅三山间的小盆地。我觉得还需要了解公园用地与周边环境的关连，又请他们取来1 ∶ 25000，涵盖整个将军山、县城、漳江及入海口的大范围的地形图。看到此图，顿时令我的眼睛为之一亮，感到惊喜！因为我看到了这里山、水的天地造化：一条自将军山主峰至漳江入海口矾塔的天然轴线，以将军山与小将军山、石交椅为第一层次，大臣山、虎山为第二层次，梁山、仙人峰为第三层次所构成的“风水”及景观格局。

将军山的历史与自然，打开了我的眼界和思路，使我对将军山公园规划设计的思考，超越了当代时间和用地空间的局限。我想到，欲做好这一规划设计，必须从宏观上认识和把握规划对象的历史内涵和环境特性。只有把将军山公园规划置于开漳历史长河中，置于将军山江海大环境中去思考，才能描绘出一幅能够体现其自然与人文特征、历史与景观价值的规划蓝图。

我的思绪一下清晰了。“三山一湖三点一线十个片”的公园规划结构，可以说是我在一夜间产生的。而后在县上同志陪同下，对开漳历史遗迹及将军山地域环境的实地考察，则更深化了我对这一规划结构的理解：将军山的山水形态是公园的环境特性，云霄的开漳历史是公园的文化内涵，休闲旅游是公园的现代功能。这一规划构想也得到了县上领导和大家的认同。

在规划结构的框架内再来思考具体的布局，许多问题也就迎刃而解，顺理成章。公园的规划轴线虽说是一条虚拟的线，而通过它可将各种要素（山、水、建筑、广场）相互联系起来，形成一个象征的方向，并且表达公园的主题。在轴线两旁则可做较自由的布局。

公园建设作为一项工程，微观设计也是同等的重要。建筑的位置、风格、造型、体量、色调、质地、比例、尺度及材料、结构以至细节，如何较恰当地把握，使之既具历史感，又具现代感，反映人们审美情趣的演化、提高与更新，都需要设计时一笔一划地斟酌。

山水贵在自然，建筑贵在得体。将军山公园建筑意图融入自然，使山水增辉，而且点染人文气息，追求历史的深厚感和环境的亲和感。

建筑是一个文化和习俗的载体。游陈政墓园如读史，用序列来表达内涵的变化和深度。在公园建设和小品中还采取了一些象征含义的形式，既表现公园的文化意蕴，也是向云霄人民致以美好生活的祝福！

一处公园、一座建筑，欲做出它的特色并非易事。我希望将军山公园和它的建筑能给人们留下印象，勿感言深刻。

本设计所采取的建筑形式，以传统风格，尤以“唐风”为依归，藉以表达开漳历史及漳州地区与中原的文化渊源，对于当地人们所习见的明清以迄的闽南传统建筑会有一种风格的反差，未知是否得到多数人们的认同。

建筑作品可以有双重评价，专家和大众。而专家的意见只有建立在大众认同的门槛内才有意义。

将军山公园规划设计工作，一直得到县委、县政府领导的支持。我认为没有什么人会比县上同志更了解将军山公园建设的意义和要求，了解当地的风土人情、地形地貌。在三年的规划设计、施工过程中，遇到的种种问题，我都很想听取县上同志的意见，我觉得他们对许多问题的看法都很有见地。

现在，公园一期工程业已完成。公园规划设计，如果说好的地方，并非归于我一个人，而是得益于县上许多同志的参与和帮助。特别是将军山公园建设指挥部的同志为公园建设付出了很多心血。我所未想到、想不到的事情，他们想到了都向我提出，而且想办法较好地处理，使规划设计增光添彩，或者减少了失误，也使我学到了不少过去不知道的新知识。公园一期工程能受到良好的客观评价，并获得“水仙杯”奖和优良工程奖，更是建设、设计、施工、监理四方在一个共同目标下真诚合作的结果。

应该说，任何作品、成果都是一定时间段内的产物。当时不可能，过后再看，更不会是尽善尽美。

本书的目的，是将规划设计中的思考、建设的过程和结果作为一件事情真实地记录下来，给参与和关心将军山公园建设的人们留下一份回忆。如果本书能引起历史、文化、建筑爱好者及大家的兴趣，有所裨益，我们将感到莫大的欣慰！

2002年3月

《古建筑测绘学》序

（载《古建筑测绘学》，中国建筑工业出版社，2003年）

《古建筑测绘学》对于建筑专业工作者（理论研究或实际工作），尤其对于建筑学专业教师和学生以及文物工作者，均是一本实用的指导书。

人们对于一切事物的认识，皆由感性开始，由现象入手，进而上升至理性，由表及里、由此及彼。

人们不论从事何种专业，向历史学习、向前人学习，是获取知识的重要来源。历史乃是智慧之门。

古建筑测绘既是一种方法，也是一个学习和研究的过程及成果。通过古建筑测绘，会给予人们以艺术的滋养和传统的熏陶。建筑专业的人们都有这样的体验：欲使自己不至于孤陋寡闻，建筑参观调查无疑是充实自我、提高自我必不可少的经历和途径。人们习惯外出身背相机、画板，走到哪里拍到哪里、画到哪里，将所见所闻用图样和文字记录下来。然而，摄像或素描（速写）的方法有它的优点，也有它的局限。依靠摄像和素描所获得的对于建筑对象的认识能够表达空间和形象，但不能准确地表示对象的比例、尺度及内部的结构、构造关系，对于建筑对象的认识存在一种模糊性。尤其不能作为特定的要求，如建筑保存、修缮、复原的依据。

所以，除摄像和素描的方法，我们还应该提倡测绘的方法，通过对实物近距离的一笔一划的绘图、一尺一寸的测量、入微的观察，才能获得对于建筑对象的真切的认识，并且成为科学的档案。

建筑测绘是建筑专业的一门必修的课程。而建筑测绘最合适的对象是古建筑。因为古建筑是国家和民族的文化遗产，它们经历长久岁月的沧桑，自然和人为的破坏，急待保护，而准确的测绘图样（包括文字说明）

是古建筑保护工作的基础。古建筑又是国家和民族的历史传统，向历史学习，向传统学习，从历史传统中吸取具有现代价值的经验，是今天建筑创作的重要课题。况且古建筑对于今天的人们是陌生的、难懂的建筑对象，浮光掠影式的观览并不能真正认识古建筑，只有通过实物测绘认识它们才是踏实有效的学习途径。

《古建筑测绘学》一书，是作者在高校担任古建筑测绘教学实践的整理总结。书中系统全面而具体地叙述了古建筑测绘的所有必备环节、程序、方法和内容，是一本古建筑测绘工作的指导书。书中还包含古建筑的价值和年代鉴定这个如何认识古建筑的重要历史学术问题，也是对于古建筑认识的深化和提高。

本书采用图文对照的方式，书中许多插图是学校师生深入山间乡野，历经辛苦、实地实物测绘的成果，它们也都是宝贵的古建筑资料，可供建筑历史研究和文物保存工作参考。

我想，读者尤其是建筑学专业和文物工作方面的读者可从这本书中得到有益的帮助。

2002 年 10 月

新加坡城市与建筑印象

（载《建筑师》第101期·2003年，中国建筑工业出版社）

新加坡地处马来半岛南面，是东南亚的一个岛国。它不但是一座现代的大都会，而且有“花园城市”的美称享誉世界。

在中国一些城市已将建设优美、洁净的“园林化城市”作为口号和目标的今天，新加坡城市建设的实践会有参考的价值。当然，中国城市所处的国情和自然条件都与新加坡有着很大的差别，一切外来的理念和方法只有在结合各自实际的前提下才有意义。

对于一个城市的了解，来去匆匆的观光客获得的只能是大面的印象，只有停留下来，走进这个城市的生活才会有真切的感受。况且，人们又总是以不同的视角，以自持的价值标准，依托自有的知识和经验去评判某种事物，所以，不可能所有的人对同一事物的认识会是完全的一致。本文以历史学的眼光，透过实地观览和生活体验，对新加坡城市与建筑作一概略的介绍，它也只可说是一隅之见。

一、移民社会与文化传统

新加坡，包括本岛及周围十多个小岛，面积648平方公里，现有人口380多万。

新加坡开埠的历史始于1819年，英国东印度公司的船只在当时还是丛林覆盖的新加坡海岸附近抛锚，再改乘小船划到一个满是泥滩沼泽的新加坡河口，然后在河北岸搭起帐篷。东印度公司代理人莱佛士（Raffles）同当地酋长举行谈判，获准在新加坡河一条狭长的土地上设立一个贸易站。那时岛上仅有大约 150 名住民，其中海人社群聚集在沿海一带，一小批从事甘密种植的农夫则散居在岛的内陆。

19 世纪初，新加坡的地理位置正处在世界东方贸易的十字路口。新加坡的这个贸易站属于当时英国在马六甲海峡地区的转运站，它成为欧洲通往东方贸易航线的一部分，自直布罗陀，经马耳他、苏伊士、亚丁、印度、锡兰（斯里兰卡），再从新加坡伸延至香港和澳洲。

东西方贸易吸引了大批前来讨生计的外来移民。1824 年岛上人口已超过 1 万，1840 年达到 3 万，1860 年增至 8 万。至 20 世纪初，1911 年达到 30 万，1931 年增至 50 万，"二战"后 1947 年已达到 100 万。新加坡如同香港，在百年间由一个渔村岛屿崛起成为一座国际性的大都会（参见《新加坡图片史》，Archipelago Press，2000）。

新加坡是一个移民社会，移民主要来自中国大陆东南沿海、马来半岛和印度。在开埠初期，马来人本是最大的族群，至 1836 年时，华族移民已超过马来人。新加坡居民中以华人占多数，在华人方言群中，又以闽南人居多，其次是潮州人、广府人、客家人，此外还有小批移居自马六甲、槟榔屿的海峡华人。华人、马来人、印度人移民带来三大种族的传统习俗信仰，加上西方文化，使新加坡成为一个多种族和多元文化的社会。

在新加坡除通行的英语外，不同种族移民也仍不同程度的保留着本来的语系方言。

从 19 世纪初，许多社群就开始兴建教堂和庙宇，第一座是建于 1824~1826 年的苏丹伊斯兰教堂，而后是 1836 年落成的基督教亚米尼亚教堂。新加坡最古老的华人寺庙是 1842 年落成的天福宫（妈祖庙）。教堂和庙宇尤其在历史早期可以说是移民精神生活与心灵的寄托，也是种族和乡土文化的纽带。

新加坡现有教堂，庙宇多达 470 余座，包括华人的佛寺道宫，马来人、印度人的伊斯兰教礼拜堂，西方的天主教、基督教堂，还有印度佛教、锡克教庙宇。它们大多规模不大，而遍布新加坡各处，方便人们的礼拜活动。它们中很少是上百年历史的"古迹"，许多是由于社群礼拜活动的需要而新建的。

新加坡的传统文化，主要是工商者的平民文化，这在各种族移民的传统节庆习俗中表现最为明显。不同的文化，多元地并存于新加坡社会生活中，在这里，唯有文化的并存而没有文化的冲突。

二、风格的多元性

犹如许多历史文明的兴起和发展离不开河流一样，人们傍河而居、而耕、而作。新加坡的文明也是从新加坡河发源的，但从开埠那天起，它就是一条商业的河，而不是农业的河。

在 1860 年之前，新加坡的贸易几乎都在新加坡河进行，新加坡最早的市区也在新加坡河两岸滨海地带展开。

1822 年在莱佛士主持下草成的市区计划，把市镇划分成几个区，政府机构在新加坡河北岸，商业区在河南岸，商人们沿着新加坡河南岸兴建货栈和驳船码头。市区计划还在市镇内划出地段，供不同的族群居住。欧洲人居住在政府所在地近邻，最大的族群华人居住在新加坡河以南，后来称为“牛车水”的地方，马来人大都居住在郊区，印度人也分布在新加坡河南面，今珠烈街一带。欧洲人的早期住宅称“浮脚楼”，它们通常为两层，平面呈正方形，四坡顶，坡陡脊短，墙面不作装饰，入口有门廊供马车停留，会客厅和卧室设在二层。这种“浮脚楼”，既符合英国的传统，又能适应当地的热带气候。在华人区街道两旁多为又窄又深的“前店后宅”的店屋，它们的坡顶、翘脊、山墙和门面的样式深受中国华南传统建筑风格的影响。马来人的原始住屋称“亚答屋”，用木材构架和“亚答叶”盖顶。后来才被红瓦砖屋所取代。在街道两旁，一种廊式通道，如同中国南方俗称的“骑楼”，也被引用于沿街店面建筑。

新加坡的宗教建筑，包括华人、马来人、印度人及西方人的寺庙、教堂，有老有新，年代有早有晚，它们的样式均来源于各种族移民本土宗教建筑的形式、风格。宗教建筑是最具不同历史文化特征的建筑类型。但那些新建的寺庙、教堂，它们的风格往往是传统形式的简约化而具现代感。华人寺庙大多也仅有一进院落。

新加坡的官方建筑和大型建筑大都采取欧洲古典主义的风格，尤其是英国式的古典主义，如英国维多利亚时期的风格。现存的古典主义建筑，例如：邮局、市政厅、高等法院、国会大厦、维多利亚纪念堂。20 世纪初，许多商行旧楼房也被英国爱德华时期的风格所取代。现仍有一些古典风格的"骑楼式"和英国民居风格的沿街老商行建筑保留至今，它们大都为二、三层楼，成为很有特色的商店。现代国际式风格于 20 世纪 30 年代在新加坡兴起，成为而后几十年新加坡建筑的主流。新加坡的高层建筑，如由世界著名建筑师贝聿铭设计的莱佛士城（Raffles City，高 70 层、前楼为酒店，后楼为商务，裙楼为商场，图 1），丹下健三设计的 C.U.B（华联银行、高 63 层）等，均取现代国际式风格。但是，吸取欧洲古典或中国传统形式的现代新建筑在新加坡仍然可见，如义安城（Ngee Ann City）的"现代古典式"，董城（Tangs）、万豪酒店（Marriott Hotel）（图 2）的"中国样式"。富裕的华人喜好欧洲多种样式的混合风格或中国与西方混合的形式，来建造私人住宅和商业建筑，称通俗的古典式（Coarsened Classical）、华人巴洛克式（Chinese Baroque）、海峡华人式（Straits Chinese）、华人兼收并蓄式（Chinese Eclectic）。它们恰恰反映了新加坡多元文化的社会与历史背景。

"二战"后的新加坡，当时居住在木屋和简陋房屋里的人口超过 90 万。1960 年新加坡成立"建屋发展局"，1964 年推出"居者有其屋"计划，开始大量兴建"组屋"（Public Housing）。1968 年政府宣布居民可用公积金的积蓄来偿还购屋贷款的分期付款。

政府"组屋"是普通标准的住屋，以此来解决广大居民的安居需求，此外还有私人住宅（Private Housing），包括公寓和独立式住宅。"组屋"是新加坡最大量的建筑，至 1970 年已建成 12 万单位。1977 年由单纯兴建组屋转为发展新镇，至 1985 年建起 10 个新镇，几十个组屋区，共 50 万单位，到 1998 年发展到 18 个新镇，86 万单位，可供大部分国人居住。组屋区的配套设施，包括超市、购物广场、综合诊所、托幼、中小学、银行、

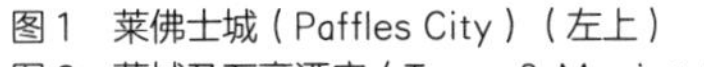

图1　莱佛士城（Paffles City）（左上）
图2　董城及万豪酒店（Tangs & Marriott Hotel）（右上）
图3　住屋区通至地铁站的长廊（左下）
图4　住屋区通至巴士站的长廊（右下）

邻里警岗、书店、阅览、影院、公园、游乐场、游泳池、体育活动中心等。每个地铁站服务于一个大的住屋区，由住屋区有长廊通至就近的地铁站或巴士站，使人们可免受日晒雨淋（图3、图4）。

组屋建筑一般高10或12层，以节约用地。取行列式布置，方位和通风良好。同是组屋，户型、面积、标准也不同，大者有两层复式。类型有外廊式和单元式。这种大量性的居住建筑，外观并无特定的风格（图5）。新加坡组屋最大的特点是底层普遍为立柱架空层，完全与庭院及周围空间相通，称 Open Space，是社区内人们交往活动的公共空间。这种底层开放的空间，也为住屋融入周围的绿色环境创造了条件。

图 5　居住建筑群之一（左）
图 6　莱佛士坊地铁站（Raffles Place）入口，由地铁站地下商场和地道可直接通往广场周围的大厦（右）

三、空间的开放性

新加坡给人的一个鲜明的印象，是城市空间的开放性。在新加坡，除别墅（Town Houses）、公管式公寓（Apartment Masion）、中小学校园等，有空透的围墙外，绝大多数建筑，包括政府大厦都没有围墙。从总体来说，这是一座没有围墙的城市。

大概这是一种发达的现代社会的城市空间形式，组屋群没有围墙，公务建筑和商业建筑更没有围墙，使建筑及其周围的空间融入城市的大空间之中，建筑庭院绿地与城市公共绿地连成一片。

新加坡从开埠那天起就跟商贸紧密相连，如果说，中国的传统城市是“城”的概念，以围墙保一方平安。那么新加坡就是“市”的概念，以开放取得城市空间环境的共享。新加坡市区没有整齐的边缘，市区的扩展就像树木枝干的自然生长那样，随着道路的伸延，由新加坡河两岸向小丘起伏、树林密布的内陆伸展。它不是像中国平原城市那种“摊大饼式”的一环、二环、三环……的规划概念。

新加坡的中心区在新加坡河两岸滨海地带，这里集中了新加坡的政府机构、金融中心、最大的旅馆和购物中心，而中心区以外的新镇和住区，则是独立的组团，每个住区自成一个生活系统。

一座依靠商贸而生存发展的城市，其最具活力，最具开放性的空间当是商业活动的空间。作为新加坡主要公共交通枢纽的地铁站，总是通过地道和地下商场（有的地铁站地下商场的规模很大，如莱佛士坊站和Orchard站，将地道也建成商业长廊，图6）。直接连通着地上商场、酒店、银行的地下层。人们不出地面，不经露天马路就可进入购物中心、商务中心、金融中心，为商务联系和购物活动提供极大的方便。地上相邻的商务楼和商场，大多也是相通的，如市中心区的新达城广场（Suntec City Mall），与易圣百列广场（The Esplanade Mall）与会展中心（Convention and Exhibition ctr.）、滨海广场（Marina Square）等数座连通，成为综合的商务与购物中心。

又如，华人区的牛车水（China Town），自北而南，阿波罗中心（Apolo ctr.）与富丽华酒店（Furama Spore Hotle）、珍珠大厦（People's Park ctr.）、奥奇大厦（O.G.Budg.）、珍珠坊（People's park Cplx.）五座相通；又跨街以天桥与唐城坊（China Town Pt.）、幸运牛车水（Lucky China Town）相连。而越是如此，才能形成"商机""人气"旺盛的商业地段。

现代城市人们对于时尚和精致生活的需求，应运而生的是那些一流的购物广场（Shopping Mall），这里有世界最新、最著名的品牌，并且集购物、娱乐、休闲、美食于一体。新加坡的商业活动的空间形式反映了现代社会的规划理念。商场地下层的面积甚至比地上层的占地面积还要大，因为地下限制少，地上除建筑外，还需留出人流活动和绿化的场地。现代的大城市充分利用地下空间这个理念也是正确的，当然需要具备经济与技术的条件。

四、环境的园林化

城市无疑是繁华的代名词。在城市里固然享受时尚，却也往往失去自然与宁静，而既能享受由现代化带来的时尚，又能保留一份自然与宁静乃至城市人的憧憬。

新加坡的“花园城市”之美称，不但包含城市环境的优美，而且包含城市环境的洁净。

新加坡四面环海，空气清新；在季风吹拂下，气候湿润，雨水充沛；岛上小丘起伏，树木密布，植被丰茂。得天独厚的自然条件，加上科学的规划与完善的管理造就了园林化和洁净的新加坡。

中国大城市市区的概念是几十平方公里，几百万人口；市区之外是广大的农村。新加坡市区的概念是600多平方公里，不到400万人口。现代的新加坡没有农村，只有城市中心区与郊区之别，所以说新加坡也是一个城市国家。与世界许多大城市相比，新加坡的人口密度是较低的，尤其新加坡中心区以外新镇和住区的分布是松散的。城市空间有疏有密，而疏多于密，全岛绿地远大于建筑用地。

新加坡岛，是一个小山、斜坡、平地、相间起伏的丘陵地貌，建筑和道路因高就低，顺其自然摆布，并不去着意地整平，显示某种气派，城市也没有什么“轴线”。在600多平方公里的土地上，原有的小丘被保留下来，原生林地经稍加整理即成为天然公园，还有占地28公顷的动物园和8千只飞禽家园的飞禽公园。新加坡植物园仍保存着4公顷未被采伐的原始丛林。

新加坡全年无四季之分，四季皆夏，多阵雨，阵雨骤来即大雨、暴雨，风助雨势，将一切冲洗得干干净净。雨水既要通畅排泄，又要加以利用，通过完善的沟渠系统，结合地形规划，蓄成大大小小的水库，湖泊也辟为自然保留地或公园。新加坡公园管理局现管理着2796公顷自然保留地、952公顷公园和绿地、4000公顷路边草坪和植物。全岛几乎没有一块裸露的土地。在新加坡，树木归国家所用，任何人不得随意砍伐。公园、街区的树木、草坪都得到细心的修整和养护。

在新加坡，建造房屋整平基地挖出的土方并不外运，而是加以规划就近堆在房屋或楼群的周围，形成隆起的起伏状的斜坡、土包，再栽树植草，自外望去，犹如自然的绿地围绕着房屋，像是有意地打破建筑物基地的呆板的地平线。

在新加坡，将污染的工业布置在本岛以外的小岛上，无污染的厂房才布置在本岛内，也处于绿地包围之中。

新加坡的城市建设似乎遵循一种“必然”和“自然”的原则，使环境规划成为一件顺理成章的事情。

新加坡的城市“园林化”，并不同于一般人心目中想象的“园林”、“花园”，而有其自身的特性。它的首要功能在于造成良好的城市整体的生态环境。新加坡的建筑庭院和居住区绿地，并没有像中国“高档”住宅小区庭园常见的中式的“小桥、流水、假山”或欧式的“喷泉、花坛、雕塑”那样注重形式美，而是以树木、草坪为主，少见人工景观，风格简约、质朴而实用，讲求生态性和自然美。公园、公共绿地均衡分布，便于居民享用。

我们说，一个城市，尽管盖了许多漂亮的房子，栽了许多树木，并不一定是一座洁净的城市。只有具备完善的现代化基础设施，特别是彻底地解决垃圾和污水的处理才会是一座洁净的城市。

一个城市，要做到局部的（如市中心、主要街道），大面上的洁净并不难，难的是整个城市，处处边边角角皆是如此的洁净。

优美、洁净的城市环境还依赖于完善的管理（包括处罚手段）和文明教育，使人们养成遵守公共道德、公共秩序、公共卫生的良好习惯才可能保持。

而这些，新加坡都已较好地做到。

作为国际性大都会的新加坡，“私家车”却不很多，道路上不是“车水马龙”，更没有塞车现象。城市的公共交通发达：地铁、轻轨、巴士，特别是地铁，准时而快捷，成为多数人首选的交通工具，这就大大减少了城市道路交通的压力和废气、噪声的污染。

新加坡道路仅有车行道和人行道，没有“慢车道”。车行道与人行道之间是绿化带。在巴士站路段，道路均加宽成为巴士停靠的“港湾”，以保障车行道畅通无阻。新加坡的车速也是较快的。但经过学校、住区入口的道路都有“斑马线”，并立有 SLOW 的标示，道路弯道也有 SLOW 的标示，路口均设有交通管制和监视系统，对车辆违章者处以重罚。在没有红绿灯自动装置的次要道路，则设有手动装置，行人横穿马路时可

图 7　新加坡中心区街景之一

以按下绿色信号按钮，车辆会礼貌地停下让你先行通过。

人们漫步在新加坡街道上或身处于公共场所中，会有一种从容不迫的秩序感。即使是最繁华的 Orchard Road，也没有拥挤，没有喧嚣。我觉得,一个“优美”的城市,首先应是一个文明的城市,有序的城市(图 7)。

城市规划与管理本身似乎并没有如何深奥莫解的东西。问题在于认同某种理念,诸如“以人为本”的理念,环保的理念、可持续发展的理念,并且真正地付诸实践，它们中许多可以说是生活的常理。

五、历史与现代

新加坡虽然说是一座现代化的大都会，而在各种族移民中传统文化的观念却仍相当深厚。新加坡的历史很短，自 1819 年开埠至今不过 180 年，又经历“二战”的破坏，也就十分珍视历史留下的东西，尊重本身的文化遗产，关注“历史古迹”“历史性建筑”“地标”的保存。(“地标”是让人很容易辨识的人文和地理标志。建筑物、树木都可以成为地标)。

新加坡政府于 1917 年将 70 座建筑物和雕像列为国家古迹(National Monuments)、历史古迹(Historial Sites)和历史性建筑(Historial Bulidings)，还列有名胜(Place of General Interest)93 处。1987 年政府

图 8　新加坡河口风光（新加坡河南岸是保留下来的 19 世纪中叶至 20 世纪初的货仓、店屋改作的餐饮步行街，北岸是 20 世纪初英国维多利亚时期古典主义风格的国会大厦、维多利亚纪念堂，远处高楼大厦群是作为现代新加坡标志的金融中心。图中右起 1—电讯总部、3—华联银行为丹下健三设计。给人印象欠佳的是几幢银行大厦并排拥立在一起，缺少一种整体的韵律美。）（左）

图 9　新加坡河畔风光（右）

又制定历史性建筑保留计划，规定多个地区和 3000 多幢老建筑"给予保护，让后世新加坡人有机会观赏"，其中较多处于牛车水早期华人聚居区；甘榜洛南（Kampong Glam）马来人历史住地，还有"小印度"，印度人早期的住区。

新加坡河的过去和现在，凝聚着一部新加坡从殖民地时期到现代的历史，是新加坡重点保护的历史地段，也是除旅游胜地 Sentosa 岛之外新加坡最具魅力的地方，成为历史与现代新加坡的标志。

新加坡河南岸留下来的 19 世纪中叶至 20 世纪初的驳船码头（Boat Quay）、货仓、店屋，经重新修缮利用成为对外来游客最具吸引力的酒吧、餐馆步行街。人们喜欢在新加坡河畔徜徉，凝望着河面的景物，领受着河风的抚摸（图 8、图 9）。

任何一个城市，不论其历史长短，它们都在新旧更替中发展，既有保存，又有变化，不会是全旧或全新的城市。正因为有了仍然保存着的老建筑与新的建筑在一起，人们才能将早年的新加坡与现在的新加坡作个有趣的比较。

在保留的旧建筑中，往往蕴含着人们的历史情怀和乡土情怀。旧建筑常常可以唤起某种记忆，讲述一个故事，一段历史，历史建筑无疑地丰富了现代城市的文化内涵和人文景观，给现代城市增添了魅力。（新加坡河南岸浮尔顿酒店（Fullerton Hotel）前的青铜雕

图10 青铜雕像“第一代”

像“第一代”，表现5名天真活泼的赤裸男孩跳下河里游泳的玩闹姿态，它是新加坡旅游局计划安置在新加坡河畔的一系列雕塑之一（图10）。它们不但美化河畔风光，也能讲述过去的故事，唤起人们对于昔日新加坡的回忆。）

显然，城市规划既要有历史观念，还要有超前意识。而当我们的观念、理论超前了，有些往往又不现实；而适应了现实，过不了多长时间却又落后，这就是规划的继承性、时宜性和超前性的矛盾。我们的明智做法应是尽可能地减少本可避免的反复，给历史的保存和未来的发展都留下足够的空间，这是本文最后想说的一句话。

《古都建设与自然的变迁——从长安洛阳的兴衰看中国古都的历史与未来》序

（载《古都建设与自然的变迁——从长安洛阳的兴衰看中国古都的历史与未来》，西安地图出版社，2003年）

这是一本探讨中国古都建设与自然环境关系的书。本书的内容是中国城市史研究的一个重要方面，也是以环境科学的新视角来研究古都建设史的一份成果。

中国幅员广大、历史悠久，自夏商周以迄先后建起的大小城市有成百上千。其中许多城市绵延发展至今，尤以秦汉、隋唐、宋元、明清时期的都城规模最大，规划最为完整。在历史上，它们是当时全国的政治、经济、文化中心；在今天，它们仍是中国的首都和重要的中心城市。其最著者为北京、西安、洛阳、开封、南京，合称中国的“五大古都”；或者加上杭州、安阳，合称“七大古都”。古都的建设史、变迁史，印证着中国城市发展的轨迹，反映着中国城市发展的规律，也成为中国社会历史的一个缩影。古都的建设在中国经济、社会发展中一直占有举足轻重的地位。因此，研究中国城市的历史，首先是研究中国古都的历史。

应该说，每个城市，包括都城建设自古至今经历的每个发展时期都打下不同时代的印记，都存在历史的局限。当我们回顾诸多当今城市建设面对经济、社会、环境、文化种种问题时，历史的情况也是如此，既有成就，也有失误和偏差。

城市不仅是经济活动的中心，也是人们生活的家园。随着经济、社会的发展，人口必将越来越集中于城市，意味着越来越多的人生活在城市中，而城市却变得越来越不适于人生活！在现代社会，人与自然的关系早已突显的情况下，在长时间里，仍少有人以此为视角去研究城市的历史，去思考城市的建设，使城市建设的理念和实践都显得滞后。

长时间来，在城市建设中，人们过于注重人工环境的建设，而忽视了生态环境的建设，反过来也制约了城市的发展。自然环境的变迁对城市的影响及对生活在城市中的人的影响，自古至今，不是越来越有利，而是越来越恶化，人们逐渐失去生存所必需的自然资源，城市也失去自然资源美和人工环境与自然环境结合的美。

以西安而言，历史上的长安城，城外有“八水”：泾、渭、灞、滈、浐、沣、滗、涝，除泾、渭二水外，六水均发源于秦岭山中。城内有“四湖”：太液、曲江、兴庆、昆明池；“四渠”：龙首、永安、清明、漕渠；城郊有“三川”：辋川、御宿川、樊川。它们不仅形成了长安城的城市水系、风景名胜，也构成了长安山—水—城的和谐格局。

而今的西安城却是一座干涸的“旱城”，往日的城市自然风貌早已不复存在。西安自然环境的变迁，虽然是经历了自唐以后千年的长久过程，但也反映了当代的城市规划建设在认识和实践上的缺失。

本书取得的有价值的研究成果，我以为有以下几点：作者突破了单纯建筑学的狭小视角，以“可持续发展”这一广阔的新视角，来研究历史的城市和城市的历史，论述了古都城址对于自然环境的选择和考虑，体现了山—水—城的和谐关系；分析了古都建设中，城市水系的开发和利用等方面的问题，总结了自然环境变迁对城市建设的影响，即古都兴衰的自然因素，从而引出了古都建设的历史经验及其对于今天的启示和思考。本书作者是一位年轻学者，这些研究成果也表现了作者的理论勇气、务实精神和严谨的学风。

本书的内容值得关心和研究古都建设的人们一读。

《建筑趋同与多元的文化分析》序

（载《建筑趋同与多元的文化分析》，中国建筑工业出版社，2005年）

21世纪的当今时代，相对于"工业时代"而言，有称之"后工业时代"；而以资讯发达，国际间合作、交流的日益广泛与频繁，也有称之"信息化时代"，更有称之"全球化时代"。

地球似乎一天天在变小，人为的闭关锁国、固步自封终将落伍于世界。中国改革开放前后的巨变便是证明。

"全球化"的影响，既发生在经济、社会领域，也在改变着人们的生活和观念。在"全球化"的潮流下，作为人们生活的空间和时间的建筑，也迎来了一个开放的、自由的创作时代。尤其在现代科技的支撑下，人们似乎可以超越所在自然环境和文化环境的制约，选择自己喜欢的建筑形式，并使远距离的模仿成为可能。

一方面，以功利性、科技性、纯净性为时代建筑的标志，日渐被许多人所认同，使不同国家、地区的建筑，凸显其趋同性。同样的一幢建筑，或许可以建在美国芝加哥，也可以建在意大利罗马的新区、中国上海；可以建在北京，也可以建在广州。

另一方面，我们并不能将"全球化"的影响，仅仅理解为趋同性。其实，"全球化"的影响，既带来趋同性，也带来多样性。君不见，今天人们选择建筑的形式，有人作如此的比喻，就像在服装店里挑选时装，可以因人而异，不拘一格。近年来，在中国不少城市中，各种欧式建筑的再现，便是这种趋向的表现。

然而，"全球化"背景下的这种多样性似乎更多地出于对"时尚""喜好""标新立异"的个性化追求。它与传统的基于特定地域的自然环境和文化环境的差异而产生的多元性特征，有着不同的涵义和概念。而这种传统的多元性特征，在这些地域的建筑中却渐趋模糊、淡化，以至消失。

建筑与自然、与文化的疏离，已成为一种广泛的世界现象。这种现象，在建筑界早已引起人们的讨论。不过，并没有像在当今“全球化”大势下，如此受到人们的关注！

保持地域性、民族性与走向世界的问题，正是这样地摆在人们的面前。

1999 年，第 20 届世界建筑师大会，将“全球化与建筑的多元性”列为大会的重要议题之一，正是表现出对此问题的特别关注。

本书也正是对“全球化与建筑的多元化”这个议题讨论的一份回应。

本书作者是一位青年学者，而要驾驭如此广大的议题，实在是不容易的，这表明了作者的理论勇气。

本书将趋同与多元的现象，放回到建筑历史过程中去考察，去评价，这比较那种空泛的讨论，会更具说理性和可读性。书中不乏闪光的思想亮点。

人们欲认识某种事物，由历史入手，是一种有效的途径。历史是公允的评判者。

趋同与多元并非当今时代特有的现象。它是一种历史现象，只是在不同的历史阶段表现有所不同而已。趋同与多元的原因是多方面的，故其表现也是多方面的。本书尤其着力于文化层面的分析，这也是建筑历史研究的难点所在。

建筑的国际化与本土化，建筑的趋同与多元，均存在其历史的必然性与合理性。我们并不能得出二者孰是孰非的绝然结论。

建筑与自然、建筑与文化、建筑与科技，历来是建筑学的重要命题，只是在今天，显得更为敏感而已！

建筑犹如历史的回音壁，响起的正是时代的回声！“全球化”既合于潮流，建筑要走向世界，也要多元化，这就是问题的结论。我们的关注，在于呼唤建筑师们对自然、对文化、对人本的更多的省察和尊重！

2004 年 8 月

于西安建筑科技大学

关于龚滩古镇保护的建议

（2005 年 8 月，在重庆龚滩古镇保护规划座谈会上的发言）

龚滩属于重庆辖区，位于酉阳县境乌江与阿蓬江汇流处乌江峡谷东岸。自古至今为土家族聚居地。其先民历史可追溯至三千年。

古镇对岸是乌江峡谷悬崖峭壁，悬崖之下是湍急奔流的乌江，山水风光绝胜。

历史上，龚滩古镇由乌江水路运输码头发展而来。龚滩为乌江航道三大险滩之首。至此大船不能通行，只有小船靠拉纤通过。无论上水下水，载货船只必须起卸，周转换船。龚滩遂成为川、湘、黔三省边区贸易和货物的集散中心，商号云集，居民日增，独领一方，清代时达到极盛。

随着现代陆路交通的兴起和乌江航道的整治，龚滩昔日的风华已然淡去，它蕴藏着的自然、历史、文化、建筑的内涵，古镇的沧桑，期待着人们的关怀和演绎而焕发出新的生命。

古镇的保护，比较一座单体古建筑的保护要复杂得多。古镇不但承载着厚重的历史，而且至今仍是几百上千户人家生活的地方。说一千，道一万，当人们生计无着，必然带来古镇人口流失，房屋破败，走向衰亡。

一、古镇的存在需要经济的支撑。维持和发展特色经济及相关产业（如旅游业、民间传统手工艺），乃是古镇生命之所系；二、应当寻求古镇经济、文化、生态发展的良性循环，走可持续发展之路。

古镇的保护规划，应当遵循“保护，改善，提升，延续，发展”的“十字”方针。

具体的建议：

一、保护

规划对古镇原有的生态环境景观要素和历史文化要素，应当尽可能多的予以保存。“留住绿色，留住文化，留住岁月”。

1. 土家族最古老的文化遗迹，龚滩乌江对岸悬崖上的溶洞——“蛮王洞”，相传为古巴国部落土家族先民的遗迹和江边悬崖上“惊涛拍岸”清代题刻。

2. 历经千百年岁月磨洗的老街石板路和夹巷而建的极具乡土气息的木楼老屋。

3. 乌江边一溜的吊脚楼，依山就势，高架临空，或跨涧，或附岩，或骑坎，将土家人艰难而又极具匠心的建筑创造定格在乌江岸边。

4. 乌江崖壁上的纤痕和老街石板路、石阶梯上的杵眼，铭刻着纤夫和“背老二”的血汗印记，仿佛看到他们艰难而奋力行进的身影。

5. 河坝上石头垒砌及在岩石上凿成的阶梯和古渡口，见证着龚滩昔日的喧嚣。

6. 建筑古迹：商号、寺庙、仓房、大宅、名楼，是古镇繁盛年代的历史见证，如川主庙、镇滩寺、三教寺、三抚庙、观音阁、西秦会馆、半边仓及揽月楼、鸳鸯楼、蟠龙楼、织女楼、董家祠堂、董家院子、周家院子、冉家院子、夏家院子。

7. 乡土树木，特别是古黄葛树，一颗在古镇中央山崖上，一颗在临江绝壁上，远远可以望见，成为了龚滩的乡土地标。

8. 老街的檐灯。挂在家家临街屋檐下的各式灯笼，照亮了坎坷不平的石板路，使夜晚的龚滩充满着喜气和生机，成为龚滩的一道独特的风景。檐灯题字更是一道文化。

9. 土家人的民俗，服饰、歌舞、小吃和手工艺（檐灯制作、木制品、竹编、藤编）。

10. 古老的公共消防设施：“四方井”“太平池”。

二、改善

1. 完善古镇的对外交通道路和停车场地。“酒香不怕巷子深”，路途不再偏远。

2. 古镇老街狭窄，木屋鳞次栉比，火灾是最大的安全隐患。古时设有“四方井”“太平池”，今天应当完善消防设施建设，如维修传统建筑的“风火墙”，适当地段开辟消防通道，增设消防栓、消防器材。改造传统厨房、炉灶，提高厨房围护结构材料的耐火性。对消防宜制订专项规划。

3. 完善水、电、气、电信、排污治污等基本设施建设。老街应当设置现代“公厕”。“公厕”看起来事小，其实事大。

4. 老街不宜拓宽。但在街道临乌江一面可留出一些开放空间，如观景平台之类，方便旅游者驻足眺望乌江山水风光。

5. 利用古老建筑，开辟历史和民俗展览，也提供土家民俗活动，歌舞演出的场所。

6. 适当增设少量现代标准的商业服务业建筑，以满足人群的不同需求。

7. 个别地建立传统手工艺小作坊。将普通手工制品打造成特色旅游产品。

8. 环境绿化、美化，增植乡土树木。

9. 培育和发展教育、医疗卫生事业，使古镇人能够就近入学、就医。

10. 利用乌江悬崖和阿蓬江急流，以龚滩为基地，开发乌江攀岩活动和阿蓬江漂流活动。

11. 古镇所有新增建筑，均应采取当地传统风格，与原有建筑协调。

三、延续和发展

通过古镇的保护和改善，提升古镇的环境和生活质量，不但能够留住原住居民，并且能够接纳旅游、观光者及对外来人口具有吸引力；不但使古镇的历史和环境风貌犹存，并且适应现实的发展需求，走上可持续发展之路。

我相信，外来的旅游者、观光者，可以在龚滩亲近自然，释放身心，感受历史，吸纳知识，得到许多意想不到的收获。

《缘与源——闽台传统建筑与历史渊源》序

（载《缘与源——闽台传统建筑与历史渊源》，中国建筑工业出版社，2006年）

这是一部介绍闽、台两地之传统建筑与其历史、文化渊源的书。

在中国建筑史学领域，对闽台传统建筑之研究，多年来还较少人涉足。偶见有论著面世，关于闽地者，多为个案之介绍；而关于台湾者，除中国台湾地区和日本学者间有著述出版外，大陆之学者鲜见有研究成果发表。

如本书这样，既在闽地，又在台湾作实地之考察，并以历史与文化的视角，对两地之传统建筑作联系比较之研究，其涵盖内容之广泛，资料之翔实，可以说是第一部。

福建地处中国大陆之东南隅，台湾则位于海峡的彼岸，古时相对偏僻。闽台不论是人文历史，或是自然环境均具有其独特性。许多人对闽台之历史与文化大都还比较陌生。

闽台在历史上均属于移民社会。闽地移民主要来自中原，台湾移民主要来自闽地。福建三面环山，一面临海，多山而少地。古有“海者，闽之田也”之叹！沿海的闽人，在很早的时候就“以船为车，以楫为马”，勇敢地漂洋过海，谋求生路，而海洋彼岸最近的落脚处便是台湾。他们以族缘和地缘为纽带，在台垦拓和定居下来，随之将原乡的建筑移植过去，并夹带着故土的习俗信仰，也铸成了闽台两地的文化认同。

自古以来，与闽台人们的生活结下不解之缘的是绵绵的山岭和茫茫的海洋。在历史上，闽台两地除了农耕文明，还有海洋文化，兴渔盐之利和海路贸易。这是闽台文化之特色所在。

历史自远古走来，无始无终。对于今天的人们，历史是一部教科书，它让我们了解过去，也认识现在。

仍存的闽台传统建筑之意义，不仅在于其建筑本身的技术和艺术，它也是闽台历史演进中的文化轨迹、标志和符号。岁月凝固在这些建筑之中，人们并可由此引发出许多除此之外的认知。它既印证着历史、承载着文化，也凝聚着两地人民之亲情、乡情，其根脉隐然可见。

闽台之传统建筑属于中国传统建筑南系之一支。闽地传统建筑之源既来自北方，也来自东南本土。台湾传统建筑之根在闽地，而以闽南为主。闽台之传统建筑均呈现出浓厚的地域文化特征。本书除了文字之叙述，还附有大量与之相照应的图样、照片。图像的直观性可使文字的叙述落实到实在的时空框架之内，而文字的深拓性也可促成思维的抒发，使图像的视觉性获得多维度的阐释。

古迹无可再生，也无可替代。如今保存的历史传统建筑不是多了，而是少了，且越来越少，应当倍加珍视，给予特殊的关注。传统建筑是一份财富，也是一种资源。他们原本的功能，有的已经失去，有的还在继续。而当一种事物日渐稀少，仅作为“历史标本”而存在之时，其文化层面之意义也就愈益呈现。

传统建筑研究之一大目的，还在于历史文物之保存与利用：延续其本来的寿命，恢复其原来的面貌，提升其原有的价值，借以服务于今天和未来的社会发展和人们的生活。这也是包括本书在内的传统建筑研究之现实意义。

2005 年 3 月

于西安建筑科技大学

《中国建筑遗产保护基础理论》序

（载《中国建筑遗产保护基础理论》，中国建筑工业出版社，2012年）

这是一本探讨建筑遗产的保护理论与实践的专书。全面、系统而详细地阐述建筑遗产保护的诸多相关理论与实践问题，这可能是迄今出版的第一部。

我觉得，真正意义上的“文物”与“文物保护”的概念，在我国还仅是近几十年、不到百年的事情。更早时候，尤其在民国时期之前，实际上只有“古物”“古董”的概念，主要指的是那些美术、工艺品。“古物”“古董”的收藏和鉴赏活动，多是帝王、贵族、士大夫等少数人出于兴趣、喜好，或者商业利益的个人行为。至于建筑类，除极少的“纪念物”，大量的“老房子”“古建筑”，其实用性之外的历史的、艺术的、技术的保存价值，还没有纳入人们的视野。

在近代中国的民国时期，建筑界、文化界的一些有识之士，如“中国营造学社”的先驱者们，才开始将“老房子”“古建筑”，作为国家和民族的一份历史文化遗产，给予调查、记录，进行科学的整理、研究工作。

当我们将时间退回到二十世纪的二三十年代，可以想见，他们这一辈学者当时所从事的这个学术事业，实在是需要具备深远的抱负和作为拓荒者的勇气的。

只是在中华人民共和国成立之后，“文物”与“文物保护”才开始从过去的少数人的行为，上升到国家的工作层面，并且逐步地普及到大众的认知和参与的层面。“文物”也由旧时代的个人私有成为国家的公共财富，为社会大众所共享。这无疑是一个跨越历史的发展和进步。自此，文物的保护工作，已然成为国家的文化事业的一个重要方面。并且，它与其他种种文化方面的事业一样，具有独立的性质和特定的内容。然而，对于许多人来说，做好这个新的文化“文物事业”的工作，实实在在还缺乏充分的认知和应有的经验。在相当长的时间里，可以说，还处于“摸着石头过河”，而后才逐步有了“立法”“条例”，但在学习和实践过程中，往往还需要“条文释义”，还存在着深浅不同的解读，许多问题的认识还有待深化、细化。作为文物工作者的群体，也存在着专业知识、文化修养、实际经验的参差不齐。从总体来说，文物工作的规范化、科学化，还有许许多多的事情要做。

尤其，对于“建筑遗产”这个大型的、不可移动的、影响范围广泛的、涉及方方面面的、关联复杂的文物对象，从历史建筑到历史街区，到古村落、古城镇，在当今城乡经济、社会快速变革中，更是过去没有想到和遇到的文物保护的难题。

“文物”是一个国家、民族的物质文化遗产。其更为重要的意义在于它是一个国家、民族的“历史的标本”，承载着“历史的记忆”。尤其是建筑遗产，它不是孤立的，它还是人们的活动场所，一个综合的环境。在今天，它也是一份物质文化的“资源”，可供开发利用。

诚然，在历史发展中，“一切保存”的想法和做法是不可能的，也不是“一切老的、古的东西”就都是“文物”。“建筑遗产”，如何鉴别、评价，如何科学地保护、合理地利用，是一个很大的课题。这个大课题，还不能说，今天在理论上或是实践上，已经得到完全的解决。

本书作者是一位年轻的学者。书中试图回答有关中国建筑遗产保护，诸如建筑遗产的价值，建筑遗产保护的内容、措施等一系列重要的理论与实践问题，这是需要勇气，也是难能可贵的。

对于书中论及的种种问题和观点，广大的读者不免会有不同的见解，引起不同的讨论，也是有意义的。

希望本书的出版，对于提高文物保护工作，尤其是建筑遗产的保护工作能够有所裨益。

2012 年 4 月

于西安建筑科技大学

《陕西古建筑测绘图辑 泾阳·三原》序

（载《陕西古建筑测绘图辑 泾阳·三原》，中国建筑工业出版社，2018年）

这是西安建筑科技大学建筑历史与理论研究所的老师带领青年学生，历经数载，付出辛勤劳动，精心完成的陕西古建筑的调查测绘成果。首次出版的是《陕西古建筑测绘图辑》第一卷——泾阳·三原。

现时代的人们，如何看待古代的建筑？专业工作者、管理部门、社会大众……，难免存在不同的认知和态度。

可喜的是，时至今日，作为主流的、普遍性的认识，都将古代建筑视为民族的物质文化遗产，视为宝贵的物质文化资源，不仅具有历史价值，而且具有现代价值，应当给予科学的保护与合理的利用。很少有人将古代建筑遗存视为城乡新建设的“包袱”“障碍”，主张拆除、平毁。

古代建筑的遗产，诸如城市中的历史街区、古建筑、传统民居；古镇、古村落；风景名胜区中的古建筑等，如何在城市更新中、乡村改造中、风景名胜区建设中以及现代建筑创作中得到包容、传承，焕发出新的生机，体现出新的价值，是摆在人们面前的研究与实践的双重课题。

我们需要认真的、踏实的工作。许多事情，只有理解得越深，方能做得越好。如此，才有助于真正做好古建筑遗产的科学保护与合理利用。

古建筑，首先具有历史性，产生于特定的历史年代；又具有地域性，产生于特定的地域环境；涵盖技术（材料、构造、结构、工艺……），科学（环境、地形、气候、水流、风向、防灾……），文化（哲学、美学、习俗、信仰、人文价值观与审美观……），艺术（空间、造型、风格、装饰……）等方方面面的丰富内容。

本书作者所做的调查测绘工作和成果，是古建筑研究的最为必要的基础性工作。缺少这个基础，一切“高谈阔论”，可以说，都将是无根之木、无源之水！《陕西古建筑测绘图辑》的陆续完成、出版，应当说，将有助于陕西古建筑研究的深化与提高。

在我国，面对如此广大的地域，大量的古代建筑还有历史建筑遗存，古建筑的研究工作和保护工程技术人才培养的状况，都还远远跟不上当前与未来的需求。

在《陕西古建筑测绘图辑》首卷出版之际,写了上面这些话,以为序。

西安建筑科技大学建筑学院教授　博士生导师

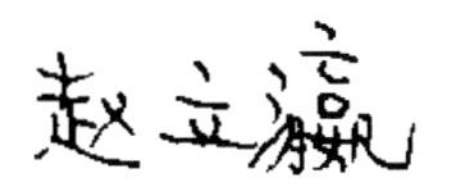

于 2018 年 1 月 20 日

后记

侯卫东

研究员，中国文化遗产研究院书记、总工程师
1998—2007 年任西安文物保护修复中心主任
2009—2018 年任 ICOMOS 中国委员会副理事长
1981—1984 年　师从赵立瀛教授攻读建筑历史与理论硕士学位

赵立瀛老师是我的硕士研究生导师，我是他的第一个弟子。一直以来，赵老师给我的感觉就是和蔼、豁达和博学。赵老师祖籍福建，有着南方人的儒雅，说话行动慢条斯理，不急不躁。现今已年过 85 岁，还是充满活力，在我们大家的“赵氏子弟”微信群里，不时发点感慨叮咛几句，或者赞扬大家一下，和年轻人不两样，突显平易近人的风采。

1981 年我和刘临安同学（现在已经是知名教授）本科毕业，直接报考当时刚刚开始招生的建筑历史与理论方向硕士研究生，我们两个报名，也都被录取，导师组是林宣教授和赵立瀛教授。两位先生在中国建筑历史界都是名人，我们幸运地成为两位导师的开山弟子。两位老师各有千秋，林老师出自名门，学究气质，热爱中国古代建筑的历史，特别注重文献，经常给我们讲解古籍文献，往往是声情并茂。赵老师则更加注重实际，主持和指导了很多重要的历史古迹的保护。

赵老师很早就介入到古建筑的实地调查和文物保护实践当中，当年我们跟随老师到韩城司马迁祠做调查，被司马迁祠古朴苍劲的气势所感染，也被老师的独具慧眼所折服。后来赵老师写了“高山仰止，构祠以祀”的文章[①]，介绍司马迁祠的历史、建筑、环境和艺术，文笔优美，内容丰富，至今记忆犹新。对我们来说，通过对这些历史建筑的认知，打开了通向事业的大门。

赵老师注重动手能力，我们上学期间，布置了不少的设计实习，要求我们从简单的理解古代建筑的构件开始，能够真正掌握中国传统木结

① 编者注：发表于《建筑师》第 14 期，中国建筑工业出版社，1983 年出版。

构的组建模式，按照需求来处理对于古建筑的理解。当年，我们按照要求，用透明纸把营造法式的图描下来，然后装订成册，这种过手“少忘”（不是难忘）的经历还是实实在在的。如果仅仅目视脑记，似乎总不踏实。

跟赵老师学习，还接触过黄陵县黄帝陵的研究和设计，赵老师还亲手绘制了黄帝陵新陵庙的设计图纸。赵老师作为华山保护规划的历史的顾问，当年也有过几上华山的经历。

赵老师要求我们走古建筑调查之路，于是我和刘临安背着挎包走四方，睡过县政府招待所的大土炕，吃过馒头就豆腐，坐过老乡的自行车，挤过没座的绿皮火车，但亲眼看到了那么多的杰出古代建筑，而且是在当年比较真实的状态下。比如当年的应县木塔边上是能照出带倒影的古塔靓影。现在这些古建筑大多旧貌换新颜，显得当年景象的记忆弥足珍贵。

赵老师当年与他关系甚好的东南大学的郭湖生教授、中国科学院历史研究所的张驭寰研究员三位先生编撰了《中国古代建筑技术史》[①]（后来专门出版了英文版），当年这部书是凤毛麟角的中国古代建筑研究领域的学术巨著，引导中国古代建筑的研究潮流。后来我的硕士毕业论文《西岳庙古建筑研究》答辩时请的答辩老师，就有郭湖生教授和张驭寰研究员，现在想起来还是颇感自豪。

赵老师退休后，一段时间受老家福建的政府邀请做过多处的古迹保护修缮和改造等项目，成为故乡的顾问，有时候一些设计也还亲自操刀。我也经常有幸帮老师一些不时之需。后来老师选择天府之国的成都居住，

---

① 编者注：科学出版社，1985 年出版。

我也每每借出差之机去拜会老师。时不时有机会闲聊，谈吐之间，感觉老师的处事泰然、言语平和，这是做人的智慧所在，从来没有听说过老师为争什么而烦恼。因此老师虽然不是那么强壮（其实也曾辉煌，据说老师当年是运动健将，跳高、篮球还都是佼佼者），但豁达的心态能使老师保持活力和年轻。我们作为赵立瀛老师的学生，作为西建大建筑历史传承的一脉，希望赵老师栽种的这棵西建大建筑历史之树能够不断地茁壮成长。

赵老师文章和设计成果并不少，但赵老师秉持一贯低调的作风，不求闻达于天下，自己没有专门做这类整理工作，反倒是我们的小师妹林源老师有心于此，搜集整理赵老师的文章，编辑成书。

值此论文集编撰出版之际，她又要求我们几个年纪大一些、跟随赵老师早一些的学生写个感想，作为后记纳入。

感谢林源老师作出的不懈努力，感谢赵老师名下诸多后辈对此文集的共同奉献。

2019 年 3 月 31 日于北京

为学莫重于尊师*

刘临安

北京建筑大学建筑与城市规划学院教授，博士生导师
1981—1984 年　师从赵立瀛教授攻读建筑历史与理论硕士学位
1994—1999 年　师从赵立瀛教授攻读建筑历史与理论博士学位

适闻《赵立瀛建筑史论文集》正在付梓之中，藉此，作为赵老师曾经的学生和同事，首先表示衷心的祝贺。这本论文集搜集了赵老师从1979 年以来发表的关于建筑历史研究的文章，系统地展现了赵老师的学术思想。今天，这本论文集的出版无疑将会为那些投身中国建筑史学习和研究的学子们树立一个学术典范，引导着他们在学术天地的竞相翱翔。

这本论文集里面的大部分文章我都曾拜读过。二十余年后的今天再行复读，仍然可以感受到字里行间的真知灼见，闪烁着学者智慧的光芒。诚然，除了这些曾被付诸文字的思想和观点以外，赵老师当年还有许多在各种场合下的发言和讲话，以及当年师生之间的讲授和谈话，也同样体现出学者的睿智。今天，每每回想起当年在赵老师门下攻读硕士和博士期间，他的那些令学生受益匪浅的话语仍然鸣震耳畔，记忆犹新。在这里手拈一例作为补缀的尾花。

1980 年代初期，赵老师带领我们研究生在做陕西韩城的司马迁祠的保护规划和建筑设计。祠庙前有一座木结构的小山门（即今天的“史笔昭世”山门）矗立在上山的坡道上。“文化大革命”运动中为了悬挂标语，山门下斗栱斜出的昂头竟然被人给锯掉了。我当时在画这朵斗栱时，就想当然地按照宋代《营造法式》的样子大致地画上去了。事后，赵老师说这朵斗栱的时代特征画的不完整，因为昂头下面的华头子没有画出来。游客在坡道上看山门时是仰视角度，一目了然。这么有时代特征的小构件不但要画出来，而且要画的像才行，这是时代特征的细节。

---

* ［清］谭嗣同，《浏阳算学馆增订章程》。

这件学习上的小事情一直到我二十多年后在美国芝加哥参观现代主义建筑大师密斯·凡·德·罗（Ludwig Mies Van der Rohe）建筑成就展览时，才有了“令人唏嘘不已”的联想。建筑师都知道，“魔鬼在细节里”是密斯先生的建筑理念，而且这个建筑理念的形成归功于他父亲对他的影响！通过这次从 1980 年代到 2010 年代跨世纪的联想让我感悟到了两点真谛。第一，建筑师是特别注重细节的，注重建筑细节就是建筑师的职业素质，不论中外，概莫能外。第二，老师对于学生的影响不亚于父母对于子女的影响。所以，中国古人早就说过“明师之恩，诚为过于天地，重于父母多矣[①]”。尊师重教不仅是华夏的传统美德，其实也应该是世界教育的普适价值观。

我国古代圣贤孔子老人家奉行“述而不作”的治学风格，他的弟子就把他平日里说的话编纂成一部《论语》，这种做法堪称尊师的一种重要作为。这种作为传承到今天，就是我们一群赵老师的昔日弟子把他的文章编辑成论文集，作为对于赵老师教诲之恩的回报。在论文集的编纂过程中，林源教授忙前跑后，偏劳颇多，出力最大，也借此机会表示一份感谢。

刘临安

2019 年 3 月 26 日

① [晋] 葛洪，《抱朴子·内篇·勤求》。

何融

生特瑞（上海）工程顾问股份有限公司创始人/董事长
1978年10月—1982年7月，浙江大学建筑学专业学士
1984年8月—1987年1月，西安冶金建筑学院建筑历史与理论专业中国建筑史硕士
1991年1月—1992年8月，美国亚利桑那大学建筑学院建筑学硕士

应同门师妹——林源教授的要求，以赵老师几个大弟子之一的身份为赵老师的论文集写一篇后记。虽然本人离开高校的教学和科研工作，赴美留学—工作—创业，已经将近三十年，中文写作能力严重退化，但还是欣然从命，打开电脑，以我师从赵老师近三十五年的经历和体会来写这篇后记。

我是1984年，在浙江大学建筑学专业毕业两年之后，以浙江工业大学助教的身份报考当年的西安冶金建筑学院（我们这代人更习惯、也更喜欢叫这个名字）建筑历史与理论专业的中国建筑史方向硕士研究生。那年，整个西冶建筑系只招了四位研究生，我有幸从据说十几名考生中突围进入复试。因为我非西冶本科毕业，所以并不认识老师。只是因为学习“中国古代建筑史”课，都以赵老师参与编写的《中国古代建筑史》一书为教材，并且拜读过老师1983年前在《建筑师》杂志上的每篇文章；又加上仰慕建筑“老八校”的大批名师，如林宣先生、张似赞先生、刘宝仲先生……，所以报考西冶。同时，本人认为自己不是一个能成为建筑设计大师的料，因此决定研究建筑史。在接到复试通知之后，高度紧张，但又不知如何准备。只好抱着走着瞧的心态到学校参加复试。

现在只记得当时由林宣老师和赵老师两位先生共同面试我，赵老师做记录。那是我第一次见到赵老师，给我的印象是一位有着瘦高身材和清癯脸庞、严肃认真的长者。

还好，复试顺利，我正式成为那年西冶唯一的中国建筑史研究生。由林老师指导我古代汉语学习，赵老师指导我中国古代建筑史，张似赞

老师指导外国建筑史。享受着如今无论哪个博士生都享受不到的双导师的关心和指导。尤其是上课，都是我一个人面对老师。

往事如烟。但当年和老师为“华清池杨贵妃池复原保护设计”一起讨论方案，一起做模型；每次正课结束，往往有机会和老师海阔天空地畅聊建筑和历史；无论寒冬酷暑，老师到我的教室指导我硕士论文的文献收集及测绘图纸的制作。这一切场景，均历历在目，恍如昨日。

我的硕士论文是《陕西关中明代大木结构研究》。在论文期间经常和老师探讨并得到悉心指导，答辩时请来了张驭寰和张锦秋二位先生做为答辩委员会委员。最后我的论文大部分成了老师主编的《陕西古建筑》[①]一书的重要部分，我自己也是该书的四位作者之一。

1987 年初，我研究生毕业，到当时的苏州城建环保学院建筑系任教之后，和老师还经常保持书信来往，并合著了《中国宫殿建筑》一书[②]。

1990 年我赴美国留学之后，一直主要从事各种工业建筑的设计和建设。虽然不再从事中国古建筑研究，但研究中国古建筑那种认真、细致、追根究源的态度和做事的风格一直影响着我的职业生涯，对我的创业和事业的顺利发展都有巨大的帮助。而这段建筑史的学习经历，是我一生中最引以自豪的。

① 编者注：陕西人民出版社，1993 年出版，赵立瀛主编，赵立瀛、侯卫东、何融、刘临安合著。

② 编者注：中国建筑工业出版社，1992 年出版。

在此，借这短文，衷心感谢老师当年的指导、关爱和提携。也衷心祝愿年轻的中国古建筑研究者能在学习和研究过程中得到乐趣，并能从中得到一生做人做事的真谛。

是为记。

何融

2019年3月26日

编辑，校对：

林　源

原稿打印：

林　源　裴琳娟　谷瑞超　岳岩敏　冯珊珊　赖祺彬　唐浩川

张文波　雷　繁　崔兆瑞　孟　玉　陈斯亮　卞　聪

绘图：

陈斯亮　马英晨　齐　尧

图书在版编目（CIP）数据

赵立瀛建筑史论文集 / 赵立瀛著. —北京：中国建筑工业出版社，2019.5

ISBN 978-7-112-23716-6

Ⅰ.①赵… Ⅱ.①赵… Ⅲ.①建筑史—中国—文集 Ⅳ.①TU-092

中国版本图书馆CIP数据核字（2019）第087300号

责任编辑：杨 虹 周 觅
书籍设计：付金红 柳 冉
责任校对：赵听雨 王 瑞

赵立瀛建筑史论文集
赵立瀛 著
*
中国建筑工业出版社出版、发行（北京海淀三里河路9号）
各地新华书店、建筑书店经销
北京雅盈中佳图文设计公司制版
北京中科印刷有限公司印刷
*
开本：787×1092 毫米 1/16 印张：18¾ 字数：273千字
2020 年 4 月第一版 2020 年 4 月第一次印刷
定价：80.00元
ISBN 978-7-112-23716-6
（33997）